高等职业教育"十三五"规划教材(电子信息课程群)

C 语言程序设计

主　编　吴国凤

副主编　宣善立　偶春生　刘　欣

·北京·

内 容 提 要

本书以培养学生分析问题和程序设计的基本能力为目标，全面系统地讲解了C语言的基本语法及编程方法和技巧。全书共有12章，主要内容包括C语言概述、C语言基础、顺序结构、分支结构、循环结构、数组、函数、指针、编译预处理、结构体与共用体、位运算及文件。

本书集作者多年的C语言课程的教学经验，全书结构合理，条理清晰，重点突出，实例典型丰富，循序渐进，由浅入深，通俗易懂。各章配备丰富的例题、习题，并对典型例题进行精解，习题覆盖知识重点。本书另配《C语言程序设计实训与习题指导》一书，具有较强的实用性。

本书适用于高等院校各专业C语言程序设计课程教学，也可作为计算机等级考试的参考用书，还可供计算机软件开发人员参考使用。

本书配有电子教案、例题和习题源代码，读者可以从中国水利水电出版社网站（www.waterpub.com.cn）或万水书苑网站（www.wsbookshow.com）免费下载。

图书在版编目（CIP）数据

C语言程序设计 / 吴国凤主编. -- 北京：中国水利水电出版社，2017.1（2024.1重印）
高等职业教育"十三五"规划教材. 电子信息课程群
ISBN 978-7-5170-5021-6

Ⅰ. ①C… Ⅱ. ①吴… Ⅲ. ①C语言－程序设计－高等职业教育－教材 Ⅳ. ①TP312.8

中国版本图书馆CIP数据核字(2017)第001097号

策划编辑：崔新勃　　责任编辑：张玉玲　　加工编辑：封 裕　　封面设计：李 佳

书　名	高等职业教育"十三五"规划教材（电子信息课程群） C语言程序设计　C YUYAN CHENGXU SHEJI
作　者	主　编　吴国凤
出版发行	中国水利水电出版社 （北京市海淀区玉渊潭南路1号D座　100038） 网址：www.waterpub.com.cn E-mail：mchannel@263.net（答疑） 　　　　sales@mwr.gov.cn 电话：（010）68545888（营销中心）、82562819（组稿）
经　售	北京科水图书销售有限公司 电话：（010）68545874、63202643 全国各地新华书店和相关出版物销售网点
排　版	北京万水电子信息有限公司
印　刷	三河市德贤弘印务有限公司
规　格	184mm×260mm　16开本　18印张　445千字
版　次	2017年1月第1版　2024年1月第4次印刷
印　数	7001—10000册
定　价	36.00元

凡购买我社图书，如有缺页、倒页、脱页的，本社营销中心负责调换

版权所有·侵权必究

前　　言

　　C 语言是一种典型的结构化程序设计语言，从其产生到现在，已成为最重要和最流行的编程语言之一。它具有丰富的运算符和数据类型，语言简洁紧凑，表达能力强，使用灵活方便，生成的目标代码质量高，是高校计算机专业和非计算机专业的首选语言。

　　本书以程序设计为主线，以编程应用为出发点，通过实例和问题引入内容，重点讲解程序设计的思想和方法，注重培养学生分析问题和程序设计的能力，并培养学生良好的程序设计风格和习惯。本书的主要特点：

　　（1）教学内容结构合理、条理清晰，突出结构化程序设计的基本原理、概念和方法，突出重点，精选了大量的例题和习题，由浅入深逐步展开进行讲解。

　　（2）以"实例引入—理论讲解—实训练习"的方式组织内容，注重培养学生分析问题和程序设计的能力，把语言和语法的讲解完全融会贯通在程序设计以及实例中。

　　（3）每章精选了大量典型例题，并对每个例题进行了详细解析，从而使学生能够综合应用所学知识解决实际问题，不断提高其分析问题、解决问题的能力。

　　（4）提供配套的教学资源，配有《C 语言程序设计实训与习题指导》一书、多媒体课件、例题和习题源代码等。

　　全书共 12 章，主要内容包括：C 语言概述、C 语言基础、顺序结构、分支结构、循环结构、数组、函数、指针、编译预处理、结构体与共用体、位运算、文件等。本书内容丰富、概念清晰，易于学生理解与学习，在知识点的讲解过程中，循序渐进、由浅入深，最后通过典型例题强化知识点，这样的讲解方式使学生更容易理解和消化。为了让学生更好地掌握每章的内容，在每章的后面都有要点的归纳，同时每章都配有一定数量的习题，在学习完每章的内容后，可以通过习题的练习，巩固本章学习的内容。

　　本书由吴国凤担任主编和统稿。在本书的编写过程中得到了中国水利水电出版社领导和相关编辑的大力支持，也获得了各位同仁的支持和帮助，在此一并表示最真诚的谢意。

　　由于编者水平有限，书中难免存在疏漏、错误之处，恳请各位专家和读者批评指正。

编　者

2016 年 10 月

目 录

前言

第1章 C语言概述 1
- 1.1 C程序初识 1
  - 1.1.1 C程序实例 1
  - 1.1.2 C程序基本构成 3
  - 1.1.3 程序编写规范与风格 4
- 1.2 程序设计与算法 5
  - 1.2.1 程序设计 5
  - 1.2.2 算法 8
- 1.3 C程序的运行环境与学习方法 12
  - 1.3.1 C程序的操作步骤 12
  - 1.3.2 Visual C++ 6.0 编程环境 14
  - 1.3.3 学习C语言的方法 16
- 1.4 典型例题精解 16
- 本章小结 17
- 习题1 17

第2章 C语言基础 19
- 2.1 C语言单词 19
  - 2.1.1 字符集 19
  - 2.1.2 关键字 20
  - 2.1.3 标识符 21
  - 2.1.4 常量 21
  - 2.1.5 运算符 21
  - 2.1.6 分隔符 21
- 2.2 C语言数据类型 22
- 2.3 常量及其类型 23
  - 2.3.1 整型常量 23
  - 2.3.2 浮点型常量 24
  - 2.3.3 字符常量 25
  - 2.3.4 字符串常量 25
  - 2.3.5 符号常量 25
- 2.4 变量及其类型 26
  - 2.4.1 变量及其说明 26
  - 2.4.2 整型变量 27
  - 2.4.3 浮点型变量 30
  - 2.4.4 字符变量 31
- 2.5 运算符和表达式 32
  - 2.5.1 算术运算符和算术表达式 32
  - 2.5.2 赋值运算符和赋值表达式 34
  - 2.5.3 其他运算符及表达式 35
  - 2.5.4 运算符的优先级与结合性 37
  - 2.5.5 数据类型转换 37
- 2.6 典型例题精解 39
- 本章小结 40
- 习题2 41

第3章 顺序结构 44
- 3.1 C语言的基本语句 44
- 3.2 数据的输入/输出 46
  - 3.2.1 数据输入/输出概念 46
  - 3.2.2 字符的输入/输出 46
  - 3.2.3 格式的输入/输出 48
- 3.3 典型例题精解 53
- 本章小结 55
- 习题3 55

第4章 分支结构 59
- 4.1 关系运算和逻辑运算 59
  - 4.1.1 关系运算 59
  - 4.1.2 逻辑运算 60
- 4.2 分支结构 61
  - 4.2.1 if语句 62
  - 4.2.2 switch语句 67
- 4.3 典型例题精解 69
- 本章小结 71
- 习题4 71

第5章 循环结构 75
- 5.1 概述 75
- 5.2 while语句 76

5.3　do-while 语句 ·· 77
　　5.4　for 语句 ·· 79
　　5.5　转移语句 ··· 81
　　5.6　循环的嵌套 ·· 82
　　5.7　典型例题精解 ··· 84
　　本章小结 ·· 88
　　习题 5 ·· 89
第 6 章　数组 ·· 93
　　6.1　数组的概念 ·· 93
　　6.2　一维数组 ··· 94
　　　　6.2.1　一维数组的定义 ································· 94
　　　　6.2.2　一维数组元素的引用 ··························· 94
　　　　6.2.3　一维数组的初始化 ······························ 95
　　　　6.2.4　一维数组的应用 ································· 97
　　6.3　二维数组 ··· 99
　　　　6.3.1　二维数组的定义 ································· 99
　　　　6.3.2　二维数组的说明及引用 ······················· 99
　　　　6.3.3　二维数组元素的存储顺序 ·················· 101
　　　　6.3.4　二维数组的初始化 ···························· 101
　　　　6.3.5　二维数组的应用 ······························· 103
　　6.4　字符数组和字符串 ······································· 104
　　　　6.4.1　字符数组的定义与初始化 ·················· 104
　　　　6.4.2　字符串的输入与输出 ························· 105
　　　　6.4.3　字符串处理函数 ······························· 107
　　　　6.4.4　字符数组与字符串的应用 ·················· 111
　　6.5　典型例题精解 ··· 112
　　本章小结 ·· 116
　　习题 6 ·· 116
第 7 章　函数 ·· 120
　　7.1　概述 ·· 120
　　　　7.1.1　函数的概念 ····································· 120
　　　　7.1.2　函数的分类 ····································· 121
　　7.2　函数的定义和调用 ······································· 122
　　　　7.2.1　函数的定义 ····································· 122
　　　　7.2.2　函数的调用 ····································· 123
　　　　7.2.3　函数的声明 ····································· 125
　　　　7.2.4　标准库函数 ····································· 126
　　7.3　函数的参数及传递方式 ································· 128
　　　　7.3.1　形式参数和实际参数 ························· 128

　　　　7.3.2　变量作为函数参数 ···························· 128
　　　　7.3.3　数组作为函数参数 ···························· 130
　　7.4　函数的嵌套调用与递归调用 ·························· 133
　　　　7.4.1　函数的嵌套调用 ······························· 133
　　　　7.4.2　函数的递归调用 ······························· 134
　　7.5　变量的作用域和存储类型 ····························· 136
　　　　7.5.1　变量的生存期与作用域 ······················ 136
　　　　7.5.2　变量的存储类型 ······························· 138
　　　　7.5.3　内部函数与外部函数 ························· 144
　　7.6　典型例题精解 ··· 144
　　本章小结 ·· 147
　　习题 7 ·· 148
第 8 章　指针 ·· 151
　　8.1　指针的基本概念 ·· 151
　　　　8.1.1　内存、地址和指针 ···························· 151
　　　　8.1.2　指针变量的定义与初始化 ·················· 152
　　　　8.1.3　指针的运算及引用 ···························· 153
　　　　8.1.4　指针变量作为函数参数 ······················ 156
　　　　8.1.5　多级指针的概念 ······························· 158
　　8.2　指针与数组 ·· 159
　　　　8.2.1　指针与一维数组 ······························· 159
　　　　8.2.2　指针与二维数组 ······························· 163
　　　　8.2.3　指针与字符串 ·································· 166
　　　　8.2.4　指针数组 ·· 169
　　8.3　指针与函数 ·· 172
　　　　8.3.1　指向函数的指针 ······························· 173
　　　　8.3.2　返回指针的函数 ······························· 174
　　　　8.3.3　带参数的主函数 ······························· 174
　　8.4　典型例题精解 ··· 176
　　本章小结 ·· 178
　　习题 8 ·· 180
第 9 章　编译预处理 ··· 183
　　9.1　宏定义 ··· 183
　　　　9.1.1　无参宏定义 ····································· 183
　　　　9.1.2　带参的宏定义 ·································· 185
　　9.2　文件包含 ·· 187
　　9.3　条件编译 ·· 189
　　9.4　典型例题精解 ··· 190
　　本章小结 ·· 192

习题 9 ································· 192

第 10 章 结构体与共用体 ············· 195

10.1 结构体 ································· 195
10.1.1 结构体类型的定义 ··············· 196
10.1.2 结构体变量的说明 ··············· 196
10.1.3 结构体变量的初始化 ············ 198
10.1.4 结构体变量的引用 ··············· 198
10.1.5 结构体数组 ······················ 200
10.1.6 结构体指针 ······················ 202
10.1.7 结构体与函数 ···················· 204
10.1.8 链表 ····························· 206
10.2 共用体 ································· 211
10.2.1 共用体类型的定义 ··············· 212
10.2.2 共用体变量的说明 ··············· 212
10.2.3 共用体变量的引用 ··············· 213
10.3 枚举类型 ···························· 216
10.3.1 枚举类型的定义 ·················· 216
10.3.2 枚举变量的说明及引用 ········· 216
10.3.3 枚举类型的应用 ·················· 218
10.4 用户自定义类型名 ··················· 218
10.5 典型例题精解 ······················· 220
本章小结 ···································· 224
习题 10 ···································· 225

第 11 章 位运算 ···························· 229

11.1 位运算的基本概念 ··················· 229
11.2 计算机内的数据表示 ··············· 229
11.3 位运算 ································· 230
11.3.1 逻辑位运算 ······················ 231
11.3.2 移位运算 ························· 234

11.4 位域 ·································· 236
11.4.1 位域的定义及位域变量的说明 ········ 237
11.4.2 位域变量的使用 ·················· 237
11.5 典型例题精解 ······················· 239
本章小结 ···································· 241
习题 11 ···································· 241

第 12 章 文件 ······························ 244

12.1 概述 ·································· 244
12.1.1 文件的基本概念 ·················· 244
12.1.2 文件的分类 ······················ 245
12.2 文件指针 ···························· 247
12.3 文件的打开与关闭 ·················· 248
12.3.1 文件的打开 ······················ 248
12.3.2 文件的关闭 ······················ 250
12.4 文件的读写 ·························· 251
12.4.1 字符输入/输出函数 ·············· 251
12.4.2 字符串输入/输出函数 ············ 253
12.4.3 格式化输入/输出函数 ············ 254
12.4.4 数据块输入/输出函数 ············ 256
12.4.5 整数输入/输出函数 ·············· 258
12.5 文件的定位操作 ···················· 260
12.6 文件的错误检测 ···················· 262
12.7 典型例题精解 ······················· 263
本章小结 ···································· 264
习题 12 ···································· 265

附录 1 常用字符与 ASC Ⅱ 代码对照表 ········ 268
附录 2 C 语言运算符的优先级与结合性 ······ 269
附录 3 C 库函数 ···························· 271
附录 4 常见错误信息表 ···················· 279

1 C语言概述

【内容概述】

本章从认识 C 语言程序（C 程序）入手，以简单实例出发，分析了 C 语言程序的基本结构及其组成，归纳了程序、函数、语句的特点与规则，使学生了解程序设计的方法与结构化程序设计的特征，熟悉算法的特征及表示形式，掌握 Visual C++ 6.0 的环境下编程的基本步骤。

【教学目标】

1. 初识 C 程序。
2. 掌握 C 程序的基本构成。
3. 掌握程序设计语言和方法。
4. 掌握结构化程序设计的三种基本控制结构。
5. 掌握在 Visual C++ 6.0 环境中调试 C 程序的基本步骤和方法。

1.1 C 程序初识

学习 C 语言，对初学者来说，首先要知道什么为 C 程序，程序的结构如何构造，如何尽快地去学会编程。下面通过几个简单的 C 程序实例，分析 C 程序的基本结构及组成、特点和相关的规则。

1.1.1 C 程序实例

【例 1.1】 输出字符串。

```
#include <stdio.h>
void main(void)
{
    printf("C 语言的第一个程序！\n");
}
```

程序运行结果如图 1-1 所示。

程序点拨

这是一个最简单的 C 语言程序,作用是将"C 语言的第一个程序!"显示在屏幕上。

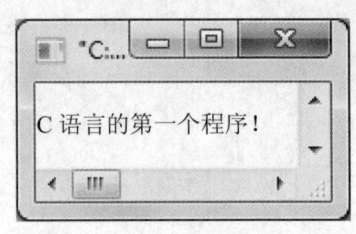

图 1-1　例 1.1 程序运行结果

(1)第一行,include 是预处理命令,其功能是把指定的头文件(.h)包含到本程序中。C 语言中没有输入、输出语句,程序中的输入/输出是通过 C 语言本身提供的标准库函数来实现的,它的原型放在<stdio.h>头文件中。程序中的 printf()函数在 stdio.h 中声明。

(2)第二行,main()是函数名。一个 C 程序由若干个函数组成,main()为主函数。在任何一个 C 程序中必须有且只有一个 main()函数,任何程序总是从主函数开始执行,最终在主函数中结束。

(3)void 是系统定义的关键字,表示空类型。函数名左边的 void 代表本函数无返回值,函数名的右边 void 代表本程序的主函数无参数。

(4)第三行和最后一行,"{ }"中的内容是函数体。左括号"{"表示函数体开始,右括号"}"代表函数体结束。函数体中可以包含一个或多个语句,每个语句末尾一定要加上分号";",表示语句结束。

(5)第四行,printf()是 C 语言提供的标准输出函数,其功能是在屏幕上将双引号之间的内容原样输出。"\n"是转义符,它的作用是将光标移到下一行的开始处。

【例 1.2】求两数之和。

源程序如下:

```
#include <stdio.h>
void main(void)              //主函数
{
    int a,b,sum;
    scanf("%d,%d",&a,&b);    //输入
    sum=a+b;                 //计算
    printf("sum=%d\n",sum);  //输出
}
```

程序运行结果如图 1-2 所示。

程序点拨

此程序可以任意输入 2 个数,求出两数之和。C 语言的程序在函数体中大体上可以概括为三部分:输入、计算、输出。在该程序中:

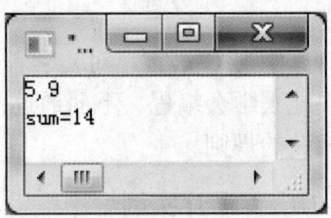

图 1-2　例 1.2 程序运行结果

(1)scanf()为数据输入函数,要求从键盘读取 2 个数据。

(2)sum=a+b 用于计算两数和。

(3)计算结果用 printf()函数输出。

(4)程序中所有的变量要先说明后才能使用。程序中 int a,b,sum;用来说明 3 个变量均为整型量。

(5)程序中"//"是注释符号。C 语言中还有一种注释方式,即/*……*/。注释部分不参

与也不影响程序的运行，主要是用来帮助人们阅读和理解程序。

1.1.2 C程序基本构成

1. 程序的组成

程序一般由程序主体、编译预处理和注释三部分组成。

（1）程序主体。

函数定义是C程序的主体部分，程序的功能由函数来完成。

（2）编译预处理。

每个以符号"#"开头的行，称为编译预处理行，是C语言提供的一种模块工具。为了方便用户使用，C语言编译系统提供了大量的内部函数，这些函数都放在函数库（.h）中，而函数的说明放在标题文件，即头文件中，通过#include命令来完成。其一般形式为：

#include <文件名> 或 #include "文件名"

在C程序中，定义一条#include语句，相当于将#include后面跟的源文件名的全部内容写在该位置上。将被包含文件嵌入到源文件，由编译预处理系统在编译之前完成。

利用这些系统提供的函数可以非常轻松地编写一些功能强大的程序，使得C程序非常容易实现模块化，便于阅读和维护。

（3）注释。

注释是用/* ...*/（或用//）括起的内容，其作用是给程序设计者一种提示或记号，注释内容不参加程序的执行，主要是为了提高程序的可读性。

注释一般分为两种：一种为序言性注释，用于程序的开头，说明程序或模块的名称、用途、编写时间、使用变量等；另一种为注解性注释，用于程序的语句中，对于难懂的地方加以说明。

一个好的程序应有必要的注释，注释可以出现在程序的任何地方，可以独占一行或几行。在编写程序过程中，要养成使用注释的良好习惯，这对软件的维护相当重要。"/*"和"*/"必须成对使用，且"/"和"*"之间不能有空格，否则会出错。

2. 函数的组成

（1）每个函数（包括主函数）的定义都分为两部分：函数首部和函数体。

（2）函数首部，即函数的第一行，包括函数名、函数类型、参数类型、形参名。

函数首部的一般形式为：

函数类型 函数名（参数类型 形参名1，参数类型 形参名2……）

例如：void main(void)。

（3）函数体是由一对{}括起的语句序列，其中包括：变量说明部分和实现函数功能的语句两部分。

函数体的一般形式为：

```
{
    变量说明部分
    实现函数功能的语句
}
```

其中，实现函数功能的语句可以是C语言语句，也可以是库函数或自己设计的函数调用语句。例如在例1.2中：

```
{
    int a,b,sum;                    //变量说明部分
    scanf("%d,%d",&a,&b);
    sum=a+b;                        //实现函数功能的语句
    printf("sum=%d\n",sum);
}
```

3. 语句的组成

（1）语句是组成程序的基本单元。每个语句最后要用分号（;）结尾，分号是语句的组成部分，但要注意，函数说明语句后面不能有分号。如例 1.2 中 void main(void)后面不能加分号。

（2）C 程序中的语句含有各种关键字、运算符、表达式等。例如：int 为关键字，用来说明变量的类型；sum=a+b 为赋值表达式。

（3）C 程序的书写格式比较自由，可以在一行上写若干语句，也可以将一条语句写在多行上。

4. 程序结构特点

（1）C 程序是由一个或多个函数构成的。每个 C 程序有且仅有一个主函数，函数名规定为 main()。除主函数外，可以有一个或若干个子函数（详见第 7 章），并且可在主函数中调用它。

（2）C 程序总是从 main()函数开始执行，最终在 main()函数中结束。main()函数可以放在程序的任意位置。

（3）C 语言中提供了丰富的函数，其被称作库函数。程序在执行过程中可以根据需要调用系统提供的库函数，例如程序用到的 scanf()/printf()函数，它们的原型包含在 stdio.h 文件中。因而在今后的应用实例中，若要调用系统提供的库函数，则在调用前必须将被包含文件嵌入到源文件中。具体可以查阅附录 3 了解。

（4）C 语言的变量在使用之前必须先定义其数据类型，未经定义的变量不能使用。定义变量类型的语句应在可执行语句的前面，如例 1.2 中 main()函数的第一个语句就是变量定义语句，它必须放在第一个执行语句 scanf("%d,%d",&a,&b);的前面。

（5）主函数可以调用任何非主函数；任何非主函数都可以相互调用，但不能调用主函数。

1.1.3　程序编写规范与风格

从书写清晰，便于阅读、理解和维护的角度出发，在书写程序时应遵循以下规范：

（1）一个声明或一个语句占一行。

（2）变量名标识符在命名时，尽可能做到"见名知意"。

（3）程序设计中的"{}"采用对齐方式，且嵌套采用缩进格式。

（4）在语句中加上适当的空行或空格表示某个操作的结束，以增加程序可读性。

（5）程序中要有足够的注释，以帮助整理编程思路，提高程序的可读性。

（6）程序中的所有符号均为英文半角符号。

在编写程序时力求遵循这些规范，以养成良好的编程习惯。

重点：函数是 C 语言程序的基本单位；语句要以分号";"作为结束标志。

技巧：为避免遗漏必须配对使用的符号，例如注释符号、函数体的起止标识符（花括号）、圆括号等，在输入时，可连续输入这些起止标识符，然后再在其中进行插入来完成内容的编辑。在起止标识符嵌套时，以及其相距较远时，这样做更有必要。

提示：好的编程风格是优秀程序员应具备的基本素质之一，既可以提高阅读和调试的效率，也是提高软件可复用性和软件开发效率的重要保证。

1.2 程序设计与算法

1.2.1 程序设计

1.2.1.1 程序的概念
1. 程序

计算机最能吸引人之处是它能自动执行指定的程序。所谓程序，就是用语言、文字、图表等方式表达、解决某个问题的方法和步骤，是计算机解决某些特定问题所需的代码化指令序列。程序设计者根据预先制定的功能和规则，编写一系列完整指令，由计算机执行，实现预定的功能和任务，这就是计算机程序。

2. 程序的描述

一个程序应包括两方面的内容：对数据的描述和对操作的描述。

（1）对数据的描述：在程序中指定数据的类型和数据的组织形式，即数据结构。数据结构是数据与数据间存在的一种或多种特定关系。在程序设计语言中，与数据结构密切相关的便是数据的类型和数据的存放。在 C 语言中，系统提供的数据结构是以数据类型的形式出现的。

（2）对操作的描述：即操作步骤，也就是算法。算法是为解决一个问题而采取的方法和步骤，是程序的灵魂。为此，著名计算机科学家沃思（Niklaus Wirth）提出一个公式：

程序=数据结构+算法

由此可知，数据结构和算法是一个整体。要编写一个程序，首先要掌握一种程序设计语言和它的开发环境，同时也要熟悉研究问题并对问题进行求解的方法（即程序设计方法）。其中，算法是灵魂，数据结构是加工对象，语言是工具，编程需要采取合适的方法。

1.2.1.2 程序设计语言

程序设计语言是一组用来定义计算机程序的语法规则，是用户用来编写程序操作计算机的语言系统。程序设计语言的发展经历了以下几个发展过程：

1. 机器语言

机器语言是用二进制指令代码表示的指令集合，是计算机能直接识别和执行的语言。机器语言属于低级语言，其主要特点是直接依赖计算机的硬件系统。用机器语言编写的程序运行效率高，占用内存少，但由于面向机器，因机而异，通用性差，而且程序不直观，编写程序、维护都很困难。

2. 汇编语言

为了便于记忆，人们引进一些符号来表示指令。例如，ADD（Addition）表示加法，即用助记符号代替了二进制表示的机器指令。人们把这种改进的、用符号来描述的指令系统称为汇编语言。

用汇编语言编写的程序称为源程序，计算机不能直接识别和执行，其必须翻译成机器语言的目标程序后才能执行。汇编语言翻译软件称为汇编程序，它可以将程序员写的助记符直接转换为机器指令，然后再由计算机去识别和执行。

3. 高级语言

高级语言是采用命令和语句的语言，用高级语言编写的程序几乎可以不加修改地运行在不同机型的计算机上。高级语言表达方式接近被描述的问题，接近于自然语言和数学表达式，它屏蔽了机器的细节，提高了语言的抽象层次，易于人们接受和掌握。

由于计算机只能识别机器语言，因此，用高级语言编写的程序（或称源程序）必须经过翻译生成可执行文件才能执行。翻译方式有两种：解释方式和编译方式。

解释方式是通过运行解释器来一条一条地解释语句并执行，不生成目标代码，速度较慢，如Basic、ASP、JavaScript、VBScript等语言。

编译方式是用编译语言编写源程序，编译、连接生成目标代码后，再运行目标代码得到结果，这种运行方式效率较高，如C、C++、C#、Java等语言，编译语言的执行过程如图1-3所示。

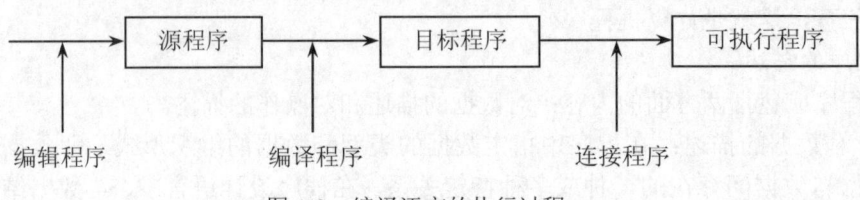

图1-3　编译语言的执行过程

重点

- 由计算机硬件系统可以识别的二进制指令组成的语言称为机器语言。
- 用助记符代替机器指令的符号语言称为汇编语言。
- 高级语言所编制的程序不能直接被计算机识别，必须经过翻译生成可执行文件才能执行。

1.2.1.3　程序设计方法

用计算机解决一个实际应用问题时的整个处理过程称为程序设计。程序设计需要一定的方法来指导，以便提高程序设计的可读性、可维护性、稳定性及编程效率。目前有两种重要的程序设计方法：结构化程序设计方法和面向对象程序设计方法。

1. 结构化程序设计方法

结构化程序设计（structured programming）是荷兰学者于1969年提出的一种程序设计方法，这种方法建立在经典的结构定理基础上。结构定理指出：任何程序逻辑都可以用顺序、选择和循环3种基本结构来表示，如图1-4所示。实践证明：结构化程序设计方法确实使程序执行效率提高，并且由于减少了程序出错率，大大减少了维护的费用。

结构化程序设计有两个主要特征：

（1）自顶向下、逐步求精和模块化设计是结构化程序设计方法中最典型、最具有代表性的方法。将大型任务从上向下划分为多个功能模块，每个模块又可以划分为若干子模块，然后分别进行模块程序的编写。

（2）程序总是由三种基本结构组成：顺序结构、选择结构和循环结构。三种结构的共同特点是单入口、单出口、无死语句、无死循环。

结构化程序设计是面向过程的程序设计方法,其主要思想是把复杂问题分解成若干简单的子问题并逐步求精。一个结构化程序就是用高级语言表示的结构化算法,这种程序具有易读、易理解、易于修改和维护等优点,同时也提高了程序的可靠性,保证了程序的质量。

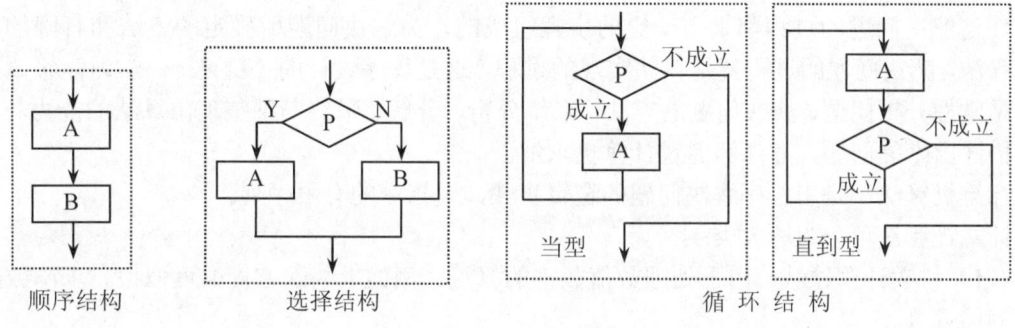

图 1-4　三种基本控制结构

重点

- 结构化程序设计的思路是:自顶向下、逐步求精和模块化设计。
- 每一模块内部均由顺序、选择和循环三种基本结构组成。

2. 面向对象程序设计方法

面向对象程序设计是另一种重要的程序设计方法,它能有效地改进结构化程序设计中存在的问题。面向对象程序设计方法和结构化程序设计方法不同点:结构化程序设计方法是采用函数(或过程)来描述对数据的操作,但又将函数与其操作的数据分离开来;而面向对象程序设计方法将数据和对数据的操作封装在一起,将其作为一个整体来处理。

面向对象程序设计语言的三个主要特征是:封装性、继承性和多态性。

(1)封装性:也叫数据隐藏,是面向对象程序设计方法的一个重要原则。封装是把对象的属性和操作结合在一起,构成一个独立的对象。用户无需知道内部工作流程,只需要知道接口和操作即可,一般用类来实现封装。

(2)继承性: 继承是指子类可以拥有父类的属性和行为。这是一种支持重用的思想,用现有的类型派生出新的子类。例如,新型轿车在原有型号的基础上增加若干功能,新型轿车是原有轿车的派生,继承了原有轿车的属性,并增加了新的功能。

(3)多态性:是指在类中定义的属性或行为被特殊类继承之后,可以具有不同的数据类型,表现出不同的行为。通常分为编译时多态和运行时多态:编译时多态是指在程序编译阶段由编译系统根据参数确定与哪个同名的函数相联系,在 C++中通过函数重载和运算符重载来实现;运行时多态是指在程序的运行阶段才根据产生的信息确定需要调用哪个同名的函数,在 C++中通过继承和虚函数来实现。

重点

- 面向对象程序设计方法是将数据及对数据的操作放在一起,将其作为一个相互依存、不可分割的整体,即对象。对同类型对象抽象出其共性,即类。类通过外部接口与外界发生关系,对象与对象之间通过消息进行通信。
- 面向对象程序设计方法的主要特征是:封装性、继承性和多态性。

1.2.2 算法

任何解决问题的过程都是由一定的步骤组成的,为解决问题而确定的方法和有限的步骤称为算法,解决问题的过程就是算法实现的过程,这是程序设计的关键之一。学习高级语言的重点是掌握分析问题、解决问题的方法,锻炼分析、分解、最终归纳整理出算法的能力。只有算法描述出来的问题,才能够通过计算机求解。

计算机算法:是用程序解决问题的逻辑步骤,是指令的有限序列。

计算机算法可分为两大类:

(1)科学计算领域:用于处理数值数据的算法。例如求高次方程的近似根、求函数的定积分的计算等。

(2)数据处理领域:用于处理非数值数据的算法。例如分类排序、情报检索、查找等。

正确的算法具备三个条件:

(1)每个逻辑步骤由可以实现的语句来完成。

(2)每个步骤间的关系是唯一的。

(3)算法要能终止(防止死循环)。

1. 算法的基本特征

算法是一个有穷规则的集合,这些规则确定了解决某类问题的一个运算序列。对于该类问题的任何初始输入值,它都能机械地一步一步地执行计算,经过有限步骤后终止计算并产生输出结果。归纳起来,算法具有以下基本特征:

(1)输入:有零个或多个数据的输入。

(2)输出:有一个或多个数据的输出。

(3)有穷性:一个算法应包含有限的操作步骤,而不能是无限的。

(4)确定性:算法中每一个步骤应当是确定的,而不能应当是含糊、模棱两可的。

(5)有效性:算法中每一个步骤应当能有效地执行,并得到确定的结果。

2. 算法的表示

原则上说,算法可以用任何形式的语言和符号来描述,通常有自然语言、流程图、N-S 图、伪代码、PAD 图、计算机语言等。

(1)用自然语言表示

自然语言可以是中文、英文、数学表达式等。

【例 1.3】求数列 1+2+...+m 的值 N,当 N>10000 时结束。算法可表示如下:

① n=0;

② m=0;

③ m 加 1;

④ N 加 m;

⑤ 判 N 是否大于 10000,如果满足关系结束;不满足关系继续执行③。

这种算法通俗易懂,但文字冗长,容易产生歧义,不太严格,表达分支和循环的结构不太方便。

（2）用传统流程图表示

传统的流程图是用一些图框来表示各种操作。ANSI 规定了一些常用的符号，如图 1-5 所示。传统流程图算法直观形象，简单且易于理解，便于修改和交流。

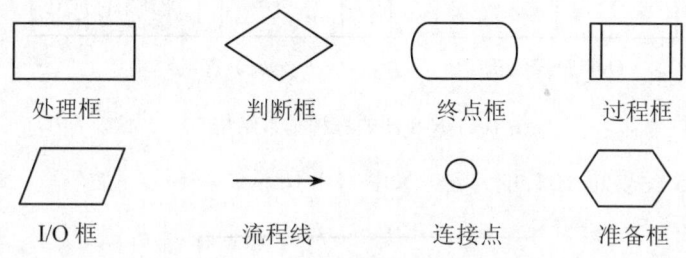

图 1-5　传统流程图常用符号

【例 1.4】求 10!，用传统流程图描述，如图 1-6 所示。

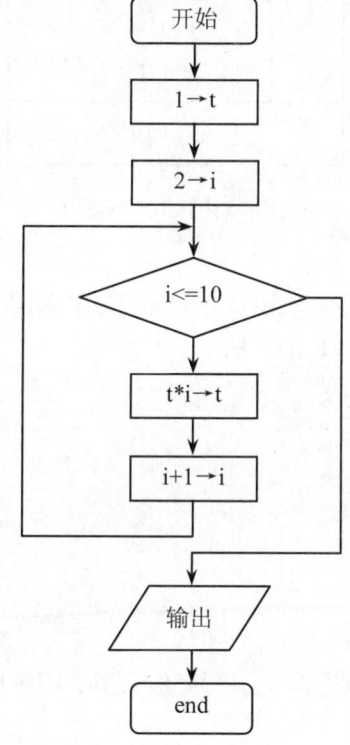

图 1-6　求 10! 流程图

（3）用 N-S 流程图表示

为使流程图简洁、明晰，便于阅读，就必须限制滥用箭头，N-S 流程图很好地解决了这一问题。N-S 图形象直观，具有良好的可见度，很适于结构化程序设计，图 1-7 表示了结构化程序设计的三种基本结构。其中循环的范围、条件语句的范围都一目了然，所以容易理解设计意图，为编程、复查、测试、维护都带来了方便。

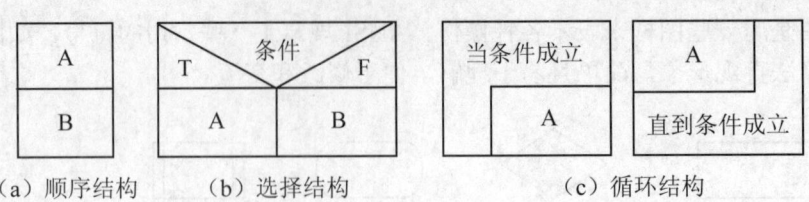

图 1-7 N-S 图的三种基本结构

【例 1.5】用 N-S 图表示 10！的算法，如图 1-8 所示。

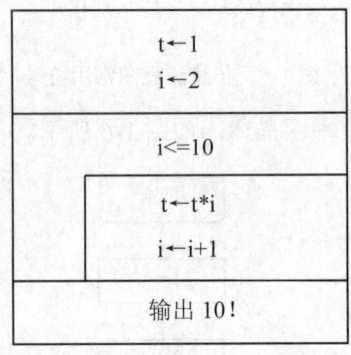

图 1-8 计算 10！N-S 图

（4）用伪代码表示

伪代码是用介于自然语言和计算机语言之间的文字和符号来描述算法的，它不用图形符号。

【例 1.6】用伪代码表示求 10！的算法。

```
begin(开始)
置 t 的初值为 1（1⇒t）
置 i 的初值为 2（2⇒i）
当（while）i<=10，执行（do）
begin
        使 t=t×i
        使 i=i+1
end
        打印 t 的值（print t）
end（结束）
```

伪代码算法书写方便，格式紧凑，也容易懂，同时也便于向计算机语言算法的转换。

（5）用计算机语言表示

计算机无法识别流程图和伪代码形式，只有用计算机语言编写的程序才能被计算机执行。因此在用流程图和伪代码形式描述出算法后，还要将它转换成计算机语言程序。

【例 1.7】用 C 语言程序来求 10！。

源程序如下：

```
#include <stdio.h>
void main(void)
{
    long i,t;
    t=1L;i=2L;      // 给变量赋初值
```

```
    while(i<=10L)
    {
        t=t*i; i=i+1;
    }
    printf("t=%ld\n",t);
}
```

程序运行结果如图 1-9 所示。

重点

- 算法是在有限步骤内求解某一问题所使用的一组定义明确的规则。
- 算法具有：输入、输出、有穷性、确定性、有效性5个基本特征。

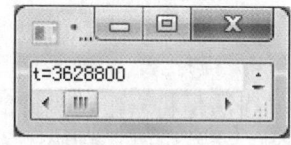

图 1-9　例 1.7 程序运行结果

3. 算法设计的基本方法

算法设计是一件非常困难的工作，经常采用的算法设计方法主要有迭代法、枚举法、递推法、贪婪法、回溯法、分治法、动态规划法等。

（1）迭代法

迭代法也称辗转法，是一种不断用变量的旧值递推新值的过程，它是用计算机解决问题的一种基本方法。它利用计算机运算速度快、适合做重复性操作的特点，让计算机对一组指令（或一定步骤）进行重复执行，在每次执行这组指令（或这些步骤）时，都从变量的原值推出它的一个新值。

迭代算法有三个要点：

① 迭代初值（边界条件）。

② 迭代公式。

③ 迭代次数（或条件）。

例如，求 $e^x=1+x+x^2/2!+…+x^n/n!$ 前 n+1 项之和。

此题是用迭代法实现的一个典型实例，其迭代算法的三个要点：

① 迭代初值：exp=1, t=1(i=1～n)。

② 迭代公式：t=t*x/i。

③ 迭代次数：i=0,1, 2…n。

（2）枚举法

枚举法也称穷举法，是根据提出的问题，枚举出所有可能的情况，并用问题中给定的条件检验哪些是满足条件的，哪些是不满足条件的。枚举法通常用于解决"是否存在"或"有哪些可能"等问题。

采用枚举法解题的基本思路：

① 确定枚举对象、枚举范围和判定条件。

② 枚举可能的解，验证是否是问题的解。

例如，百钱买百鸡问题：有一个人有一百块钱，打算买一百只鸡。到市场一看，大鸡5块钱一只，小鸡一块钱3只，不大不小的鸡2块钱一只。求大鸡、小鸡和不大不小的鸡各买多少只？

此题很显然是用枚举法，我们以3种鸡的个数为枚举对象（分别设为 x、y、z），以3种鸡的总数（x+y+z=100）和买鸡用的钱的总数（x*3+y*2+z/3=100）为判定条件，枚举各种鸡的个数。

（3）递推法

递推法是一种简单的算法，即通过已知条件，利用特定关系得出中间推论，直至得到结果的算法。其中初始条件或问题本身已经给定，或是通过对问题的分析与化简而确定。

例如，裴波那契数列是采用递推的方法解决问题的。设它的函数为f(n)，已知f(1)=1，f(2)=1，f(n)=f(n-2)+f(n-1)（n>=3，n∈N），则我们通过递推可以知道，f(3)=f(1)+f(2)=2，f(4)=f(2)+f(3)=3……，直至得到我们要求的解。

（4）排序法

排序法是将一组随机排放的数按从小到大（升序）或从大到小（降序）的顺序重新排列。排序的方法有很多，常用的有冒泡法、选择法、插入法等。

① 冒泡法的基本思想：如果有 n 个数，则要进行 n-1 趟比较。在第 1 趟比较中要进行 n-1 次相邻元素的两两比较，在第 j 趟比较中要进行 n-j 次两两比较。比较的顺序从前往后，经过一趟比较后，将最值沉底（换到最后一个元素位置），最大值沉底为升序，最小值沉底为降序。

② 选择法的基本思想：每趟选出一个最值和无序序列的第一个数交换，n 个数共选 n-1 趟。第 i 趟假设 i 为最值下标，然后将最值和下标为 i+1 的数至最后一个数比较，找出最值的下标，若最值下标不为初设值，则将最值元素和下标为 i 的元素交换。

③ 插入法的基本思想：将序列分为有序序列和无序序列，依次从无序序列中取出元素插入到有序序列的合适位置。初始时有序序列中只有第一个数，其余 n-1 个数组成无序序列，则 n 个数需插入 n-1 次。寻找在有序序列中的插入位置可以从有序序列的最后一个数往前找，在未找到插入位置之前可以同时向后移动元素，为插入元素准备空间。

（5）查找法

查找法是在一组数中，寻找一个特定的数，并显示结果。查找方法很多，常用的有顺序查找法和二分查找法。

① 顺序查找法：构造循环，使循环的变量遍历数组每个元素的下标。循环的过程中让特定的数和每个元素比较，相等则表示找到该数，并输出其下标（位置）。

② 二分查找法：在一个有序的一维数组中查找某一个数。已知某数组按升序排列，给定一个数，找出该数在数组中的位置。可以通过将区间折半，快速缩小查找区间，提高效率！

1.3　C 程序的运行环境与学习方法

1.3.1　C 程序的操作步骤

一个 C 程序从编写到最后运行，需要经过 4 个环节：编辑、编译、连接和运行。针对例 1.1，其操作流程如图 1-10 所示。

1. 编辑

所谓编辑，包括以下内容：

① 将源程序的字符逐个输入到计算机内存。

② 修改源程序。

③ 将修改好的源程序保存在磁盘文件中，这些文件以 ".c" 为后缀名。

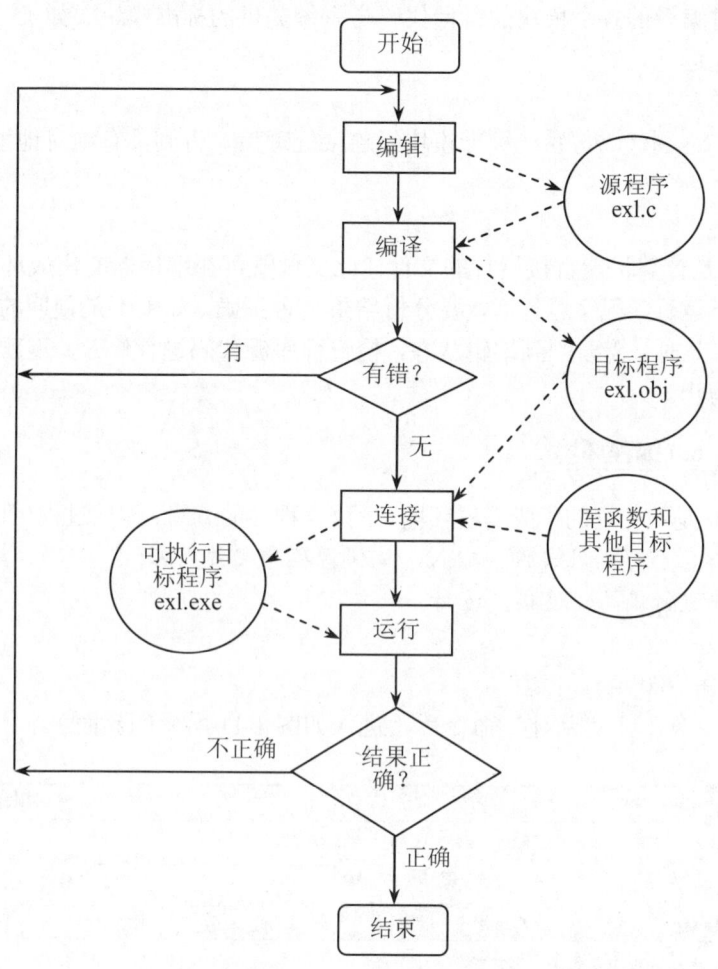

图 1-10　C 语言操作流程

编辑的对象是源程序，它是以 ASCII 代码的形式输入和存储的，不能被计算机执行。

任何一种编辑器都可以完成编辑工作。例如：Windows 平台下的"记事本"；DOS 环境下的"edit"行编辑命令；TC 2.0 集成开发环境；Visual C++ 6.0 集成开发环境等。

2．编译

编译就是将已编辑好的源程序（已存储在磁盘文件中）翻译成二进制的目标代码。在编译时，还要对源程序进行语法检查，如发现有错误，则在屏幕上显示出错信息。此时应重新进入编辑状态，对源程序进行修改后，再重新编译，直到通过编译为止。编译后生成后缀为".obj"的文件。

编译时对文件中的全部内容进行检查，编译结束后，将所有的错误信息列出，双击该出错信息，光标会指到可能出错的代码行，便于用户修改。一般编译系统给出的出错信息分为两种：一种是错误（error），另一种是警告（warning）。凡是检查出有 error 信息的程序不能生成目标程序，必须改正后再次编译，直至无误后才能生成目标程序。如果编译仅有 warning 信息，将不影响生成目标程序。

应当指出，经编译后得到的二进制代码还不能直接执行，因为每一个模块往往是单独编译的，必须把经过编译的各个模块的目标代码与系统提供的标准模块（如 C 语言中的标准函数库）连接后才能运行。

3. 连接

将各模块的二进制代码与系统标准模块经连接处理后，得到具有绝对地址的可执行文件，其后缀为".exe"。

4. 运行

".exe"文件是计算机能直接运行的文件。此文件既可在编译器的集成环境下运行，也可以不在集成环境下运行。程序运行后，要分析结果是否正确，如果不是预期的结果，说明程序可能有逻辑错误。此时，需要回到编辑状态，检查程序源代码进行修改，重新编译连接，直到得到正确的结果为止。

1.3.2 Visual C++ 6.0 编程环境

Visual C++ 6.0 是 C/C++的集成编程环境。C 语言程序的编写、调试过程可以分为 2 个阶段：
- 创建一个 C 程序的源文件，输入、编辑源程序文件内容；
- 对源文件进行编译、连接、运行。

1. 编辑源程序

启动 Visual C++ 6.0 编程环境：

（1）选择"文件"|"新建"命令后，进入如图 1-11 所示的界面。

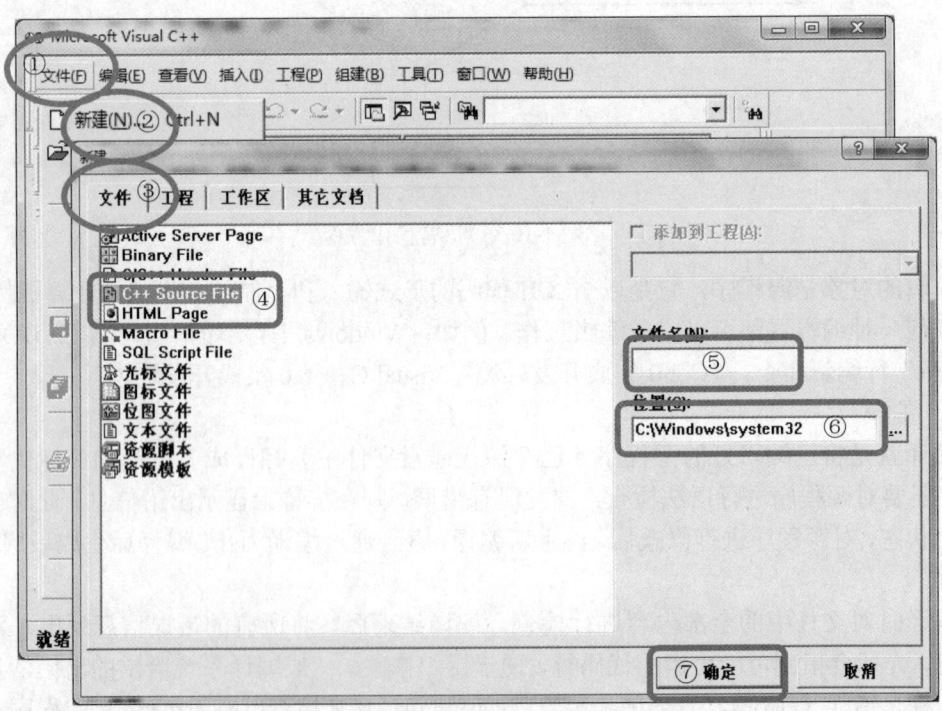

图 1-11　建立 C 源程序过程

（2）在图 1-11 界面中，当单击"确定"按钮后，进入代码编辑器窗口，如图 1-12 所示。

（3）在弹出的代码编辑器窗口中输入、编辑源程序代码，如图 1-12 所示。

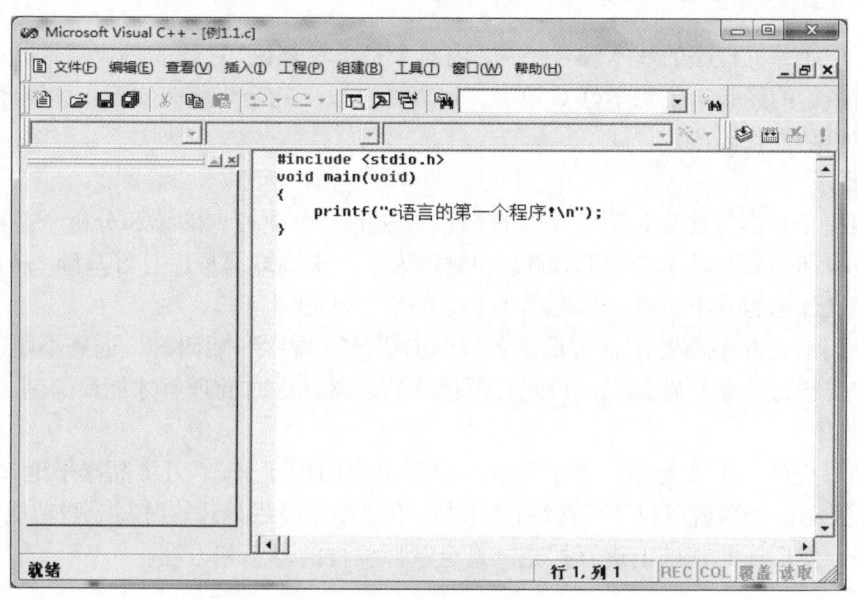

图 1-12　代码编辑器窗口

注意：在"文件名"文本框中输入程序名时，一定要加上.c 后缀，否则默认是 C++的.cpp 文件。

2. 编译、连接和运行

（1）编译

选择"组建"｜"编译[例 1-1.c]"命令或单击编译按钮 进行编译。编译结果显示在输出区中，如果没有错误，则生成[例 1-1.obj]文件；若有错，则在输出窗口列出所有错误和警告，这时可根据提示的错误和警告进行修改。修改完要重新编译，直到正确为止。

（2）连接

选择"组建"｜"组建[例1-1.c]"命令或单击连接按钮 ，与编译一样，连接结果显示在输出区中。如果没有错误，则生成[例 1-1.exe]文件；若有错，则在输出窗口列出所有错误和警告，同编译一样要进行修改，然后重新编译和连接，直到正确为止。

（3）运行

运行程序有 3 种方法：

① 选择"组建"｜"执行[例 1.1.exe]"命令，直到调试出正确结果为止。

② 选择工具栏上的 ! 按钮运行。

③ 直接按键盘上的 Ctrl+F5 组合键运行。

至此，一个简单的 C 程序的编写、调试过程结束。

当再建立下一个新文件时，一定要打开"文件"菜单，单击"关闭工作空间"，这时再重新建立新文件，实现编辑、编译、连接、运行过程。

思考：C 语言程序的上机环境常用的有 TC 2.0 和 Visual C++ 6.0；其编辑和运行步骤是否一定要在指定的编译器环境下进行？

1.3.3　学习 C 语言的方法

C 语言是计算机程序的基本编程工具,而对于初学者来说,C 语言的灵活性往往带来许多麻烦。根据多年的经验,要想学好 C 语言,可以通过以下几个步骤来实现:读程序、写程序、多实践和积累功能代码段。

1. 读程序

阅读程序是掌握程序设计思想、掌握编程方法的一个捷径。阅读和分析一些典型实例程序有利于检验和提高对基本知识的理解,同时也为学习正确编写程序打好基础。在这个阶段有没有程序的设计思想并不重要,只要具备一定的语法基础即可。

学习一门语言并不需要刻意去记条条框框的语法。看程序代码时,遇到不明白的地方再去查相关的资料,补充基础知识,再配合源程序的思路,这时的理解才能最深刻。

2. 写程序

刚开始写程序,不要奢望一下子就能写出很出色的程序来,"万丈高楼平地起",编程贵在动手,只要动手去写就可以了。在编程的过程中要循序渐进,开始时写一些功能简单、代码短小的程序,然后在此基础上进行扩充,直至掌握编程的思想和方法。

3. 多实践

C 语言是一门实践性很强的课程,通过上机实践不仅可以深化和巩固学习的理论知识,而且能够学会使用它们来编写并调试程序。

4. 积累功能代码段

积累程序代码,也是一个很重要的环节。平时把自己编好的程序或自己读懂的程序分类保存起来,建立一个属于自己的代码库,需要相关功能时,就到自己的代码库中查找,这样既提高了编码的效率,又提高了正确性。随着时间和知识的积累,就能掌握了 C 语言的编程方法和技巧。

提示:学好 C 语言的秘诀是:多读程序,勤写程序,多实践,学会整理和归纳。

1.4　典型例题精解

1. 在 C 语言程序中,main()函数的位置_____。
   A. 必须作为第一个函数　　　　　　　　B. 必须作为最后一个函数
   C. 可以放在任意位置　　　　　　　　　D. 必须放在它所调用的函数之后

【解析】C 语言规定,一个完整的 C 程序必须有且仅有一个 main()函数。按照 C 程序的书写风格,main()函数可以放在任意位置上。但是程序执行时总是从 main()函数开始,直到 main()函数结束。其他函数只有在被 main()函数调用或嵌套调用时才能被执行。

【答案】C

2. 算法具有五个特性,以下选项中不属于算法特性的是_____。
   A. 有穷性　　　　　B. 简洁性　　　　　C. 确定性　　　　　D. 有效性

【解析】算法具有五个基本特征:输入、输出、有穷性、确定性、有效性。其中简洁性不是算法的特征。

【答案】B

3. 下面_____不是结构化程序设计方法中最典型、最具有代表性的方法。

A．自顶向下　　　　B．自顶向上　　　　C．逐步求精　　　　D．模块化

【解析】自顶向下、逐步求精和模块化设计是结构化程序设计方法中最典型、最具有代表性的方法，因而"自顶向上"不是结构化程序设计方法。

【答案】B

4．计算机能直接执行的程序是＿＿＿＿。

A．机器语言程序　　B．目标程序　　　　C．源程序　　　　　D．汇编程序

【解析】计算机能直接执行的程序只能是机器语言程序。源程序和汇编程序都是高级语言编写的程序，不能直接执行。目标程序也是不能直接执行的，需要通过系统提供的连接程序与库函数连接装配成可执行程序后才能执行。

【答案】A

本章小结

本章简要介绍了 C 语言的发展和特点，并从程序设计的角度，介绍了程序、程序设计的概念、程序设计方法和算法。

通过几个简单实例，分析了 C 程序的基本构成和书写风格，总结了程序的组成、函数的组成、语句的组成以及 C 程序的基本结构特点。

C 程序由若干函数组成，每个 C 程序有且仅有一个主函数，即 main()函数。除主函数外，可以有一个或若干个子函数，并且可在主函数中调用它。程序总是从 main()函数开始执行，最终在 main()函数中结束。main()函数可以放在程序的任意位置。

C 语言的注释符可以是"/*……*/"或"//"，前者可以用于单行或多行注释，而后者只能用于单行注释。注释主要用来增强程序的可读性，不会影响程序的功能和正确性。注释可出现在程序中的任何位置。

C 程序的书写格式采用缩进格式，"{}"采用对齐方式，以便程序阅读。

在 Visual C++ 6.0 集成开发环境下，完成一个 C 程序有 4 个过程：编辑（.c）、编译（.obj）、连接（.exe）和运行。

习题 1

一、单项选择题

1．面向过程的程序设计语言是＿＿＿＿。

A．VFP　　　　　　B．C　　　　　　　C．C++　　　　　　D．Java

2．C 语言程序的基本单位是＿＿＿＿。

A．函数　　　　　　B．文本　　　　　　C．字符　　　　　　D．过程

3．一个完整的可运行的 C 语言源程序中＿＿＿＿。

A．可以没有主函数　　　　　　　　　B．可以一个或多个主函数

C．必须有主函数与其他子函数　　　　D．必须有且仅有一个主函数

4．C 语言程序的三种基本结构是＿＿＿＿。

A．顺序结构，分支结构，循环结构　　　B．递归结构，循环结构，转移结构
C．嵌套结构，循环结构，顺序结构　　　D．递归结构，分支结构，顺序结构
5．下列叙述中不正确的是_____。
A．注释说明只能位于一条语句的后面　　B．注释说明被计算机编译系统忽略
C．注释说明必须括在/*...*/之间　　　　D．注释符"/"和"*"之间不能有空格
6．用高级语言编写的程序一般称为_____。
A．可执行程序　　　　　　　　　　　　B．源程序
C．目标程序　　　　　　　　　　　　　D．伪代码程序
7．一个算法应该具有确定性等5个特征，下面描述不正确的是_____。
A．有1个或多个输入　　　　　　　　　B．有1个或多个输出
C．有穷性　　　　　　　　　　　　　　D．有效性
8．C语言编写的源程序_____。
A．可立即执行　　　　　　　　　　　　B．经过编译即可执行
C．经过编译和连接后才能执行　　　　　D．经过编译和解释后才能执行
9．一个C语言程序由_____。
A．一个主程序和若干个子程序组成　　　B．若干个函数组成
C．若干个过程组成　　　　　　　　　　D．若干个子程序组成
10．Visual C++ 6.0编译系统提供了对C语言程序的编辑、编译、连接和运行环境，可以不在该环境下进行的是_____。
A．编译和连接　　B．编译　　C．编辑和运行　　D．连接和运行

二、填空题

1．C语言源程序文件的后缀是_____，经过编译后生成的文件的后缀是_____，经过连接后生成的文件的后缀是_____。
2．C程序的语句结束符是_____。
3．C语言规定，一个源程序的主函数名必须为_____。
4．标准函数存放在_____文件中。
5．C语言源程序属于_____类型的文件，因而可以使用具有文本编辑功能的任何编辑器来实现。
6．程序设计语言的发展经过了_____、_____和_____三个阶段。
7．注释的功能是_____。
8．为解决某个特定问题而采取的_____称为算法。

三、程序设计题

1．模仿本章例1.1，编写一个C程序，用于显示下面的信息：
"欢迎走进C世界！"
2．编写程序，从键盘任意输入两个数，求两数之积。
3．编写程序，从键盘输入三门课的成绩，计算其平均成绩。

2 C 语言基础

【内容概述】

通过本章的学习，要求了解 C 语言的数据类型体系和运算符体系；掌握各种基本类型常量的表示方法和变量的定义、赋值、初始化和使用方法；掌握运算符运算规则和优先级别及各种基本表达式的组成；掌握不同类型数据运算的类型转换规则。

【教学目标】

1. 掌握 C 语言的基本数据类型。
2. 掌握各种类型常量的特点及使用方法。
3. 掌握各种类型变量的定义、赋值和使用方法。
4. 掌握运算符的优先级和结合性及基本数据类型的转换。
5. 掌握表达式及其求值规则。

2.1 C 语言单词

正如人类的自然语言具有其语法规则一样，C 语言也规定了它的语法。在 C 语言中基本语法单位被称为单词，单词包括关键字、标识符、常量、运算符、分隔符等元素。这些元素有不同的语法含义和组成规则，它们互相配合，共同完成 C 语言的语义表达。

2.1.1 字符集

字符是 C 语言的最基本的元素，C 语言的字符集是书写源程序清单时允许出现的所有字符的集合，也就是说，在 C 语言的源程序清单不能出现字符集以外的字符。字符集主要由英文字母、数字、键盘符号等构成。

（1）英文字母：A~Z，a~z（52 个）。
（2）数字：0~9（10 个）。

(3）键盘符号：33 个，如表 2-1 所示。

表 2-1　键盘符号表

符号	含义	符号	含义	符号	含义
+	加号	[	左方括号	^	异或号
-	减号	]	右方括号	@	a 圈号
*	星号	{	左花括号	;	分号
/	正斜杠	}	右花括号	:	冒号
<	小于号	=	等号	'	单引号
>	大于号	~	波浪号	"	双引号
_	下划线	!	惊叹号	|	或符号
\	反斜杠	#	井号	&	与符号
(	左括号	%	百分号	?	问号
)	右括号	.	小数点	$	美元号
`	重音号	,	逗号		空格

（4）空白符。

空白符是空格、制表符（跳格）、换行符（空行）的总称。空白符除了在字符、字符串中有意义外，编译系统忽略其他位置的空白符。空白符在程序中只是起到间隔作用。在程序的恰当位置使用空白符将使程序更加清晰，增强程序的可读性。

上述字符构成了 C 语言的词汇，完整的 C 程序可以视为由字符按一定语法规则组成的符号序列。

2.1.2　关键字

关键字是一类有特定的专门含义的单词，用来说明数据类型、存储类型、访问说明、语句等。对于 C 语言来说，凡列入关键字表的单词，一律不得移作他用，用户定义的标识符不得与它们冲突。因此，关键字又称为保留字（reserved word）。C 语言中的关键字是由小写字母构成的字符序列，ANSI C 提供了 32 个关键字，如表 2-2 所示。

表 2-2　32 个关键字

关键字	语义	关键字	语义	关键字	语义	关键字	语义
auto	自动	double	双精度	int	整型	struct	结构
break	中断	else	否则	long	长整型	switch	开关
char	字符	enum	枚举	register	寄存器	typedef	类型定义
case	情况	extern	外部	return	返回	union	共用
const	常量	float	浮点	short	短整型	unsigned	无符号

续表

关键字	语义	关键字	语义	关键字	语义	关键字	语义
continue	继续	for	对于	signed	带符号	void	空
default	缺省	goto	转向	sizeof	字节数	volatile	可变的
do	做	if	如果	static	静态	while	当

2.1.3 标识符

标识符是指用来表示变量名、函数名、数组名、类型名、文件名等的有效字符序列。在 C 语言中各种名称都是由标识符来表示的，C 语言中没有标准标识符的概念，main 可以看成唯一的标准标识符，它被编译程序预定义为主函数的名字。通俗地说，标识符就相当于一个人的名字。作为 C 语言的标识符，ANSI C 规定必须满足以下规则：

（1）所有标识符的第一个字符必须以字母（a~z，A~Z）或下划线（_）打头。

（2）标识符的其他部分必须由字母、下划线或数字（0~9）组成。

（3）C 语言规定大小写字母不同，代表不同的标识符。如 sum 与 Sum，BOOK 与 book 都是不同的标识符。

（4）对于标识符的有效长度，一般环境允许取 32 个字符。标识符的选择不宜太长，一般按照"见名知义""常用取简"的原则，使之一目了然，以增加程序的可读性。

（5）标识符不能与 C 语言中的关键字同名。

注意：C 程序中英文字母区分大小写。在定义标识符时，同样的字母的大小写代表不同的标识符。

C 语言的关键字必须用小写字母表示；关键字不能作为变量名、数组名、函数名。

2.1.4 常量

C 程序中的常量是指固定不变的量，它是 C 语言中特殊的单词，是程序所要处理的数据的值。常见的常量有整型常量、浮点型常量、字符常量、字符串常量等。如例 1.1 中"C 语言的第一个程序！"为字符串常量，例 1.2 中用 scanf()函数输入的 2 个量为整型常量，它们存储在内存的某个单元，是不可寻址、不允许被修改的。在本章 2.3 节中将详细介绍各种常量的表示方法和规则。

2.1.5 运算符

运算符是用来进行某些操作的单词，当用运算符作用于被操作的对象后，将获得一个结果。C 语言的运算符十分丰富，使得 C 语言的运算十分灵活方便。最常见的运算符有：赋值运算符"="；算术运算符"+、-、*、/、%"；关系运算符">、>=、<、<=、==、!="；逻辑运算符"&&、||、!"等。这些内容在本章的 2.5 节中将详细介绍。

2.1.6 分隔符

分隔符用来定界或分隔其他语法成分的单词，类似于文章中的标点符号。常用的分隔符有：逗号、分号、空格、回车换行符、""、#、()、{}、/*...*/等。例如：

逗号：用在类型说明和函数参数表中，分隔各个变量（int a,b,c）。

分号：表示一个语句的结束。

""：表示一个字符串的开始与结束。

{ }：用于函数体或分程序的定界。

在众多的分隔符中，空格较为特殊。空格多用于语句各单词之间，在两个相邻的关键字或标识符之间必须要有一个以上的空格符作间隔，否则将会出现语法错误，例如把 int a;写成 inta;，编译器会把 inta 当成一个标识符处理，其结果必然出错。

提示：标识符命名时，一定要以字母及下划线打头，后跟字母、数字及下划线序列。C语言程序允许连续的空格出现，从语法功能看，连续的空格与一个空格作用相同。

2.2 C语言数据类型

程序处理的对象是数据。数据是程序设计所要描述的主要内容。程序所能处理的数据对象被划分成不同的集合，同一集合中的数据对象具有相同的性质，如可以被施以同样的操作，或具有同样的编码方式等。我们把程序语言中具有这样性质的数据集合称为数据类型。

在 C 语言中，数据的类型可分为基本类型、构造类型和指针类型，如图 2-1 所示。

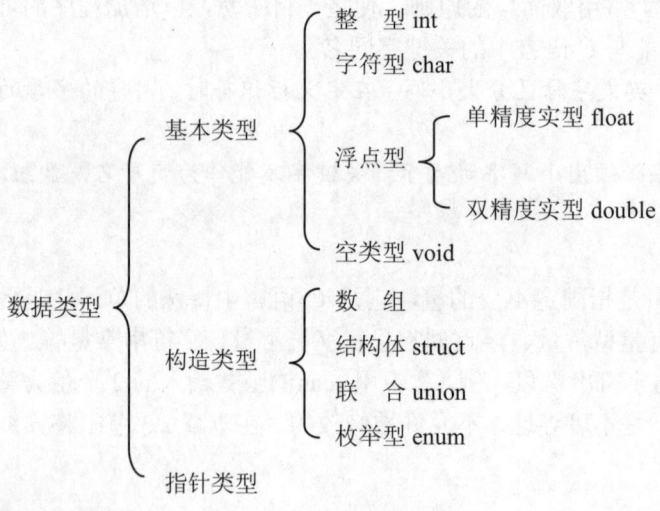

图 2-1 C 语言的数据类型

无论是什么类型的数据，在对其进行处理时都要先存放在内存中。显然，不同类型的数据因其特点不同，在存储器中的存放格式也不相同。也就是说，不同类型的数据所占内存长度不同，数据表达形式也不同，其值域（允许的取值范围）也各不相同。

C 语言中数据有常量与变量之分，它们分别属于这些类型。这些数据类型还可以构成复杂的数据结构，例如利用指针和结构体可以构成表、树、栈等。在程序中用到的所有数据都必须指定其数据类型。

在 C 语言中基本数据类型有四种：字符型、整型、浮点型（单精度和双精度）和空类型。

上述数据类型的长度（内存二进制位数）和值域如表 2-3 所示。

表 2-3　C 语言基本数据类型的长度和值域（IBM PC 系列、VC 编译系统）

类型	字节数	值域
char（字符型）	1	-128～127
int（整型）	4	-2147483648～2147483647
float（单精度）	4	1.17e-38～3.4e+38
double（双精度）	8	1.7e-308～1.7e+308
void	0	无值

重点

- 对于不同的数据类型，其内存的分配模式不同（占用字节数不同）。C 语言内存分配模式不是由 C 语言本身规定的，而是由宿主机硬件和编译系统决定的。
- 对于不同的数据类型，其允许值域不同（取值范围不同），超出范围将会溢出。C 语言编译系统不具有检查溢出的能力。

2.3　常量及其类型

在程序运行过程中，其值不能被改变的量称为常量。在 C 语言中常量分为不同的类型：有整型常量，如 5、12、-7 等；有浮点型常量，如 1.2、-3.4 等；有字符常量，如'a'、's'；有字符串常量，如"abc"、"1234"等。以上几种常量一般从字面上即可判别，所以又统称为字面常量或直接常量。

不同类型决定了各种常量所占存储空间的大小和数的表示范围。如短整型常量占 2 个字节，数的表示范围为-32768～32767；单精度浮点型常量占 4 个字节，数的表示范围为 $1.17\times10^{-38} \leq |x| \leq 3.4\times10^{38}$。

C 语言按书写形式确定常量的类型，因此正确表示常量非常重要。

2.3.1　整型常量

1. 整型常量的表示形式

整型常量根据表示形式可以分为十进制、八进制、十六进制。

（1）十进制整型常量的形式是有效的十进制数字串。如：235，0，-12。

（2）八进制整型常量的形式是以数字 0 开头的八进制数字串。如：013 表示八进制数 13，即$(13)_8$，其值为 $1\times8^1+3\times8^0$，等于十进制数 11。

（3）十六进制整型常量的形式是以 0x 或 0X 开头的十六进制数字串。数字串中只能含有 0～9 十个数码和 a、b、c、d、e、f 六个字母。如：0x23 代表十六进制数 23，即$(23)_{16}=2\times16^1+3\times16^0$=32+3=35。

2. 整型常量的类型

C 语言中提供了多种数据类型，有基本整型、短整型、长整型、有符号整型和无符号整型等，默认的数据类型是 int 基本整型。C 语言允许在整型常量后面添加字母 L（或 l）表示长整型常量，如 35L、0567L、0x8AL；用 U（或 u）表示无符号的整型常量，如 123U。

整型数的取值范围通常由机器的字长决定。在一个字长 16 位的机器上，带符号的一般整型数的表示如表 2-4 所示，长整型数的表示如表 2-5 所示。

表 2-4　一般整型数的表示

进　　制	表示举例	范　　围	字节数
十　进　制	2304	-32768～+32767	2
八　进　制	04400	0～0177777	2
十六进制	0xaa00	0x0000～0xffff	2

表 2-5　长整型数的表示

进　　制	表示举例	范　　围	字节数
十　进　制	-21234L	-2147483648～+2147483647	4
八　进　制	04400L	0～037777777777	4
十六进制	0xaa00L	0x0000～0xffffffff	4

2.3.2　浮点型常量

浮点型常量与整型常量不同，整型常量是精确的量，而浮点型常量是具有一定精度（一定的有效数字位数）的量。实数在 C 语言中又称为浮点数。

在 C 程序中，浮点型常量的书写格式有小数形式和指数形式两种：

（1）小数形式：由整数部分、小数点和小数部分（必须要有小数部分）组成。

（2）指数形式：由尾数部分、e（E）和指数部分组成。字母 e 或 E 的前面必须要有数字，且其后面的指数必须为整数。例如：

日常记数法：34.1，0.02345，-123。

小数书写法：34.1，0.02345，-123.0。

指数书写法：3.4e1，2.345e-2，-1.23e2。

一个实数可以有多种指数表示形式。例如，123 可以表示为 123e0、12.3e1、1.23e2、0.123e3 等。我们把其中的 1.23e2 称为规范化的指数形式，即在字母 e 或 E 之前的小数部分中，小数点左边应有一位且只能有一位非零的数字。一个实数在用指数形式输出时，是按规范化的指数形式输出。

对于上述两种书写形式，系统默认为是双精度浮点型，可表示为 15～16 位有效数字，表示范围可达到 10^{-308}～10^{408}。如果要表示单精度浮点型常量或长双精度浮点型常量，只要加上后缀 f（F）或 l（L）即可。例如：

4.5f、-1.2F、2e-3f 为单精度浮点型常量。

4.5L、-1.2L、2e-3L 为长双精度浮点型常量。

注意：浮点型常量只有十进制数，对于绝对值小于 1 的浮点数，其小数点前面的 0 可以省略。例如，0.345 可写成.345。当使用默认格式输出浮点型常量时，最多只能保留小数点后 6 位。

2.3.3 字符常量

C 语言的字符常量是用单引号括起来的一个字符，如 'a'、'x'、'A'、'?'等。在 C 语言中，字母是区分大小写的，所以'a'和'A'是不同的字符常量。

C 语言还允许使用一种特殊形式的字符常量：以反斜杠（\）引导的字符序列。这种方式表示的字符称为转义字符，常用来表示控制字符和系统占用字符，如表 2-6 所示。

表 2-6 常用转义字符表

转义字符	含义	转义字符	含义
\n	回车换行符	\0	空字符
\v	垂直制表符	\'	单引号
\r	回车符	\"	双引号
\a	响铃	\\	反斜杠
\t	水平制表符（Tab 键）	\?	问号
\b	退格字符（Backspace 键）	\ddd	1～3 位八进制整数
\f	换页	\xhh	1～2 位十六进制整数

在内存中，每个字符常量占用一个字节，具体存放的是该字符对应的 ASCII 码值。如'A'所对应的是十进制 65；'a'所对应的是十进制 97。因此 C 语言规定，一个字符常量也可以看成整型常量，其值就是 ASCII 码值。可以把字符常量作为整型常量来使用。例如：'A'+10+'\101'=65+10+65=140。

2.3.4 字符串常量

字符串常量是指用双引号括起来的一串字符，如"a"、"I am a student"、"1234"等。字符串常量中允许出现转义序列。

C 语言规定字符串常量的存储方式为：字符串中的每个字符以其 ASCII 码值的二进制形式存储在内存中，并且系统自动在该字符串末尾加一个字符串结束标志，这个结束标志就是字符'\0'（ASCII 码值为 0 的字符）。例如，字符串"Welcome!"的存储方式为：

| W | e | l | c | o | m | e | ! | \0 |

此字符串占用的字节数不是 8，而是 9，最后的'\0'代表字符串的结束标志，在输出时不显示。

在 C 语言中可以用字符变量来存储一个字符常量，但是没有专门的字符串变量存储字符串，字符串的存储需要使用字符数组，这将在以后的章节中介绍。

注意：单引号括起来的字符和双引号括起来的字符的区别。例如'a'和"a"，它们在计算机内的存储方式是不同的，占用的字节数也是不同的。

2.3.5 符号常量

C 语言中可以用一个标识符来代表一个常量，被称为符号常量。由于符号常量用标识符表示，因而它具有变量的外表和常量的内涵。符号常量有两种表示方法：

1. 用#define 定义

其一般形式为：

`#define 符号常量名 常量`

例如：#define PI 3.14159

定义 PI 为符号常量，在程序中可用符号常量 PI 代表数值 3.14159。

注意：符号常量不同于变量，它的值在其作用域内不能改变，也不能再被赋值。
如果再用以下语句给 PI 赋值是错误的，如：PI=3.14。

习惯上，符号常量名用大写，变量名用小写，以示区别。

2. 用 const 修饰

例如：const float b=23.45;

定义了一个浮点型常数 b，其值为 23.45。用 const 定义的符号常量既有类型，也有值的含义。

重点：

- 整型常量可用十进制、八进制和十六进制表示。八进制数要以 0 作为前导，十六进制数要以 0x 作为前导。无符号整型常量末尾必须加上字母 u 或 U，长整型末尾必须加上字母 l 或 L。
- 字符常量是用单引号括起的一个字符；字符串常量是用双引号括起的一串字符。
- 符号常量是用标识符表示的常量。用#define 定义的符号常量没有类型和返回值的含义；用 const 定义的符号常量既有类型，又有值的含义。

2.4 变量及其类型

2.4.1 变量及其说明

在程序中，其值可以改变的量称为变量。变量有两个基本要素：一个是变量名，其命名规则符合标识符的所有规定；另一个是变量类型，其类型决定了变量在内存中要占据的若干字节的存储单元。在 C 语言中，变量必须先定义后使用。

1. 变量定义

在 C 语言中，用类型说明语句对变量加以定义，其一般形式为：

`类型标识符 变量名表;`

这里，类型标识符必须是 C 语言的有效数据类型。变量名表可以是一个或多个标识符名，中间用逗号分隔开。例如：

```
int i,j,num;        // 说明 i,j,num 为整型变量
float a,b,sum;      // 说明 a,b,sum 为浮点型变量
char c,ch;          // 说明 c,ch 为字符型变量
```

2. 说明

变量名可以是 C 语言中的合法标识符，但用户在定义时应遵循"见名知意"的原则，以便程序的维护。

（1）每一个变量都必须进行类型说明，这样可以保证程序中变量的正确使用。未作类型

说明的变量在编译时将被指出是错误的。

（2）当一个变量被指定为某一确定类型时，将为它分配若干相应字节的内存空间。如 char 型为 1 个字节，short int 型为 2 个字节，float 型为 4 个字节，double 型为 8 个字节。当然，不同的系统可能会有差异。

（3）变量说明必须放在变量使用之前，即放在函数体的开始部分。

2.4.2 整型变量

1. 整型变量在内存中的存放形式

数据在内存中是以二进制形式存放的。如果定义了一个短整型变量 i：

short int i;
i=10;

十进制数 10 的二进制形式为 1010，对于 VC 编译系统，短整型变量在内存中分配 2 个字节。图 2-2（a）是数据存放的示意图，图 2-2（b）是数据在内存中实际存放的情况。

实际上，数值是以补码形式表示的。图 2-1（b）就是用补码形式表示的，只不过正数的补码和其原码的形式相同。如果数值是负数，其补码形式与原码不同，可用如下方法求出。

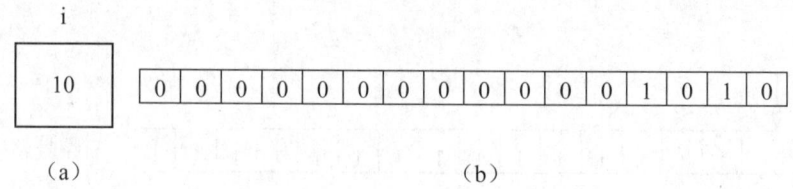

图 2-2 短整型变量在内存中的存放形式

如求短整型数-10 的补码（占 2 个字节，16 位）：

① 求出-10 的原码。
② 按位取反，求出-10 的反码。
③ 再加 1 求出补码：1111111111110110，如图 2-3 所示。

说明：短整数的 16 位中，最左面的一位表示符号位，此位为 0，表示数值为正；为 1 时则数值为负。

图 2-3 原码、反码、补码

2. 整型变量的分类

整型变量的基本类型符为 int。可以根据数值的范围将变量定义为基本整型、短整型或长整型。在 int 之前可以根据需要加上修饰符：short（短型）或 long（长型）。因此有以下三类整型变量：

（1）基本整型，以 int 表示。

（2）短整型，以 short int 表示，或以 short 表示。

（3）长整型，以 long int 表示，或以 long 表示。

一个 int 型变量的值的范围为 $-2^{31} \sim (2^{31}-1)$，即 $-2147483648 \sim 2147483647$。在某些实际应用中，变量的值有时只使用正的（如学号、年龄等）。为了充分利用变量的数值范围，此时可将变量定义为无符号类型。以上三种类型都可以加上修饰符 unsigned 以指定是"无符号数"。反之，如果加上修饰符 signed，则指定是"有符号数"。如果既不指定是 signed，也不指定是 unsigned，则隐含为有符号数（signed）。

对于有符号数（signed），存储单元中最高位代表符号（0 为正，1 为负）。如果一个整型变量被指定为无符号数（unsigned），则存储单元中全部二进制位（bit）用来存放数本身，而不包括符号。一个无符号整型变量中可以放的整数的范围比有符号整型变量中正数的范围扩大一倍多。例如，在程序中定义 a 和 b 两个短整型变量：

short a;
unsigned short b;

变量 a 的范围为 $-32768 \sim 32767$，而变量 b 的范围为 $0 \sim 65535$。图 2-4 表示变量的 a、b 的最大值。

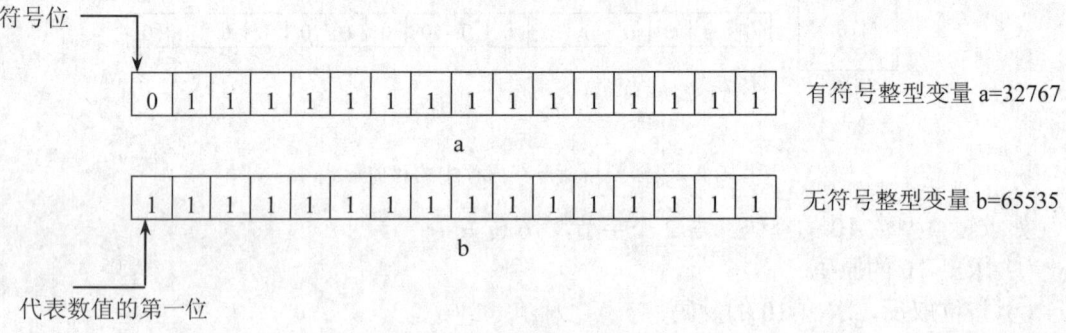

图 2-4　变量 a、b 的最大值

ANSI C 没有具体规定以上各类型数据所占内存字节数，不同的编译系统会有不同的长度定义。表 2-7 列出了 ANSI C 规定的最小字节数的整数类型和取值范围，但有的 C 语言编译系统规定一个整型数据占 4 个字节（32 位），其取值范围为 $-2147483648 \sim +2147483647$。Visual C++ 6.0 的整型内存分配模式如表 2-8 所示。

表 2-7　ANSI C 标准定义的整数类型

类型	字节数	取值范围
[signed] int	2	$-32768 \sim 32767$，即 $-2^{15} \sim (2^{15}-1)$
unsigned int	2	$0 \sim 65535$，即 $0 \sim (2^{16}-1)$
[signed] short [int]	2	$-32768 \sim 32767$，即 $-2^{15} \sim (2^{15}-1)$
unsigned short [int]	2	$0 \sim 65535$，即 $0 \sim (2^{16}-1)$
[signed] long [int]	4	$-2147483648 \sim 2147483647$，即 $-2^{31} \sim (2^{31}-1)$
unsigned long [int]	4	$0 \sim 4294967295$，即 $0 \sim (2^{32}-1)$

表 2-8　Visual C++ 6.0 定义的整数类型

类型	字节数	取值范围
[signed] int	4	-2147483648～2147483647，即-2^{31}～$(2^{31}-1)$
unsigned int	4	0～4294967295，即 0～$(2^{32}-1)$
[signed] short [int]	2	-32768～32767，即-2^{15}～$(2^{15}-1)$
unsigned short [int]	2	0～65535，即 0～$(2^{16}-1)$
[signed] long [int]	4	-2147483648～2147483647，即-2^{31}～$(2^{31}-1)$
unsigned long [int]	4	0～4294967295，即 0～$(2^{32}-1)$

3. 整型变量的定义

【例 2.1】整型变量的定义与使用。

```
#include <stdio.h>
void main(void)
{
    int a,b;
    long c;
    a=-1;b=23;c=123456789;
    printf("a=%d,b=%d,c=%ld\n",a,b,c);
}
```

程序运行结果如图 2-5 所示。

4. 整型数据的溢出

一个短整型变量（short int）的最大允许正值为 32767，如果再加 1，会出现什么情况？

【例 2.2】写出下面程序的运行结果。

```
#include <stdio.h>
void main(void)
{
    short int a,b;
    a=32767;
    b=a+1;
    printf("a=%d,b=%d\n",a,b);
}
```

程序运行结果如图 2-6 所示。

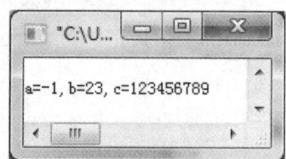

图 2-5　例 2.1 程序运行结果

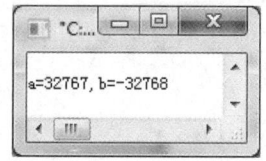

图 2-6　例 2.2 程序运行结果

其数值在内存的二进制表示方式如图 2-7 所示。

0	1	1	1	1	1	1	1	1	1	1	1	1	1	1	1	a= 32767
1	0	0	0	0	0	0	0	0	0	0	0	0	0	0	0	b=-32768

图 2-7　a、b 变量的内部二进制表示

从图 2-7 可以看到：变量 a=32767，其最高位（符号位）为 0，加 1 以后，最高位为 1，后面 15 位为 0。它是-32768 的补码形式，所以 b 的值为-32768。一个整型变量只能容纳-32768～32767 范围内的数，当数据超过此范围时，就会发生"溢出"，但运行时并不报错。它就像汽车的里程表一样，达到最大值后，又从最小值开始计数。所以，32767 加 1 得不到 32768，而得到-32768。如果将 b 改为 int 型或 long 型就可以得到预期的结果 32768。

2.4.3 浮点型变量

浮点型变量分为单精度型（float）、双精度型（double）和长双精度型（long double）三类。ANSI C 并未规定每一种数据类型的长度、精度和数值范围，表 2-9 列出的是微型机上常用的 C 语言编译系统（如 Turbo C、MS C、Borland C）的情况。当然不同的系统会有差异。

表 2-9 浮点型数据

类型	字节数	有效数字	数值范围
float	4	6～7	$1.17×10^{-38}$～$3.4×10^{38}$
double	8	15～16	$1.7×10^{-308}$～$1.7×10^{308}$
long double	10	18～19	$1.2×10^{-4932}$～$1.2×10^{4932}$

每一个浮点型变量都应在使用之前加以定义。如：
```
float x,y;
double z;
long double t;
```
long double 类型用得较少，因此不作详细介绍。

需要说明的是，一个浮点型常量可以赋给一个 float 型或 double 型变量。根据变量的类型来截取浮点型常量中相应的有效数字。假定 x 已指定为单精度浮点型变量：
```
float x;
x=735.1234567;
```
由于 float 型变量只能接受 7 位有效数字，因此实际存储的 x 的值为 735.1235。如果将 x 改为 double 型，则能接受上述 10 位数字并存储在变量 x 中。

浮点型数据与整型数据的存储方式不同，浮点型数据是按指数形式存储的。一个 float 型数据一般在内存中占 4 个字节（32 位）。系统把一个浮点型数据分成小数部分和指数部分分别存放。指数部分采用规范化的指数形式。例如，实数 16.235 在内存中的存放形式如图 2-8 所示。

$16.235=1.0146875×2^4$

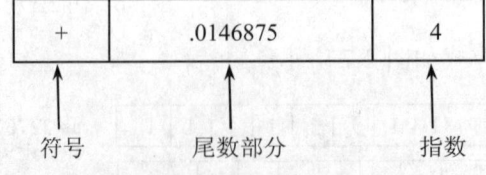

图 2-8 浮点型数据的存放形式

图 2-8 中是用十进制数来表示的，实际上在计算机中是用二进制数来表示小数部分，用 2

的幂次来表示指数部分。

用来存储 float 型数据的 4 个字节（32 位）中，究竟用多少位表示小数部分，多少位表示指数部分，ANSI C 没有具体规定，由各种 C 语言编译系统自定。不少 C 语言编译系统以 24 位表示小数部分（包括符号位），以 8 位表示指数部分（包括指数的符号）。

2.4.4 字符变量

1. 字符变量的定义

字符变量（char）用来存放字符常量，一个字符变量只能存放一个字符常量。字符变量的定义形式如下：

```
char c1,c2;
```

定义 c1、c2 为字符变量，其在内存中各占一个字节，可以分别存放一个字符。下面对 c1、c2 赋值：c1='a';c2='b';实际上其内存中存放的是该字符的 ASCII 码。

2. 字符数据在内存中的存储形式及其使用方法

将一个字符常量放到一个字符变量中，实际上并不是把该字符本身放到内存单元中去，而是将该字符的 ASCII 码放到存储单元中。例如字符'a'的 ASCII 码为 97，'b'的 ASCII 码为 98，在内存中变量 c1、c2 的值如图 2-9（a）所示，实际上是以二进制形式存放的，如图 2-9（b）所示。

既然在内存中，字符数据是以 ASCII 码存储的，它的存储形式就与整数的存储形式类似。C 语言规定字符型数据和整型数据之间可以通用。一个字符数据既可以以字符形式输出，也可以以整数形式输出。以字符形式输出时，需要先将存储单元中的 ASCII 码转换成相应的字符，然后输出。以整数形式输出时，直接将 ASCII 码作为整数输出。也可以对字符数据进行算术运算，此时相当于对它们的 ASCII 码进行算术运算。

【例 2.3】大小写字母的转换。

```
#include <stdio.h>
void main(void)
{
    char c1,c2;
    c1='a';c2='b';
    c1=c1-32;c2=c2-32;
    printf("%c %c\n",c1,c2);
}
```

程序运行结果如图 2-10 所示。

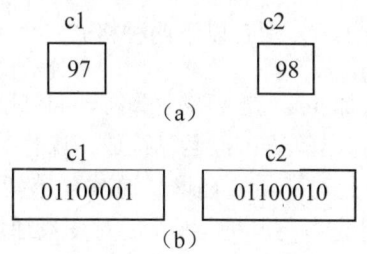

图 2-9 字符数据的存储形式

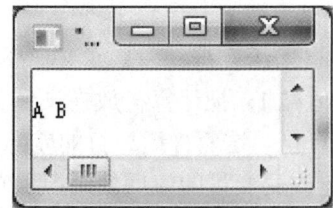

图 2-10 例 2.3 程序运行结果

程序将两个小写字母 a 和 b 转换成大写字母 A 和 B。'a'的 ASCII 码为 97，而'A'为 65，'b'

为 98，'B'为 66。从 ASCII 码表中可以看到每一个小写字母都比它相应的大写字母的 ASCII 码大 32。字符数据与整型数据进行混合运算增加了程序设计的灵活性，尤其是在作字符的各种转换时非常方便。例如'A'+32 会得到整数 97，'a'-32 会得到整数 65。

2.5 运算符和表达式

C 语言提供了多种运算符，按其功能可分为算术运算符、关系运算符、逻辑运算符、逗号运算符、位运算符、赋值运算符等，按其参加运算的操作数的个数可分为单目运算符、双目运算符和三目运算符。

表达式是用运算符把操作数连接起来所构成的式子。操作数可以是常量、变量和函数。各种运算符能够连接的操作数的个数、数据类型都有明确的规定，要写出正确的表达式就必须遵循这些规定。

每个表达式不管多么复杂，都有一个值。这个值就是对操作数进行表达式中运算符规定的运算后得到的结果。表达式的求值是由计算机系统来完成的，但程序设计者必须明了其运算步骤。

特别注意：运算方向（结合方向）是从左到右还是从右到左，以及运算符号的优先级和数据类型的转换这三个方面的问题，否则就得不到正确的结果。

2.5.1 算术运算符和算术表达式

1. 算术运算符

C 语言中算术运算符有 5 种：+（加）、-（减）、*（乘）、/（除）、%（求余）。

说明：

（1）对于+、-、* 运算的操作数，可以是整型或浮点型的常量、变量和函数，其运算规则与一般的数学运算规则相同，书写时*（乘号）不能省略。

（2）对于 / 运算，其操作数可以整型或浮点型的常量、变量和函数。对于 x/y，如果两个操作数中有一个是浮点型，运算结果为浮点型数；若两个操作数都是整数，运算结果为整数（舍去小数部分）。例如：5/2.0=2.500000，5/2=2，-7/4=-1，-7/-4=1。

（3）关于 % 运算，其两个操作数必须为整数，且在计算 x%y 时 y 的值不能为 0。例如：5%2=1，6%2=0，-7%4= -3，取值时余数的符号与被除数相同。

2. 自增、自减运算符

自增、自减运算符的作用是使变量的值增 1 或减 1，分别有以下两种格式：

++k,k++（--k,k--）

++是自增运算符，++k 或 k++都是让变量 k 的值加 1；--是自减运算符，--k 或 k--都是让变量 k 的值减 1。把运算符放在操作数之前，称为前置运算符；把运算符放在操作数之后，称为后置运算符。这两种运算符的差异是：前置运算符是对变量先递增（递减），然后参与其他运算，即先改变变量的值后使用；后置运算符则是变量先参与其他运算，后对变量递增（递减），即先使用后改变。

例如：x=9;y=x++;其结果为 x=10,y=9。这是因为 x++是后置运算形式，x 先以原值赋给 y（y=9），后 x 增值 1，得 x=10。

又如：x=9;y=++x;其结果为 x=10,y=10。这是因为++x 是前置运算形式，x 先增值 1(x=10)，再赋给 y，所以 y=10。

【例 2.4】自增、自减运算符前置、后置形式的差异。

```c
#include <stdio.h>
void main(void)
{
    int x,y,k=10;
    x=k++;
    y=++k;
    printf("k=%d,x=%d,y=%d\n",k,x,y);
    k=10;
    x=--k;
    y=k--;
    printf("k=%d,x=%d,y=%d\n",k,x,y);
}
```

程序运行结果如图 2-11 所示。

注意：

（1）自增运算符（++）和自减运算符（--）只能用于变量，而不能用于常量或表达式。因为常量的值是不允许改变的，而对于表达式，如(a+b)++也是不合法的。

（2）++和--运算符的优先级是一样的，见附录 2，从中可以看到它们的结合方向是自右向左。如果有-i++，因为负号运算符和自增运算符的优先级别一样，那么表达式的计算就要按结合方向，负号运算符和自增运算符的结合方向都是自右向左，所以整个式子可以看作-(i++)；即先从右边开始计算，++和变量 i 结合，然后再同负号运算符结合。如果 i 的初值为 5，由于是后置形式，那么整个表达式的值为-5，i 最终的结果为 6。

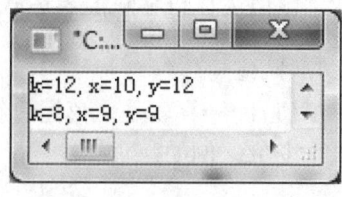

图 2-11　例 2.4 程序运行结果

（3）当表达式中出现多个运算符时，组合的原则是尽可能多地（自左而右）将若干个字符组成一个运算符，如 a+++b+++c，将组合为(a++)+(b++)+c，而不是 a+(++b)+(++c)。

（4）这两个运算符（++、--）经常用到循环语句中，对循环变量增 1 或减 1，来控制循环的执行次数。

3. 算术表达式

用算术运算符和括号将运算对象（操作数）连接起来，符合 C 语言规则的式子，称为算术表达式。运算对象包括常量、变量、函数等。例如：

```
3 + a * b/2 - 1.5 + 'a'    // 算术表达式
```

如何求解这个算术表达式的值？在 C 语言中规定，对表达式求值时，按运算符的优先级别，从高到低进行运算，先乘除，后加减。在优先级别相同的情况下，要按运算符的结合方向进行运算。在上面的表达式中，应先计算 a * b/2，然后再进行加法运算和减法运算，原因是 *、/ 运算符的优先级高于 +、- 运算符。对于表达式 a * b/2，则按算术运算符的结合方向"自左至右"的规则计算，即先左后右，这样 a * b/2 就应先算 a * b，再除以 2。

"自左至右"的结合方向又称为"左结合性"，即操作数先与左面的运算符结合。还有一些运算符的结合方向是"自右向左"，即"右结合性"（例如：赋值运算符）。结合方向的概念是 C 语言特有的，所有运算符的优先级和结合性见附录 2。

【例 2.5】 整型数的五种算术运算。

```c
#include <stdio.h>
void main(void)
{
    int x=17,y=6;
    printf("x=%d,y=%d\n",x,y);
    printf("x+y=%d\n",x+y);
    printf("x-y=%d\n",x-y);
    printf("x*y=%d\n",x*y);
    printf("x/y=%d\n",x/y);
    printf("x%%y=%d\n",x%y);
}
```

程序运行结果如图 2-12 所示。

重点：求余运算符（%）只能对整型量施加运算。在计算两个整数的余数时，余数的符号和被除数相同。例如：7%2=1，-7%2=-1，7%(-2)=1，(-7)%(-2)=-1。

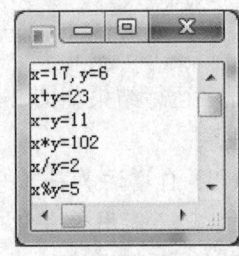

图 2-12　例 2.5 程序运行结果

2.5.2 赋值运算符和赋值表达式

1. 赋值运算符

赋值号 "=" 就是赋值运算符，它的作用是将一个数据赋给一个变量。例如：

```
x=5;    // 表示将 5 赋给 x 变量
```

也可以将一个表达式的值赋给一个变量，例如 "y=x%2" 表示把 x%2 的余数赋给 y 变量。

2. 赋值表达式

由赋值运算符将一个变量和表达式连接起来的式子称为赋值表达式，其一般形式为：

```
变量 = 表达式
```

它的作用是将赋值运算符右边的表达式的值赋给左边的变量。如果赋值运算符两侧的变量和表达式的类型不同，系统将自动进行类型转换。

在赋值表达式的一般形式中，表达式仍可以是一个赋值表达式，也就是说，赋值表达式可以嵌套。这同时也说明：赋值表达式可以放在任何可以放置表达式的地方。

例如：x=(y=8)，括号内的表达式也是一个赋值表达式。其运算过程：先把常量 8 赋给变量 y，然后再将 y 的值赋给变量 x，因此运算结果 x 和 y 的值都是 8，整个赋值表达式的值也是 8。

C 语言规定，赋值运算是右结合性，即从右至左进行运算，因此表达式 x=(y=8)中的括号可以省略，写成：x=y=8。

下面再看几个例子：

```
a=b=c=5;       // 整个表达式的值为 5，a,b,c 的值也为 5
a=5+(c=6);     // 整个表达式的值为 11，a 的值也为 11，c 的值为 6
x=(y=4)/(z=3); // 整个表达式的值为整数 1，y 的值为 4，z 的值为 3，x 的值为 1
```

3. 复合的赋值运算符

在 C 语言中，可以在赋值运算符之前加上其他运算符，构成复合赋值运算符。共有 10 种复合赋值运算符：

```
+=    -=    *=    /=    %=
<<=   >>=   &=    ∧=    |=
```

前 5 种是算术运算符组成的复合赋值运算符,由算术运算符和赋值运算符结合在一起;后 5 种是位运算符组成的复合赋值运算符,由位运算符和赋值运算符结合在一起。参加算术复合赋值运算的两个运算数,先进行算术运算,然后将其结果赋给第一个运算数。例如:

```
x+=3;      // 等价于 x=x+3
y*=y+z;    // 等价于 y=y*(y+z)
x%=3;      // 等价于 x=x%3
```

赋值表达式也可以包含复合的赋值运算符。

例如:a+=a-=a*a 也是一个赋值表达式。如果 a 的初值为 12,此赋值表达式的求值步骤如下:

① 先进行"a-=a*a"的运算,它相当于 a=a-a*a=12-144=-132。

② 再进行"a+= -132"的运算,相当于 a=a+(-132)=-132-132=-264。

将赋值表达式作为表达式的一种,使赋值操作不仅可以出现在赋值语句中,而且可以以表达式形式出现在其他语句(如输出语句、循环语句等)中,例如:

```
printf("%d\n",a=b);
```

如果 b 的值为 3,则输出 a 的值(也是表达式 a=b 的值)为 3。在这一个语句中完成了赋值和输出双重功能,这是 C 语言灵活性的一种表现。

2.5.3 其他运算符及表达式

1. 逗号运算符和逗号表达式

逗号运算符(,)是 C 语言中一个比较特殊的运算符,它的作用是将若干个表达式连接起来。

逗号表达式的一般形式为:

表达式 1,表达式 2,表达式 3… 表达式 n

例如:3+5,4*3;用逗号把若干独立的运算表达式结合成的一个表达式称为逗号表达式。

又如:a=3, b=5, c=a*b;也是一个逗号表达式,它是由三个独立的表达式结合而成的。

说明:

(1)逗号表达式的求值过程是:先计算表达式 1 的值,再计算表达式 2 的值……,一直计算到表达式 n 的值。整个逗号表达式的值是最后一个表达式 n 的值。如:

```
i=4,j=6,k=8;     // 整个逗号表达式的值是 8
x=8*2, x*4;      // 整个逗号表达式的值是 64,x 的值是 16
```

(2)逗号表达式可以嵌套,即一个逗号表达式又可以与另一个表达式组成一个新的表达式。例如:

```
(x=8*2,x*4),x*2;  // 整个逗号表达式的值是 32,x 的值是 16
```

(3)逗号表达式还可以作为赋值运算的右边表达式来使用,例如:

```
x=(i=4,j=6,k=8);  // 整个表达式为赋值表达式,将逗号表达式 i=4,j=6,k=8 的值赋给 x,x 的值为 8
```

(4)逗号运算符的优先级是最低的,因此下面两个表达式的作用是不同的。

① x=(z=5,5*2)

② x=z=5,5*2

表达式①为赋值表达式,将一个逗号表达式的值赋给 x,x 的值为 10,z 的值为 5;

表达式②为逗号表达式,它包括一个赋值表达式和一个算术表达式,整个表达式的值为 10,x 和 z 的值都为 5。

（5）逗号表达式用的地方不太多，一般情况是给循环变量赋初值时才用到。所以程序中并不是所有的逗号都要看成逗号运算符，尤其是在函数调用时，各个参数是用逗号隔开的，这时逗号就不是逗号运算符，而是间隔符。例如：

printf("%d,%d,%d",x,y,z);

2．条件运算符和条件表达式

条件表达式是由条件运算符连接表达式构成的，其一般形式为：

e1?e2:e3

式中"?:"为条件运算符，e1、e2、e3 是三个表达式。其中 e1 主要是关系或逻辑表达式，也可以是字符型数据或算术表达式、条件表达式、赋值表达式、逗号表达式等（值为非 0 看成逻辑真，值为 0 看成逻辑假）。e2、e3 是同类型的表达式。

表达式的含义为：当 e1 为真（非 0），表达式取 e2 的值，否则取 e3 的值。例如：

int a=2,b=3,c=-1,d;
d=a?b:c;   // 由于 a 等于 2（非 0），表达式取 b 的值，d 为 3
a=0;
d=a?b:c;   // 由于 a 等于 0，表达式取 c 的值，d 为-1

3．sizeof 长度运算符

sizeof 是长度运算符，可以用来计算不同类型数据在内存占用的字节数。sizeof 运算符有两种不同的使用方式：

sizeof 表达式
sizeof(类型名)

式中的 sizeof 分别计算表达式或类型名的字节长度。运算结果是整型值，该值是表达式或类型名对应的数据在内存中所占的字节数。例如：

int a=20, b=30;

因为 a 是整型变量，在内存中占两个字节，所以 sizeof a 表达式的值是 2；因为 a+b 是整型表达式，所以 sizeof(a+b)表达式的值也是 2。

float 是单精度浮点型的类型名,单精度浮点型数据在内存中占 4 个字节,所以表达式 sizeof(float)的值是 4。显然，表达式 sizeof(double)的值是 8。

sizeof 运算符可以用来保证 C 语言有较好的移植性，在动态内存分配时，sizeof 也是非常有用的运算符。

重点

- 逗号表达式可以将多个表达式作为一个表达式使用；逗号表达式形成的语句可以代替多个语句组成的复合语句。例如："t=a,a=b,b=t;"被视为一条语句，它与下面的复合语句作用相同：

{ t=a;a=b;b=t;}

- 条件运算符的结合性为从右到左，因此，当条件运算符嵌套使用时，应先将最后一个问号与紧靠其右的冒号配对。例如：

exp1?exp2:exp3?exp4:exp5 与 exp1?exp2:(exp3?exp4:exp5)等价；
exp1?exp2?exp3:exp4:exp5 与 exp1?(exp2? exp3:exp4):exp5)等价。

- sizeof 的重要应用是获得某种数据类型或表达式所占内存空间的字节数，因为不同数据类型占用的存储空间长度不是 C 语言规定的，而是与 C 语言宿主机器的硬件和编译系统有关，使用 sizeof 可以确定不同机器中的数据类型长度。

2.5.4 运算符的优先级与结合性

前面已经介绍了 C 语言中常见的运算：算术运算、关系运算、逻辑运算以及赋值运算。当一个表达式中出现多个运算符时，必须规定运算的先后顺序，即必须规定运算符的优先级。C 语言的每一个运算符都有确定的优先级，详见附录 2。对于常见运算符的优先级可以总结成如下原则：

（1）单目运算符高于双目运算符。比如"！"运算符比"&&"运算符优先级高。

（2）括弧（）具有最高的优先级，可以用于优先级的调整。

相同优先级的运算符共享操作数时还存在结合顺序的问题。C 语言大多数运算符是右结合顺序，即优先级相同时先对左边的运算符进行运算，然后再算下一个，依次从左向右进行。如表达式 a+b-c 有两个运算符，且两个运算符处于同一优先级，那么先算左边的"+"，然后再算右边的"-"。有三类运算是左结合的，这三类运算是：所有的单目运算、三项条件运算和赋值运算。比如表达式 a=b*=c 有两个赋值运算符，由于赋值运算是左结合，因此，表达式要先计算右边的"*="，再计算左边的"="。

2.5.5 数据类型转换

在 C 语言程序设计中，有时需要将一种类型转换成另一种类型才有正确的结果。

【例 2.6】分析下列程序运行结果。

```
#include <stdio.h>
void main(void)
{
    double x;
    int i=5;
    x=1/i;
    printf("x=%f,i=%d\n",x,i);
}
```

从运行结果可以得知 x 的值为 0.000000，这是为什么呢？因为 C 语言规定，两个整型数据相除，则自动向下取整。在程序中有语句 x=1/i;，由于 1 和 i 均为整型，因而语句在做除运算后，自动取整为 0 赋给 x。因此在实际应用中需要将一种类型转换成另一种类型才有正确的结果。

1. 混合运算时数据类型的自动转换

不同类型的数据在进行混合运算时必须按照一定规则转换成统一的类型后才能进行运算，整个转换过程是自动的，而且是逐步进行的。转换规则是低类型向高类型转换，所谓高类型就是占有较多字节数的类型。转换原则俗称"就长不就短"，即先将字节长度短的数据转换成字节长度长的数据，然后再进行计算，计算结果的类型为字节长度较长的数据类型。转换的规则如图 2-13 所示。

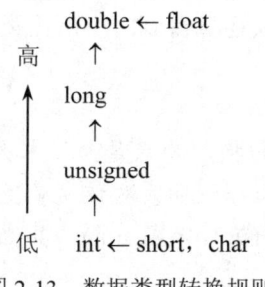

图 2-13　数据类型转换规则

2. 赋值运算时数据类型的自动转换

不同类型的数据在赋值时的类型转换原则是"就左不就右",即将赋值运算符右边表达式的数据先转换成左边变量的数据类型,再进行赋值。例如:

```
int a;
float b;
b=2/3;        // 0→b,b 为 0.0
a=5.0/2.0;    // 2.5→a,a 为 2
```

3. 数据类型的强制转换

可以利用强制类型转换运算将一个表达式的数据类型强制地转换成指定的类型。其一般形式为:

(类型名)(表达式);

例如:

```
(double)a;      // 将 a 转换成 double 型
(int)(x+y);     // 将 x+y 的值转换成整型
(float)(5%3);   // 将 5%3 的值转换成 float 型
```

注意:表达式应该用括号括起来。如果写成(int)x+y,则只将 x 转换成整数,然后与 y 相加。

(int)x;

如果 x 原指定为 float 型,进行强制类型转换运算后得到一个 int 型的中间量,它的值等于 x 的整数部分,而 x 的类型不变(仍为 float 型)。

【例 2.7】强制类型转换。

```
#include <stdio.h>
void main(void)
{
    double x;
    int i;
    x=3.6;
    i=(int)x;
    printf("x=%f,i=%d\n",x,i);
}
```

程序运行结果如图 2-14 所示。

有时运算表达式必须借助强制类型转换运算,否则不能实现目的,如:求余运算(%)要求两侧均为整型量,若 x 为 float 型,则"x%3"不合法,必须用"(int)x % 3"。从附录 2 可以看到,强制类型转换运算优先级高于求余运算,因此先进行(int)x 的运算,得到一个整型的值,然后再对 3 求余。此外,在函数调用时,有时为了使实参类型与形参类型一致,可以用强制类型转换运算得到一个所需类型的参数。

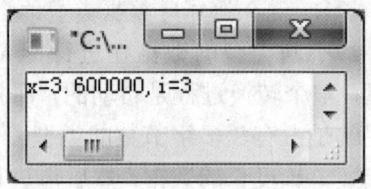

图 2-14 例 2.7 程序运行结果

重点

- 无论是强制转换还是自动转换,都只是为了本次运算的需要而对变量的数据长度进行临时性转换,并不改变数据说明时对该变量定义的类型。
- 数之间只能用空格、制表符或回车符分隔,其他符号都不能作为分隔符。

2.6 典型例题精解

【例 2.8】下列标识符中，合法的用户标识符是_____。
　　　　　A．x?345　　　　　B．_123ab　　　　　C．char　　　　　D．xy@pi

【解析】C 语言规定，所有的标识符第一个字符必须是字母或下划线，后跟字母、下划线或数字序列，不允许出现关键字。在四个选项中，A、D 中有非法字符，C 是关键字，只有 B 是正确的。

【答案】B

【例 2.9】求圆面积。

源程序如下：

```
#include <stdio.h>
#define PI 3.1415926
void main(void)
{
    double r, area;
    scanf("%lf",&r);
    area= PI*r*r;
    printf("area=%f\n",area);
}
```

【解析】程序中利用符号常量求圆面积。程序中用 #define 命令行定义符号常量 PI 代表 3.1415926，此后凡是在本程序中出现的 PI 都代表 3.1415926，可以和常量一样进行运算。当从键盘输入圆的半径 4.5↙ 时，程序运行结果如图 2-15 所示。

图 2-15　例 2.9 程序运行结果

【例 2.10】输入三角形的三边长，求三角形面积。

已知三角形的三边长 a、b、c，该三角形的面积公式为：

area=$\sqrt{s(s-a)(s-b)(s-c)}$，其中 s=(a+b+c)/2。

源程序如下：

```
#include <stdio.h>
#include <math.h>
void main(void)
{
    float a,b,c;
    double s,area;
    scanf("%f,%f,%f",&a,&b,&c);
    s=(a+b+c)/2.0;
    area=sqrt(s*(s-a)*(s-b)*(s-c));
    printf("a=%7.2f,b=%7.2f,c=%7.2f,s=%7.2f\n",a,b,c,s);
    printf("area=%7.2f\n",area);
}
```

程序运行结果如图 2-16 所示。

【解析】当输入任意三条边后，利用公式求出三角形面积。由于程序中用到平方根函数（sqrt()），因而程序中一定要加上头文件#include <math.h>。

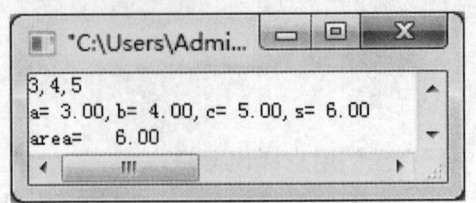

图 2-16 例 2.10 程序运行结果

【例 2.11】输入一个字符，找出它的前驱字符和后继字符，并将对应的 ASCII 码值一起输出。源程序如下：

```
#include <stdio.h>
void main(void)
{
    char c;
    int c1,c2;
    c=getchar();
    c1=c-1;
    c2=c+1;
    printf("%c,%c,%c\n",c1,c,c2);
    printf("%d,%d,%d\n",c1,c,c2);
}
```

【解析】程序中通过 getchar()函数接收一个字符后，再用此字符加 1、减 1，得到前驱字符和后继字符。若从键盘输入 b↙，程序运行结果如图 2-17 所示。

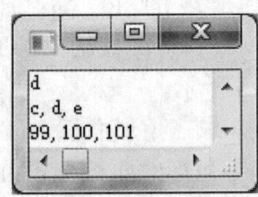

图 2-17 例 2.11 程序运行结果

本章小结

本章主要介绍了 C 语言的各种数据类型、各种类型的常量的表示方法及其在计算机内的存储方式、变量的概念及其使用方法、各种运算符的特点和使用方法，特别是优先级和结合性、各种表达式的求值方法、类型转换的应用。C 语言丰富的数据类型、功能齐全的运算符和灵活多样的表达式是程序设计的重要基石和元素，应加以深刻理解并能熟练使用。

（1）关键字是由 C 语言规定的具有特定意义的字符串，通常也称为保留字。用户定义的标识符不应与关键字相同。关键字一定要用小写字母。

（2）在 C 语言中采用的分隔符主要有逗号和空格两种。逗号主要用在类型说明和函数参数表中，分隔各个变量。空格多用于语句各单词之间。在关键字、标识符之间必须要有一个以上的空格作间隔，否则将会出现语法错误。

（3）C 语言中标识符是程序中使用的变量名、函数名、标号等总称。除库函数的函数名由系统定义外，其余都由用户自定义。C 语言规定，标识符只能是字母（A～Z，a～z）、数字

（0～9）、下划线（_）组成的字符串，并且其第一个字符必须是字母或下划线。在标识符中，大小写是有区别的。

（4）变量名区别大小写字母。

（5）变量常用的基本类型：

整型变量有短整型（short）、基本整型（int）和长整型（long）三种类型。

实型变量有单精度（float）和双精度（double）两种类型。

字符变量（char）用撇号定界，用来保存一个字符。

（6）不同类型的数据在进行混合运算时，系统按照"由低到高"的原则进行转换，用户也可以强制类型转换。

习题 2

一、单项选择题

1. 下列标识符中，合法的用户标识符是_____。
   A. B#123　　　　　B. _1234　　　　　C. void　　　　　D. xy*
2. C 语言中，要求参加运算的数必须是整数的运算符是_____。
   A. /　　　　　　　B. !　　　　　　　C. %　　　　　　　D. ==
3. 下面运算符中，具有右结合性的是_____。
   A. =　　　　　　　B. +　　　　　　　C. /　　　　　　　D. %
4. 字符串 "a\x44\\abcd\101b" 的长度是_____。
   A. 9　　　　　　　B. 10　　　　　　　C. 16　　　　　　　D. 18
5. C 语言一行写不下时，可以_____。
   A. 用逗号换行　　　　　　　　　　　B. 用分号换行
   C. 在任意一空格处换行　　　　　　　D. 用回车符换行
6. 下列保留字中正确的一组是_____。
   A. integer，float　　　　　　　　　B. read，data
   C. const，double　　　　　　　　　D. Void，int
7. 下列标识符中正确的一组是_____。
   A. age，int，_xya　　　　　　　　　B. 123，user，a?b
   C. print，A123，Cher　　　　　　　D. double，a123@456，include
8. 下列的 C 语言常量中，错误的是_____。
   A. 0Xff　　　　　B. 1.2e0.5　　　　C. 2L　　　　　　D. '\72'
9. 下列选项中，合法的 C 语言关键字是_____。
   A. VAR　　　　　B. cher　　　　　　C. integer　　　　D. default
10. 以下错误的转义符是_____。
    A. '\\'　　　　　B. '\x8f'　　　　　C. '\t'　　　　　　D. '\80'
11. 设 short 类型的数据长度为 2 个字节，则 unsigned short 类型数据的取值范围是_____。
    A. 0～255　　　　B. 0～65535　　　C. -256～255　　　D. -32768～32767

12. 变量 x、y、z 均为 double 类型且已正确赋值，不能正确表示数学式子 $\dfrac{x}{yz}$ 的 C 语言表达式是_____。
    A．x/y*z   B．x*(1/(y*z))   C．x/y*1/z   D．x/y/z
13. 设有语句 int a=4;，则执行了语句 a+=a-=a*a 后，变量 a 的值是_____。
    A．24   B．-24   C．4   D．16
14. 设整型变量 x、y、z 均为 3，表达式 x+++y+++z++ 的值是_____。
    A．9   B．12   C．13   D．15
15. 设 int x=1, y=2, z=3, w=4，则表达式 x<y?x:z<w?y:w 的结果为_____。
    A．1   B．2   C．3   D．4
16. 下面表达式中符合 C 语言语法的赋值表达式是_____。
    A．a=5+c+d=a+5   B．a=c+d++=a+5
    C．a=(5+b,d++,a+5)   D．a=5+c,d=a+5
17. 已知 int i;float d;，正确的语句是_____。
    A．(int d)%i   B．int(d)%i   C．int(d%i)   D．(int)d%i
18. 选出使变量 i 的运行结果为 4 的表达式_____。
    A．int i=0,j=0; (i=3,(j++)+i);   B．int i=1,j=0; j=i=((i=3)*2);
    C．int i=0,j=1; (j==1)?(i=1):(i=3);   D．int i=1,j=1; i+=j+=2;
19. sizeof(float) 是_____。
    A．一个双精度型表达式   B．一个整型表达式
    C．一种函数调用   D．一个不合法的表达式
20. 假设所有变量均为整型，则表达式 (a=2,b=5,b++,a+b) 的值是_____。
    A．7   B．8   C．6   D．2

二、填空题

1. 在内存中存储"B"要占用_____字节，存储'B'要占用_____个字节。
2. 设 a=2, b=3, x=3.5, y=2.5，表达式 (float)(a+b)/2+(int)x%(int)y 的值是_____。
3. 执行下列语句后，a、b、c 的值是_____。
   ```
   int x=10,y=9;
   int a,b,c;
   a=(--x==y++)?--x:++y;b=x++;c=y;
   ```
4. 设有定义语句：
   ```
   double t=3,t1;
   t1=(t,t+5,++t);
   printf("%e,%f\n",t1,t);
   ```
   输出结果是_____。
5. 设有下面语句：
   ```
   int x,y,z;
   x=y=z=4;
   ```
   （1）执行 x-=y-z 后 x=_____。
   （2）执行 x%=y+z 后 x=_____。

（3）执行 x=(y>z)?x+2:x-2,3,2 后 x=_____。

6. 设 x=2.5，a=7，y=4.7，表达式 x+a%3*(int)(x+y)%2/4 的值是_____。

7. 已知 i=5，执行 k=i++后，k 的值为_____，i 的值为_____。

8. 已知 j=5，执行 x=++j 后，x 的值为_____，j 的值为_____。

9. 表示式 5/2 的值是_____。

10. 在 C 语言中，逻辑值"真"用_____表示。

三、程序设计题

1. 编程实现输入任意大写字母，将其转换成对应的小写字母后输出。
2. 任意输入两个数，实现两数交换后输出。
3. 输入一个三位数，分别求出它的个位数、十位数和百位数。

3 顺序结构

【内容概述】

通过本章的学习,掌握 C 语言基本语句的组成,字符输入/输出函数、格式输入/输出函数的使用方法,能正确设计简单 C 语言程序。

【教学目标】

1. 掌握 C 语言的基本语句。
2. 掌握字符输入/输出函数的定义及其使用方法。
3. 掌握格式输入/输出函数的定义及其使用方法。

3.1 C 语言的基本语句

结构化程序设计的一项基本要求就是在程序中使用三种控制结构:顺序结构、分支结构以及循环结构,三种控制结构包含了程序设计中算法要求的所有控制结构。

顺序结构是三种结构中最简单的,只要按照解决问题的顺序写出相应的语句,就会顺序地、依次地执行程序中语句序列,即自上而下,依次执行。

程序是由一条条语句构成的,每条语句实现一个特定的功能,从而通过在程序的组合实现算法要求的功能。C 语言的语句粗略地可以分为以下 5 类:

(1)表达式语句。
(2)复合语句。
(3)控制语句。
(4)函数调用语句。
(5)空语句。

1. 表达式语句

在任何一个表达式的后面加一个分号就构成了一条表达式语句。在 C 语言中,赋值和函数调用都是表达式，所以赋值语句和函数调用语句也是一种特殊的表达式语句。

其一般形式为：

表达式；

执行表达式语句就是计算表达式的值。例如：

```
x+100;              // 加法运算语句，但计算结果不能保留
y=a+b;              // 由赋值表达式与分号构成的赋值语句
a=3,b=a+10,c=b;     // 由 3 个赋值语句组成的逗号表达式语句
i++;                // 自增 1 语句，是先运算 i 后再加 1
++i;                // 自增 1 语句，是先把 i 值增 1 后运算
```

2．复合语句

复合语句是用大括号括起来的若干语句，这些语句被看成一个整体。复合语句可以把多条语句形式上转化成一条语句，用于构成分支结构和循环结构的算法块，同时可以确定标识符的作用域。

例如，由三条语句构成的两个变量 x、y 交换的复合语句：

```
{
    t=x;
    x=y;
    y=t;
}
```

可以将复合语句理解成一个整体，即形式上的一条语句。复合语句内的各条语句都必须以分号";"结尾；此外，在括号"}"外不能加分号。

3．控制语句

控制语句用于控制程序的流程，以实现程序的分支结构和循环结构。控制语句由系统特定的关键词加条件等语法成分组成。C 语言有 9 种控制语句，可分成以下三类：

（1）用于构成分支结构的条件判断控制语句：if 语句、switch 语句。

（2）用于循环控制结构的语句：do while 语句、while 语句、for 语句。

（3）控制流程的转移语句：break 语句、continue 语句、return 语句、goto 语句。

前两类语句构成分支结构与循环结构，后一类控制语句与循环结构、分支结构以及函数配合实现流程的转移。

4．函数调用语句

构成 C 语言程序的单位是函数，函数相当于一个实现特定功能的模块，函数可被其他函数调用。函数调用语句通过调用一个函数实现其功能。调用函数的一般形式为：

函数名(实际参数表)；

函数名是函数的标识，执行函数语句就是调用函数体并把实际参数传递给函数定义中的形式参数，然后执行被调函数体中的语句，求取函数值（在后面第 7 章"函数"中再详细介绍）。例如：

```
        printf("How do you do ?");      // 调用库函数，输出字符串
```

5．空语句

没有语句内容只有分号";"组成的语句称为空语句。空语句虽然不实现任何功能，但是会耗费 CPU 时间。在程序中空语句可用来作空循环体。例如：

```
while(getchar()!='\n')
{
    ;   // 空语句
}       // 当只有一条语句时，大括号可以省略
```

这是一个循环结构，重复的内容是空语句。结构的功能为等待按键，不是回车键则重新输入。

3.2 数据的输入/输出

输入/输出功能不仅是程序不可缺少的基本功能，还可以增加程序的交互性和灵活性。

3.2.1 数据输入/输出概念

数据的输入/输出是对存储数据的计算机主机而言的，计算机通过显示器、打印机等外设将数据显示、打印或存放在磁盘上称为"输出"。而通过键盘、扫描仪、鼠标等外设把数据送入计算机内存称为"输入"。

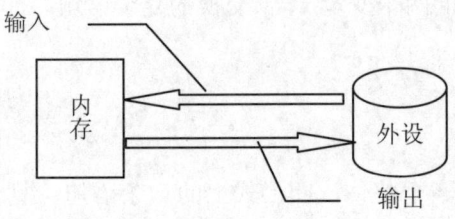

图 3-1　输入/输出概念

每一种高级语言都提供了灵活的输入/输出功能。一般的高级语言的输入/输出是通过输入/输出语句实现的，而 C 语言本身没有提供输入/输出语句，它的输入/输出功能是通过调用编译系统提供的输入/输出库函数来实现的。使用库函数作为输入/输出手段，避免了系统在编译阶段处理与硬件有关的问题，不仅简化了编译系统，而且通用性强，可移植性好。

在 C 语言中，所有的数据输入/输出都是由库函数完成的。在使用 C 语言库函数时，要用到预编译命令：

#include　// 将有关"头文件"包括到源文件中

使用标准输入/输出库函数时要用到"stdio.h"文件，因此源文件开头应有以下预编译命令：

#include< stdio.h >或#include "stdio.h"

例如，使用格式输入/输出函数 scanf()和 printf()，及字符输入/输出函数 getchar()和 putchar()等，则应包含标准输入/输出头文件 stdio.h。

而使用 sin(x)、cos(x)、sqrt(x)等数学函数，则应包含头文件 math.h。这些头文件中存放了关于这些函数的说明、类型和宏定义，而对应的子程序则存放在运行库".lib"中。在程序的开头应使用预编译命令"#include"将头文件包含到用户程序中去。

3.2.2 字符的输入/输出

字符输入函数 getchar()和字符输出函数 putchar()是一对比较简单和直观的输入/输出函数。

1. 字符输入函数 getchar()

getchar()函数的功能是从标准输入设备（键盘）读入一个字符，getchar()函数没有参数，因此本身不能提供有效存放所读字符的变量，所以 getchar()函数的调用一般形式为：

ch=getchar();

上述语句表示从键盘输入一个字符赋给对应的字符变量 ch。

使用 getchar 函数还应注意几个问题：

（1）getchar 函数只能接受单个字符，输入数字也按字符处理。输入多于一个字符时，只接收第一个字符。

（2）使用本函数前必须包含头文件"stdio.h"。

（3）在 VC 环境下运行含本函数程序时，机器处于等待状态，需从键盘输入字符。

2. 字符输出函数 putchar()

putchar()函数的功能是向标准输出设备（显示器）输出一个字符，putchar()为带参数函数，它的一般调用形式为：

```
putchar(c);
```

其中，c 为一个字符型或整型常量，也可以是字符型或整型变量。

当 c 为字符型常量时，输出的是该字符常量；当 c 为整型常量时，输出的是该常量值对应的 ASCII 码。例如：

```
putchar('A');        // 输出实际字符 A
putchar(65);         // 输出 ASCII 码值 65 所对应的字符，也是 A
```

转义字符也可作为字符常量输出，例如：

```
putchar('\n');       // 输出一个换行符
```

当 c 为字符型变量时，输出的是字符本身；当 c 为整型变量时，输出的是该整型变量值对应的 ASCII 码。

【例 3.1】阅读下面程序，写出程序结果。

```
#include <stdio.h>   // 调用字符输入/输出函数 getchar()和 putchar()
void main(void)
{
    int a1,a2;
    char c1,c2;
    a1=97;a2=65;
    c1='a';c2='A';
    putchar(a1);putchar(a2);
    putchar(c1);putchar(c2);putchar('\n');
    a1=getchar();
    c1=getchar();          // 从键盘输入字符
    putchar(a1);putchar('\t');putchar(c1);   // 输出字符及制表符
    putchar('\n');
}
```

程序运行结果如图 3-2 所示。

程序点拨

（1）在程序中使用 getchar()和 putchar()函数时，一定要在程序的开头用#include 命令包含"stdio.h"文件。

（2）调用 getchar()函数时，从键盘输入字符时要用回车键结束。

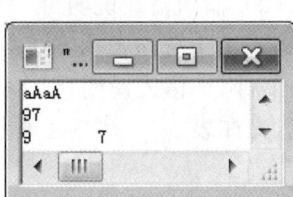

图 3-2 例 3.1 程序运行结果

（3）由于 getchar()要求以回车键结束输入，因此如果两个 getchar()顺序出现时，要将两个字符输入后才能回车，否则第一个 getchar()要求作为结束标志的回车键，将被第二个 getchar()接收。

3.2.3 格式的输入/输出

格式输入函数 scanf()和格式输出函数 printf()是功能更强、使用更灵活的函数，它们的函数原型也包含在头文件"stdio.h"中。

1. 格式输出函数 printf()

（1）printf()函数调用形式

其一般形式为：

printf("格式控制字符串",输出表列);

在 printf()函数中，主要有两部分。其中格式控制字符串用于指定输出格式，输出表列用于列出输出的若干个数据项，它与格式说明符在数量和类型上应该一一对应。格式控制字符串主要由格式字符串和非格式字符串两部分组成。

格式字符串：是以%开头的字符串，在%后面跟有各种格式字符，以说明输出数据的类型、形式、长度、小数位数等。如："%d"表示按十进制整型输出；"%f"表示按浮点型输出；"%c"表示按字符型输出。

非格式字符串：按给定的信息原样输出，在显示中起提示作用。如："Input a,b,c:""最大值=""a="等。

除此以外，在格式控制字符串中还可包含转义字符。转义字符是用来输出所代表的控制代码或特殊字符，常用的有：回车换行符"\n"，水平制表符"\t"等。

【例 3.2】输出运行结果。

```
#include <stdio.h>
void main(void)
{
    int a=18,b=36;
    printf("a=%d,b=%d\ta+b=%d\n",a,a+b);
}
```

程序运行结果如图 3-3 所示。

程序点拨

在printf()函数的格式控制字符串中包含了三部分内容：格式字符串（%d、%d、%d），转义字符（\t、\n），非格式字符串（a=，b=，a+b=）。

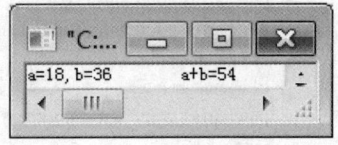

图 3-3　例 3.2 程序运行结果

（2）输出格式说明符

格式说明符的表示方法：以百分号"%"打头，后跟一个英文字符，两者中间还可以以±m.nl格式插入附加格式说明符，以使输出格式更加丰富灵活，格式说明符和附加格式说明符的说明及其含义如表 3-1、表 3-2 所示。

表 3-1　printf()函数格式说明符表

格式说明符	说明
%d 或%i	以十进制形式输出带符号整数（正数省略符号）
%o	以八进制形式输出无符号整数（不输出前导符 0）
%x 或%X	以十六进制形式输出无符号整数（不输出前导符 0x）

续表

格式说明符	说　　　明
%u	以十进制形式输出无符号整数
%f	以小数形式输出单、双精度实数，隐含输出 6 位小数
%e 或%E	以指数形式输出单、双精度实数
%g	选用%f 或%e 中输出宽度较短的一种格式输出单、双精度实数
%c	输出单个字符
%s	输出字符串
%%	输出一个%

表 3-2　printf()函数附加格式说明符表

附加格式说明符	说　　　明
字母 l	用于长整型数据，可加在 d、o、x、u 格式符前
m（为一正整数）	指定输出数据所占宽度（含小数点）
.n（为一正整数）	对于实数，表示输出 n 位小数；对于字符串，表示截取的字符个数
+（通常省略）	右对齐，即输出的数字或字符在域内向右靠，左边填空格
-	左对齐，即输出的数字或字符在域内向左靠，右边填空格

下面我们以两个实例来总结一下 printf()函数的使用方法。

【例 3.3】格式输出函数的用法。

```
#include <stdio.h>
void main(void)
{
    int a=12;
    float b=123.12345678;
    double c=12345678.1234567;
    char d='p';
    printf("a=%d,%5d,%o,%x\n",a,a,a,a);
    printf("b=%f,%lf,%5.4lf,%e\n",b,b,b,b);
    printf("c=%lf,%f,%8.4lf\n",c,c,c);
    printf("d=%c,%8c\n",d,d);
}
```

程序运行结果如图 3-4 所示。

程序点拨

从输出结果可知，对%f 不指定字符宽度，系统自定为全部整数位加 6 位小数，并且 l 对 f 格式无影响，如第二个 printf()中的%f 和%lf 输出格式相同；当用 m 指定宽度输出时，若数据位数小于 m，则左端补空格，如第一个 printf()中的%5d，若数据位数大于 m，则按实际位数输出，如第二个 printf()中的%5.4lf；当用.n 指定

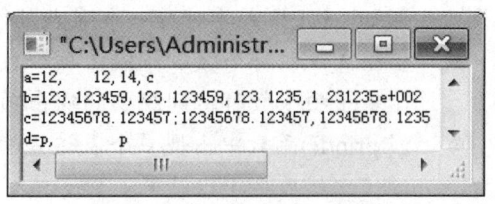

图 3-4　例 3.3 程序运行结果

小数位数时，多余部分被截去，如第二个 printf()中的%5.4lf 和第三个 printf()中的%8.4lf。

【例 3.4】阅读下面程序，写出程序运行结果。

```c
#include <stdio.h>
void main(void)
{
    int a=-1;
    long b=-1;
    double f=123.456;
    char c='a';
    printf("a=%d,a=%o,a=%x,a=%u\n",a,a,a,a);
    printf("b=%ld,b=%lo,b=%lx,b=%lu\n",b,b,b,b);
    printf("f=%f,f=%7.2f,f=%-7.2f\n f=%e,f=%g\n",f,f,f,f,f);
    printf("c=%c,c=%3c,c=%-3c,c=%d,c=%c\n",c,c,c,'a',65);
    printf("s1=%s,s2=%7.3s,s3=%-7.3s\n","12345","ABCD","12345");
}
```

程序运行结果如图 3-5 所示。

程序点拨

（1）在程序中使用了不同的类型。长整型数由于内存占 4 个字节，因此输出位数比短整型增加一倍；printf()中用逗号作格式字符的分隔符，则运行结果亦是逗号分隔，如无分隔符，输出结果也无分隔符，如程序中的第五个 printf()函数；%s 用来输出一串字符；%c 的作用同 putchar()，仅输出一个字符。

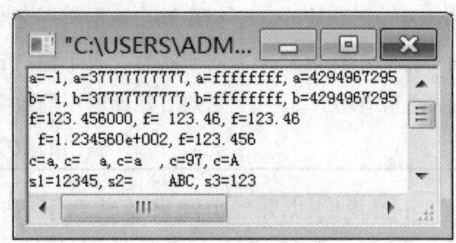

图 3-5　例 3.4 程序运行结果

（2）一个整数，只要它的值在 0～255 范围内，就可以用字符形式输出，其输出值为该数对应 ASCII 码，如第四个 printf()中的最后一个格式字符串%c，反之字符也可用整数形式输出，输出的将是这个字符的对应 ASCII 码值，如第四个 printf()中的%d；当用-m 指定宽度时，数据位数小于 m，则右端补空格，如第三个 printf()中的%-7.2f 和第四个 printf()中的%-3c。其他一些用法读者可以自己分析。

重点

- 调用 printf()函数时，格式说明符与输出项必须在顺序和数据类型上一一对应和匹配。例如：%f 格式要对应一个浮点数输出项，否则将出错或做 0 处理。
- 当格式说明符个数少于输出项个数时，多余的输出项不予输出；当格式说明符个数多于输出项个数时，则缺少的输出项输出不定值。
- 当 printf()函数中出现多个表达式输出项时，printf()按照从右到左的顺序计算各表达式的值，然后再输出结果。例如：

int i=4;
printf("%d,%d,%d\n",i+8,i+=5,++i);

输出结果为：18,10,5，而不是 12,9,10。

2. 格式输入函数 scanf()

(1) scanf()的输入格式

格式输入函数 scanf()可以用于所有类型的数据，可采用不同的格式说明符，将不同类型的数据从标准输入设备读入内存。scanf()函数的一般形式为：

scanf("格式控制字符串",地址表列);

这里的"格式控制字符串"和"地址表列"可以看作是函数的参数。scanf()的功能是按指定的输入格式从键盘接受用户输入的信息。其中：

格式控制字符串：与 printf()函数中的格式控制字符串含义相似，所不同的是，它是对输入格式进行控制，它的内容可以是格式说明符或普通字符，转义字符则较少使用。

地址表列：由若干个等待输入的数据所对应的内存单元地址组成。地址表之间用逗号分隔，在 C 语言中，地址量的表示是在变量前加前缀符号"&"，如"&a"表示变量 a 的地址。地址表列在数量和类型上也应与格式控制字符串一一对应。

【例 3.5】用 scanf()函数输入数据。

```
#include <stdio.h>
void main(void)
{
    int a,b,c;
    scanf("%d%d%d",&a,&b,&c);
    printf("%d,%d,%d\n",a,b,c);
}
```

程序运行结果如图 3-6 所示。

程序点拨

程序中"%d%d%d"表示按十进制整数格式输入数据，由于中间无分隔号，故在输入数据时要用空格或回车符作为数据间的间隔。

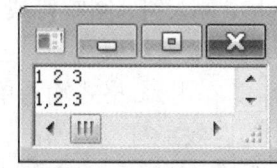

图 3-6 例 3.5 程序运行结果

(2) 输入格式说明符

scanf()函数可使用的格式说明符与 printf()函数中介绍的基本相同，只有少数几个不适合作为输入格式说明符使用，如表 3-3、表 3-4 所示。

表 3-3 scanf()函数格式说明符表

格式说明符	说明
%d	输入十进制整数
%o	输入八进制整数
%x 或%X	输入十六进制整数
%f	输入实数，以小数形式输入
%e	输入实数，以指数形式输入
%c	输入单个字符
%s	输入字符串

表 3-4　scanf()函数附加格式说明符表

附加格式说明符	说　　　明
字母 l	输入长整型数据（%ld,%lo,%lx）及双精度浮点型数据（%lf,%le）
h	输入短整型数据（%hd,%ho,%hx）
m（为一正整数）	指定输入数据所占的宽度
*	对应的输入项读入后不赋给相应的变量

"*"符号表示该输入项读入后不赋给相应的变量，即跳过该输入值。例如：

scanf(" %d%*d%d", &a,&b);

当输入 1 2 3 时，系统将 1 赋给 a，2 被跳过，3 赋给 b。

使用 scanf()函数应注意：

① 输入数据时不能规定精度，如 scanf("%7.2f",&a);是不合法的，不能企图用该语句输入小数为 2 位的实数。

② scanf()函数要求给出的是变量地址，而不是变量名，这是 C 语言与其他高级语言的不同之处，初学者应特别注意，例如 scanf("%d",a);是非法的，变量名不能出现在地址表列中。

③ 若输入多个数据，数据输入时的分隔符应与"格式说明符"中的分隔符相对应。

假设 a 的值为 3，b 的值为 4。例如：

scanf(" %d,%d",&a,&b);　　　// 应输入 3,4
scanf("%d %d",&a,&b);　　　// 应输入 3　4
scanf("a=%d,b=%d",&a,&b);　　// 应输入 a=3,b=4 形式

若格式说明符中无分隔符，可用空格、制表符或回车符作数据的分隔符。C 语言编译系统在遇到空格、制表符、回车符或非法数据（如对"%d"格式输入"12A"时，A 即为非法数据）时，即认为该数据结束。

④ 在用%c 格式输入单个字符时，若格式控制字符串中没有分隔符，则认为所有输入的字符均为有效字符。例如：

scanf("%c%c%c",&a,&b,&c);

若输入：3␣4␣5，则把 3 送入 a，空格送入 b，4 送入 c，因为系统把空格也作为一个字符输入，对应送给 b。

同③一样，如果格式控制字符串中加入了分隔符，则输入时可加入相应分隔符。例如：

scanf("%c␣%c",&a,&b);　　　// 可输入 3␣4
scanf("%c,%c",&a,&b);　　　// 可输入 3,4

从以上分析可以看出格式输入/输出函数和字符输入/输出函数的异同点：

共同点：格式输入/输出函数 scanf()和 printf()与字符输入/输出函数 getchar()和 putchar()均属于系统提供的输入/输出标准函数。scanf()和 getchar()都是接收来自键盘的输入数据，printf()和 putchar()都是向显示器输出数据，使用它们时均应包含头文件"stdio.h"。

不同点：在功能上，格式输入/输出函数功能较强，对输入或输出的信息几乎没有限制，而字符输入/输出函数功能较单一，每次只能输入/输出一个字符。在使用时，格式输入/输出函数可以控制输入/输出结果的格式，输出整齐规范的结果，但字符输入/输出函数简单明了、灵活方便。实际应用时应考虑它们各自的特点，合理使用。

重点

● 在调用 scanf()时，如果用多个"%c"输入多个字符，字符之间不能有分隔符、空格、

回车符都将作为字符而被读入。
- 当几个 scanf()函数连续出现时,可以一次性连续输入所有数据,但每个 scanf()函数之间只能用空格、制表符或回车符分隔,其他符号都不能作为分隔符。

3.3 典型例题精解

顺序结构是最基本的程序结构,是按照语句在程序中的先后顺序依次执行的结构。顺序结构主要由简单语句、复合语句及输入/输出语句构成。下面举例说明。

【例 3.6】求 $ax^2+bx+c=0$ 方程的根,a、b、c 由键盘输入,要求输入时保证 $b^2-4ac>0$。求根公式如下:

x1=(-b+sqrt(b*b-4*a*c))/(2*a)
x2=(-b-sqrt(b*b-4*a*c))/(2*a)

其中所使用的变量有 5 个,根据方程根的数值要求,采用 float 类型。常量也是 float 类型,可以在数字后加"f"后缀加以标识。由于使用的数学函数 sqrt()的结果是 double 类型,而其他的量都是 float 类型,因此要将 sqrt 函数调用的结果强制转换为 float 类型。源程序如下:

```
#include <math.h>
#include <stdio.h>
void main(void)
{
    float a,b,c,x1,x2;
    scanf("%f,%f,%f",&a,&b,&c);
    x1=(-b + (float)sqrt(b * b - 4.f * a * c)) / (2.f * a);
    x2=(-b - (float)sqrt(b * b - 4.f * a * c)) / (2.f * a);
    printf("\nx1=%5.2f\nx2=%5.2f\n",x1,x2);
}
```

程序运行结果如图 3-7 所示。

【解析】上述例题中定义的变量在编译时由编译系统分配内存。程序的运行顺序是输入数据、根据算法对输入的数据进行相应的运算处理、输出结果。语句的先后顺序也就是语句的执行顺序。

程序中用到了系统提供的求平方根的函数 sqrt(),该函数要求参数 b*b-4*a*c 不小于 0,但输入时却无法保证这点,比如例 3.1 在输入 1、2、3 时,b*b-4*a*c 的值小于 0,程序结果将出现错误。显然这个算法对于错误的数据无法判别和处理,算法是不健壮的。实际算法如图 3-7 所示。

图 3-8 表示的逻辑是对输入后运算出来的变量 b*b-4*a*c 进行判断,如果其大于或等于 0,用求根公式求实根,若小于零,则输出提示(没有实根)。要想实现这一控制逻辑,需要两个要素,一个是如何表达对条件的判断,另一个是根据判断的结果如何选择两条算法路径中的一条。

【例 3.7】求圆面积。
源程序如下:

```
#include <stdio.h>
#define PI 3.1415926
void main(void)
{
    double r, area;
    scanf ("%lf",&r);
```

```
        area= PI*r*r;
        printf("area=%f\n",area);
}
```

【解析】程序中利用符号常量求圆面积。程序中用 #define 命令行定义符号常量 PI 代表 3.1415926，此后凡是在本程序中出现的 PI 都代表 3.1415926，可以和常量一样进行运算。当从键盘输入圆的半径 6 时，程序运行结果如图 3-8 所示。

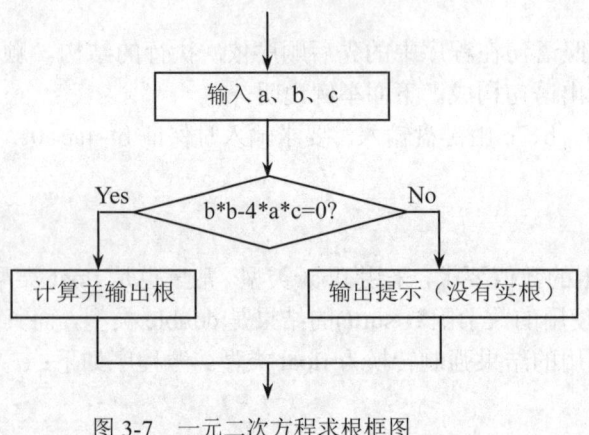

图 3-7　一元二次方程求根框图

图 3-8　例 3.7 程序运行结果

【例 3.8】从键盘输入分钟数，将其转换成小时和分钟数输出。

源程序如下：

```
#include <stdio.h>
void main(void)
{
        int x,h,m;
        printf("请输入分钟数：");
        scanf("%d",&x);
        h=x/60;
        m=x-h*60;
        printf("小时=%d\n 分数=%d\n",h,m);
}
```

程序运行结果如图 3-9 所示。

【解析】当输入任意整数（分钟数）后，程序将其转换成小时和分钟数。程序中的 m=x-h*60; 也可以用%（求余）运算符写成 m=x%60;。

【例 3.9】输入一个三位数，分别求出该数每个位上的数字之和。如 123，每个位上的数字和就是 1+2+3=6。

源程序如下：

```
#include <stdio.h>
void main(void)
{
        int x,a,b,c,s;
        printf("请输入一个三位整数：");
        scanf("%d",&x);
        a=x/100;      //百位上的数
        b=x%100/10; //十位上的数
        c=x%10; //个位上的数
        s=a+b+c;
```

```
        printf("和 = %d\n",s);
}
```

【解析】程序中任意输入一个三位数,分别取出它的个位、十位和百位数,然后求和。若从键盘输入 123↙,则程序运行结果如图 3-10 所示。

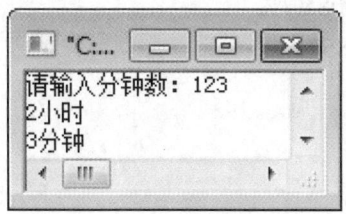

图 3-9 例 3.8 程序运行结果

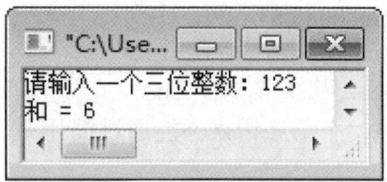

图 3-10 例 3.9 程序运行结果

本章小结

顺序结构是结构化程序设计三种结构中最简单、最基本的结构,其特点是按照解决问题的先后顺序写出相应的语句,然后顺序地、依次地执行程序中的语句序列,即自上而下,依次执行。顺序结构程序主要由三部分组成:数据输入、数据处理和数据输出。

数据输入:C 语言没有输入/输出语句。其数据的输入/输出是通过系统函数语句实现的,在简单的程序设计中输入函数主要使用格式输入函数(scanf())和字符输入函数(getchar())。

数据处理:由运算表达式构成的赋值语句、复合语句、函数调用语句、空语句等实现。

数据输出:与数据输入函数对应的输出函数有格式输出函数(printf())和字符输出函数(putchar())。

字符输入/输出函数 getchar()、putchar()只能接收、显示单个字符。

对于格式输入/输出函数 scanf()、printf(),使用时输入/输出函数的格式由格式控制符指定,各输入/输出项在数量、类型上必须和格式符保持一致。

习题 3

一、单项选择题

1. 如果用 scanf()来输入长整型数据,则错误的格式说明符是_____。
   A．%d   B．%ld   C．%lo   D．%lx
2. 如果用 printf()来输出双精度型数据,则错误的格式说明符是_____。
   A．% -10.2f   B．%10.2lf   C．%e   D．%s
3. 如果在一个函数的复合语句中定义了一个变量,则该变量_____。
   A．只在该复合语句中有效   B．在该函数中有效
   C．在整个程序范围内有效   D．在整个程序范围内无效
4. putchar()函数可以向终端输出一个_____。
   A．整型变量表达式值   B．实型变量值

C．字符串　　　　　　　　　　　　D．字符或字符型变量值

5．下列程序段的输出结果为_____。
```
float k=0.8567;
printf("%6.1d%%",k*100);
```
A．0085.6%%　　　　　　　　　　B．0085.7%
C．0085.6%　　　　　　　　　　　D．.857

6．下列语句的输出结果是_____。
```
printf("%d\n",(int)(2.5+3.0)/3);
```
A．有语法错误不能通过编译　　　　B．2
C．1　　　　　　　　　　　　　　D．0

7．printf()函数中用到格式符%5s，其中数字5表示输出的字符串占用5列，如果字符串长度大于5，则输出按方式_____。
A．从左起输出该字符串，右补空格　　B．按原字符长从左向右全部输出
C．右对齐输出该字串，左补空格　　　D．输出错误信息

8．以下程序段的执行结果是_____。
```
double x;x=218.82631; printf("%-6.2e\n",x);
```
A．输出为-2.14e2　　　　　　　　B．输出为21.38e+01
C．输出为2.2e+02　　　　　　　　D．输出格式描述符的域宽不够，不能输出

9．执行下列程序：
```
#include <stdio.h>
void main(void )
{
  int y=3,x=3,z=1;printf("%d,%d\n",(++x,y++),z+2);
}
```
输出结果是_____。
A．3,4　　　　B．4,2　　　　C．4,3　　　　D．3,3

10．若有语句 scanf(" %d%c%d%c",&a,&x,&b,&y); ，要使变量a、b分别得到23、45，使x、y分别得到A、B，则不正确的输入形式为_____。
A．23A 45B
B．23 A 45 B
C．23A45B
D．23 A↙
　　45 B↙

11．若a是float型变量，b是unsigned型变量，以下输入语句中合法的是_____。
A．scanf("%6.2f%d",&a,&b);　　　B．scanf("%f%n",&a,&b);
C．scanf("%f%3o",&a,&b);　　　　D．scanf("%f%f",&a,&b);

12．若有以下定义和语句：
```
int u=010,v=0x10,w=10;printf("%d,%d,%d",u,v,w);
```
输出结果是_____。
A．8,16,10　　　　　　　　　　　B．10,10,10
C．8,8,10　　　　　　　　　　　　D．8,10,10

13．下列程序的输出结果是_____。
```
void main(void)
{int a=7,b=5; printf("%d\n",b=b/a);}
```

A. 0 B. 5 C. 1 D. 不确定值

14. 若有以下定义和语句：
    double x;scanf("%lf",&x);
    不可以赋值给 x 变量的常量是_____。
    A．123 B．100000 C．23.6 D．"abc"

15. 下列程序段的输出结果为_____。
    int x=3,y=2;printf("%d",(x-=y,x*=y+8/5));
    A．1 B．7 C．3 D．5

16. 若 x 是 unsigned short 型变量，则执行下列语句后，x 值为_____。
    x=65535;
    printf("%d",x);
    A．65535 B．1 C．-1 D．无定值

17. 若 d1,d2,d3,d4 均为 char 型变量，则下面语句执行后结果为_____。
    d1='1';d2='2';d3='3';d4='4';
    printf("%1c\n",d1);printf("%2c\n",d2);
    printf("%3c\n",d3);printf("%4c\n",d4);

    A．1 B．1 C．1 D．输出格式说明符不合法
    　　2　　　　　2　　　　02
    　　3　　　　　3　　　　003
    　　4　　　　　4　　　　0004

18. 下列程序的输出结果是_____。
    ```
    #include <stdio.h>
    void main(void)
    {   int k=011;
        printf("%d\n",k++);
    }
    ```
    A．12 B．11 C．10 D．9

19. 下列程序段的输出结果是_____。
    int i=65;
    putchar(i); printf("%d",i);printf("%c",i);
    A．65 A 65 B．65 65 A C．A A 65 D．A A A

20. 下列程序段的输出结果是_____。
    int i=11;
    printf("%d",++i);printf("%d\n",i);
    A．11 11 B．11 12 C．12 11 D．12 12

二、填空题

1. 字符输出函数 putchar()用于输出_____。
2. 标准格式输出函数 printf()的功能是_____，其中"%"是_____。
3. 格式说明符是用来_____；"c"字符表示_____。
4. _____函数用于格式输入，其中"&"表示_____。
5. 若有说明语句 char b;，则 b='A'+'6'+'3'值为_____。
6. 若有定义语句 int a=12,b=34;，则 printf()函数正确输出格式为_____。

7．若有定义语句 int a;float x;char c;，假设要使 a=10，x=12.3，c='A'，正确的 scanf()函数输入格式为_____。

8．若有下列程序段：
```
int a,b,c;
a=(b=(c=2)*5)*3-6;
printf("a=%d,b=%d,c=%d\n",a,b,c);
```
则 a、b、c 的值分别为_____。

9．若有下列程序段：
```
int a,b,c;
a=(b=(c=2)*5)*3-6;
printf("a=%d,b=%d,c=%d\n",a,b,c);
```
则 a、b、c 的值分别为_____。

10．若定义 float y=123.4567;，则执行 printf("%f\n",(int)(y*100+0.5)/100.0);后，结果是_____。

三、程序设计题

1．从键盘输入一个字符，再将其字符及该字符的 ASCII 码值输出。

2．按下列公式计算：输入一个华氏温度（F），求出摄氏温度。
   C=5/9*(F-32)

3．输入半径，求圆的面积和周长，要求保留 2 位小数。

4 分支结构

【内容概述】

通过本章的学习,掌握 C 语言的关系运算及逻辑运算的规则,掌握分支结构语句的格式和功能,能正确选取分支结构中不同的语句来实现程序设计,并根据条件选择不同的算法来执行。

【教学目标】

1. 掌握关系运算符和逻辑运算符的功能和要点。
2. 掌握用 if 语句实现分支程序设计。
3. 掌握用 switch 语句实现多分支程序设计。
4. 掌握分支结构的嵌套,并能使用各种分支结构实现算法要求。

4.1 关系运算和逻辑运算

程序的三种控制结构中,分支结构要按给定的条件选择不同的算法路径,因此条件的构造是程序设计中的关键因素。条件的构造主要是通过关系运算和逻辑运算来实现。本节主要介绍关系运算及逻辑运算的功能及要点,从而实现各种程序设计中条件的构造。

4.1.1 关系运算

所谓关系运算实际上就是比较运算,即将两个数据进行比较,判定两个数据是否符合给定的关系。

例如,"a > b"中的">"表示一个大于关系运算。如果 a 的值是 8,b 的值是 5,则大于关系运算">"的结果为"真",即条件成立;如果 a 的值是 6,b 的值是 7,则大于关系运算">"的结果为"假",即条件不成立。

1. 关系运算符

C 语言关系运算符如表 4-1 所示。

表 4-1　关系运算符表

运算符	判断的关系	运算规则	运算对象	运算结果
>	大于	满足为"真"结果为 1 不满足为"假"结果为 0	整型 实型 字符型	（整型）
>=	大于等于			
<	小于			
<=	小于等于			
==	等于			
!=	不等于			

关系运算符是双目运算符，需要强调指出的是：关系运算是判断关系，而不是描述关系。判断存在着两种可能：一是满足关系，二是不满足关系。

注意：

（1）关系运算的相等判断符是"=="号，而不能使用"="号（赋值运算符）。

（2）关系运算符的优先级：">、>=、<、<="高于"==、!="。

2. 关系表达式

由关系运算符连接表达式而构成的式子称为关系表达式。其一般形式为：

表达式<关系运算符>表达式

关系运算按照从左到右比较两个表达式得到一个值，该值是逻辑值，满足关系为"真"，不满足关系为"假"。而 C 语言没有显式的逻辑量，因此用整型值"1"表示逻辑"真"，整型值"0"表示逻辑"假"。

关系运算符也可以用来比较两个字符型数据的大小，其比较的是字符对应的 ASCII 码值，实质还是数值比较。

设 a=65（整型），c='M'（字符型），f=9.0（浮点型），下列表达式均为关系表达式：

① a+2 != c-50　　　　// 即 67!=27，关系表达式成立，其值为 1
② f/3 <=c-a　　　　　// 即 3<=12，关系表达式成立，其值为 1
③ 3<2<1　　　　　　// 即关系表达式不成立，其值为 0

根据上面例题分析，若有关系表达式"1<2<3"，请读者自己分析是否满足。

4.1.2　逻辑运算

逻辑运算是对逻辑值进行的运算，用于判断量的真假状态。C 语言没有逻辑类型，任何基本类型或构造类型的元素都有逻辑值。C 语言规定，任何值为非零的量，在逻辑上均代表"真"，任何值为零的量，在逻辑上均代表"假"。因此，所有基本类型的量都具有逻辑值。例如：

int a=1,b=0;

从逻辑值的角度看 a 是真，b 是假。

逻辑运算的作用是在程序中构造复杂的关系。

1. 逻辑运算符

C 语言提供了三种逻辑运算符，如表 4-2 所示。

表 4-2　逻辑运算符及其运算

逻辑运算符	逻辑运算名称	运算对象	运算对象个数
&&	逻辑"与"运算	数值型 字符型	双目
||	逻辑"或"运算		双目
!	逻辑"非"运算		前置单目

逻辑运算的对象是逻辑量，其运算结果也是逻辑量，运算结果用整型值 1 表示"真"，用 0 表示"假"。运算结果与运算对象、运算符之间的关系如表 4-3 所示。

表 4-3　逻辑运算符运算规则表

运算对象 a	运算对象 b	!a	!b	a&&b	a||b
假（0）	假（0）	1	1	0	0
假（0）	真（非0）	1	0	0	1
真（非0）	假（0）	0	1	0	1
真（非0）	真（非0）	0	0	1	1

"逻辑与（&&）"运算只有两个对象都为真时，结果才为真，若有一个条件不满足，其值为假；"逻辑或（\|\|）"运算表示只要有一个对象为真，结果即为真，除非两个条件都不满足，其值才为假；"逻辑非（!）"运算是单目运算，是对运算对象原状态取反（原状态为 1，取反为 0；原状态为 0，取反为 1）。

2．逻辑表达式

由逻辑运算符连接表达式构成的式子称为逻辑表达式。其一般形式为：

<单目逻辑运算符>表达式
表达式<双目逻辑运算符>表达式

逻辑表达式可以用来进行更为复杂的比较，例如：10<x<=15 可用逻辑表达式表达为 10>x&&x<=15。

逻辑运算符是用来比较表达式是否满足，逻辑值为真，用 1 表示，逻辑值为假，用 0 表示，例如：

① !(97-'a')　　　　// 逻辑算术表达式构成，其值为 1
② 5/3&& 18-5　　　// 逻辑算术表达式构成，其值为 1
③ 6<7 \|\| 9<5　　　// 逻辑关系表达式构成，其值为 1
④ (4>8)&& (7>5)　 // 逻辑关系表达式构成，其值为 0

注意：

（1）在逻辑运算中，系统规定对于逻辑与运算，当左边为 0 时，右边不计算；对于逻辑或运算，当左边为 1 时，右边不计算。

（2）逻辑运算符的优先级：!高于&&，&&高于\|\|。

4.2　分支结构

分支结构是对提供的条件进行判断并根据判断结果选择不同的算法来执行的一种结构，所以也称为选择结构。分支结构提供的条件是逻辑值，其结果是满足和不满足。C 语言提供了四种形式的分支结构，以适应各种应用。下面介绍其语法结构及使用方法。

4.2.1 if 语句

C 语言提供的 if（if-else）语句可实现分支结构，这种分支结构有三种形式：单分支结构、双分支结构、多分支结构，C 语言为这三种结构分别提供了相应的语句。

1. 单分支结构

其一般形式为：

```
if(表达式)语句;
```

语句功能：计算表达式的值，若为真（非 0），执行其后的语句，否则执行 if 结构后面的语句。执行的流程如图 4-1 所示。

【例 4.1】输入两个数，输出其最大值。

源程序如下：

```
#include <stdio.h>
void main(void )
{
    int a,b,max;              // 定义三个整型变量
    scanf("%d%d",&a,&b);      // 输入两个整数
    max = a;                  // 假设 a 为最大值，送到变量 max 中
    if(max < b)
        max = b;              // 比较判断，若 b＞a，则将 b 值赋给 max
    printf("max=%d\n",max);
}
```

程序运行结果如图 4-2 所示。

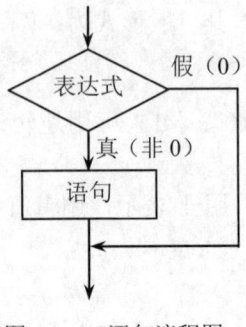

图 4-1 if 语句流程图

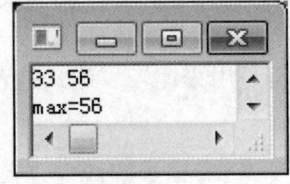

图 4-2 例 4.1 程序运行结果

程序点拨

此程序从键盘任意输入 2 个数，求出其中的最大值。在用单分支结构编写程序时，一定要注意当 if 条件满足时的转向或 if 条件不满足时的转向。

2. 双分支结构

其一般形式为：

```
if(表达式)
    语句 1;
else
    语句 2;
```

语句功能：计算表达式的值，若为真（非 0）则执行语句 1，否则执行语句 2。显然控制

逻辑是根据条件表达式的值选择两条算法路径中的一条。

执行流程如图 4-3 所示。

【例 4.2】输入一个整数,判断能否被 3 整除。

源程序如下:

```c
#include <stdio.h>
void main(void)
{
    int a;
    printf("输入一整数:");            // 提示输入信息
    scanf("%d",&a);
    if( a % 3 == 0 )                  // 判断是否能被 3 整除
        printf("%d 能被 3 整除。\n",a);    // 若 a%3=0（条件为真），输出相应信息
    else
        printf("%d 不能被 3 整除。\n",a);  // 若 a%3≠0（条件为假），输出相应信息
}
```

程序的运行结果如图 4-4 所示。

程序点拨

此程序用双分支结构编写。当条件满足时执行 if 语句下面的 printf()函数，若不满足时执行 else 下面的 printf()函数。

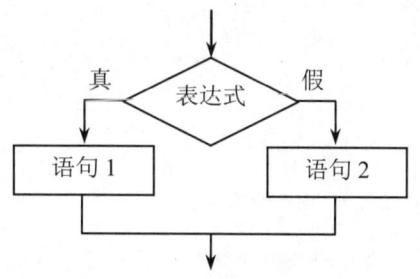

图 4-3　if-else 语句流程图

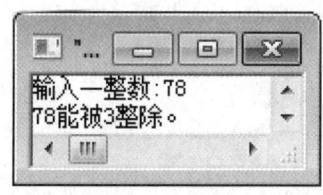

图 4-4　例 4.2 程序运行结果

3. 多分支结构

此结构又称为 if 语句的 else if 结构。

其一般形式为:

```
if(表达式 1)       语句 1;
else if(表达式 2)  语句 2;
else if(表达式 3)  语句 3;
…
else if(表达式 n-1) 语句 n-1;
else              语句 n;
```

其中最后一个 else 可以省略。

语句功能：依次计算表达式的值，当遇到表达式的值为真（非 0）时，则执行其对应的语句，然后跳到整个 if 语句之外继续执行；若所有的表达式的值均为假（0），则执行语句 n 及其后续语句。执行流程如图 4-5 所示。显然，从流程可以看出，分支结构是通过 n-1 个条件，在 n 个分支中选择一条语句执行，若第 i 条语句能够执行，必然说明前 i-1 个条件不满足，而本条件满足。需要强调的是，无论条件如何，最终只会执行 n 条语句中的一条！

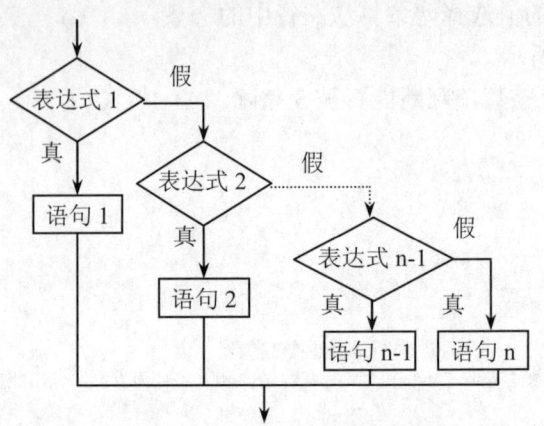

图 4-5　if-else if 语句流程图

【例 4.3】判断键盘输入的字符的类别：控制字符、数字、大写字母、小写字母、其他字符。源程序如下：

```c
#include <stdio.h>
void main(void)
{
    char c;
    printf("输入一个字符：");
    c = getchar();        // 从键盘输入字符赋给 c
    if(c <32)             // 若 c 值小于 32，则输出为一控制字符
        printf("输入的是控制字符！\n");
    else if(c >= '0' && c <= '9')
        printf("输入的是数字字符！\n");    // 若 c 值在 0～9 之间，则输出数字字符
    else if(c >= 'A' && c <='Z')
        printf("输入的是大写字母！\n");    // 若 c 值在 A～Z 之间，则输出大写字母
    else if(c >= 'a' && c <= 'z')
        printf("输入的是小写字母！\n");    // 若 c 值在 a～z 之间，则输出小写字母
    else
        printf("输入的是其他字符！\n");
}
```

程序运行结果如图 4-6 所示。

程序点拨

多分支结构主要用于多条件并列测试，从中只能取一的情况。在书写多分支结构时一定要注意语句的正确书写，else 语句本身没有判断功能，若要判断一定要加上 else if 语句。

if 语句的三种形式中分支所选择的语句只能是一条语句，如果需要多条语句实现功能，必须把这些语句用大括号{ }括起来组成一个复合语句，将多条语句形式上转化为一条语句。

例如：
```
if(a＞b)
{
    t=a;
    a=b;
```

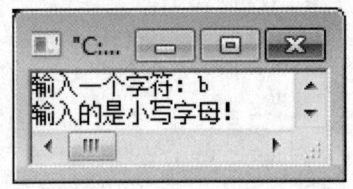

图 4-6　例 4.3 程序运行结果

```
        b=t;    // 三条语句通过复合语句变为形式上的一条语句作为 if 的块
    }
    else
    {
        t = b;
        b = a;
    }
```

在此需要强调指出的是：为了避免错误，提高程序的可读性，建议即使是一条语句也通过复合语句包含，这是良好的程序设计风格和习惯！

4. if 语句的嵌套

所谓的嵌套是指在 if 或 else 所属的语句中又包含了一个分支结构。嵌套用于解决在条件判断后仍需判断条件的多个分支的选择问题。

事实上 if-else if 结构是 if 语句的嵌套，即在每一层的 else 分支下嵌套着另一个 if-else 语句。if 语句的嵌套没有多少限制，只要嵌套位置符合语法规定，即是合法的嵌套。

【例 4.4】通过 if 语句的嵌套，实现如下符号函数：

$$y = \begin{cases} 1 & x>0 \\ 0 & x=0 \\ -1 & x<0 \end{cases}$$

对于该符号函数的算法可以描述为如图 4-7 的分支结构。

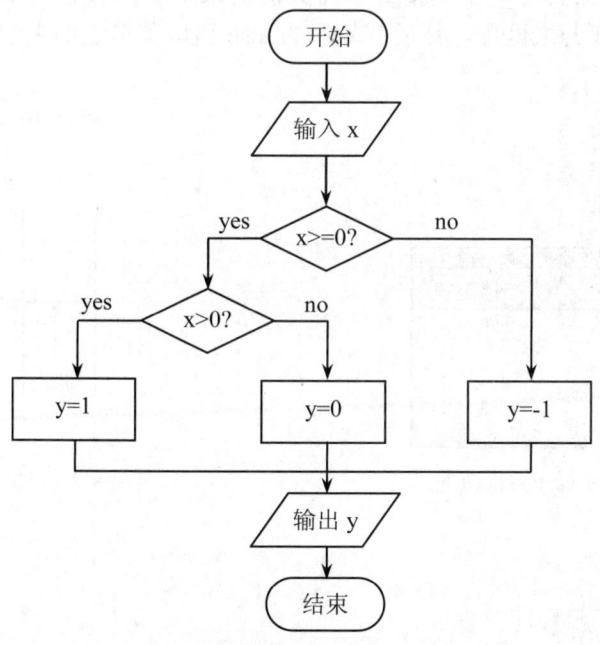

图 4-7 符号函数算法框图

从图 4-7 中可以看出，当第一个条件 x>=0 的判断满足进入 if 分支后，需要对 x>0 的条件进行判断决定分支，显然 x>=0 条件满足的分支内部又嵌套了判断条件 x>0 的分支。源程序如下：

```
#include <stdio.h>
void main(void)
```

```
{
    int x,y;
    printf("请输入 x: ");
    scanf("%d",&x);
    if (x >= 0)
    {
        if (x > 0)          // 嵌套分支
            y = 1;
        else
            y = 0;
    }
    else
        y = -1;
    printf("y = %d\nx = %d\n",y,x);
}
```

程序的运行结果如图 4-8 所示。

程序点拨

外层分支的条件成立的语句中又完整包含了一个分支结构，即所谓的嵌套。

对于嵌套的分支结构，说明如下几点：

（1）嵌套的内层分支在书写时要采用缩格形式。缩格是指内层结构书写时要与外层分支区分，如图 4-9 所示。

（2）嵌套的分支结构中每个 else 必须与其前的某个 if 匹配，匹配的规则是：从最内层的 else，取其最近的 if 与之匹配，然后其外层的 else 再取其最近的未配对的 if 进行匹配，逐级向外。

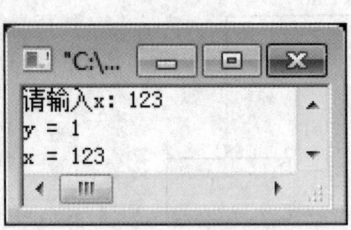

图 4-8 例 4.4 程序运行结果

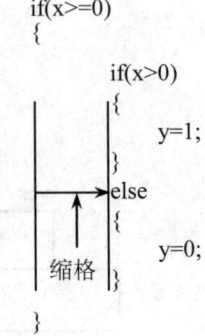

图 4-9 内层分支缩格

例如：
```
if(a<b )
    if(b<c )
        c=a;
    else
        c=b;
```

例中两个 if，一个 else，根据 C 语言规定，else 应与第二个 if，即与 if(b<c) 配对，如果要想让 else 与第一个 if 配对，可写成如下形式：

```
if(a<b )
{
```

```
        if(b<c)
            c=a;
    }
    else
        c=b;
```

（3）当分支结构嵌套层次较深时，else 与 if 的匹配容易造成理解的混乱，因而解决的办法就是用{}包含 if-else 的语句块，并使用内层逐级的缩格形式，这样的风格对于避免错误，提高程序的可读性有着十分重要的意义，在业界已形成相对的规范，建议加以采用。

4.2.2 switch 语句

利用 if-else if 可以实现多分支选择，但该结构是条件控制的分支结构。在实际的应用中需要由离散的数值控制分支执行的情况，C 语言提供了一个通过数值选择的多分支结构，即 switch 语句。

switch 语句又称开关分支语句，其一般形式为：
```
switch(表达式)
{
    case 常量表达式 1：语句组 1;break;
    case 常量表达式 2：语句组 2;break;
        …
    case 常量表达式 n：语句组 n;break;
    default: 语句组 n+1;
}
```

语句功能：首先计算表达式的值，然后将该值依次与每一个 case 后的常量值进行比较，当其与某个常量值相等时，就执行该 case 后面的语句组，直到遇到 break 语句为止。

如果表达式的值与所有的 case 后的常量值都不相等，则执行 default 后面的语句组。

说明：

① case 后面的常量表达式（又称开关量）应该是一个整型或字符型常量，每个常量表达式的值互不相同。

② case 后的语句组无需用大括号{}括起来，程序会自动顺序地执行，直至遇到 break 语句后结束 switch 结构。

③ case 常量值仅起一个语句标号作用，switch 后表达式的值与某标号相等则转向该标号开始执行下去，不再对其后面的常量值进行判断。例如：

```
switch(ch)
{
    case 'A':
        printf("90～100\n");
    case 'B':
        printf("80～89\n");
    case 'C':
        printf("70～79\n");
    case 'D':
        printf("60～69\n");
    case 'E':
        printf("<60");
}
```

如果 ch 的值是'B'，由于其和第二个 case 的常量值相等，因此转移到该处执行，结果为：
80～89

70～79
60～69
<60

显然，从与 ch 值相等的标号处开始，以后的语句都执行了。要想实现分支，必须在每个标号的执行语句结束时加 break 语句。break 语句的作用是终止 switch 的流程。这样才能保证分支结构的正确。

④ switch 语句允许多个 case 重叠，共同使用一个语句组，用在对表达式的多个结果值希望执行相同语句组的情况。如当表达式的值与常量表达式 1 或常量表达式 2 的值相等时，都执行语句组 1。例如：

case 'A': case ' a': printf("90～1000\n");break;   // 两个标号共用了一组语句

⑤ default 分支是一个可选项，若 switch 语句中没有该分支，则当表达式的值与所有的 case 后的常量值都不相等时，将不执行任何操作。

【例 4.5】输入一个数字，输出其对应的英文星期。

源程序如下：

```
#include <stdio.h>
void main( void)
{
    int a;
    scanf("%d",&a);    // 从键盘输入一个整数
    switch(a)
    {
    case 0:
    case 1:
        printf("Monday\n");break;      // 当 a 值为 0 或 1 时输出 Monday
    case 2:
        printf("Tuesday\n");break;     // 当 a 值为 2 时输出 Tuesday
    case 3:
        printf("Wednesday\n");break;   // 当 a 值为 3 时输出 Wednesday
    case 4:
        printf("Thursday\n");break;    // 当 a 值为 4 时输出 Thursday
    case 5:
        printf("Friday\n");break;      // 当 a 值为 5 时输出 Friday
    case 6:
        printf("Saturday\n");break;    // 当 a 值为 6 时输出 Saturday
    case 7:
        printf("Sunday\n");break;      // 当 a 值为 7 时输出 Sunday
    default:
        printf("Error\n");             // 输入为 0～7 之外的其他值时，显示错误输入
    }
}
```

程序运行结果如图 4-10 所示。

程序点拨

图 4-10 例 4.5 程序运行结果

if 结构与 switch 结构重要的区别是控制执行的分支的条件，if-else if 语句判断的条件是逻辑值，即是否满足条件，而 switch 判断的是数值，两者适合不同的应用。比如将考试中的百分值范围转化为相应的 5 分制范围时，适合使用 if 结构，而将 5 分制转换为百分制范围时，则应使用 switch 结构。关键的区别是条件，百分制的判断条件是关系运算，如 80～90 分的判断条件是 x >= 80 && x < 90，而 5 分制的判断条件是 5

个离散的字符：A、B、C、D、E。

4.3　典型例题精解

分支结构的本质是根据条件选择不同的算法来执行。下面通过实例说明分支结构在程序设计中的应用。

【例 4.6】输入三个整数，按从小到大顺序排列输出。

源程序如下：

```
#include <stdio.h>
void main(void)
{
    int a,b,c,max,min;
    scanf("%d%d%d",&a,&b,&c);   // 从键盘输入 3 个整数分别放入 a、b、c
    if ( a > b )                // 比较 a、b 大小，大数→max，小数→min
    {
        max = a; min = b;
    }
    else
    {
        max = b; min = a;
    }
    if ( max < c )
        max=c;    // 将 max 中的数与 c 比较，大数→max
    else
    {
        if ( min > c )   min=c;   // 将 min 中的数与 c 比较，小数→min
    }
    printf("%d, %d, %d\n",min,a+b+c-max-min,max);
}
```

程序运行结果如图 4-11 所示。

【解析】最大值算法采用两个数比较，取其较大的数再与另一个数比较，较大的为三者之中的最大值；最小值算法采用两个数比较，取其较小的数再与另一个数比较，较小的为三者之中的最小值。中间值为三个数的和减最大值再减最小值。

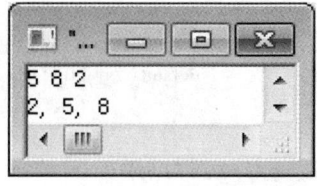

图 4-11　例 4.6 程序运行结果

【例 4.7】输入一个年份，判断并输出其是否为闰年。

源程序如下：

```
#include <stdio.h>
void main(void)
{
    int year,leap;
    printf("Input year:");
    scanf("%d",&year);     // 输入年份
    if ( year % 400 == 0 || ((year % 4 == 0) && (year % 100 !=0 )))
        leap = 1;
    else
        leap = 0;
    if ( leap == 1)
```

```
            printf("%d is a leap year.\n",year);   // leap=1，输出闰年
        else
            printf("%d is not a leap year.\n",year); // 输出非闰年
}
```

程序运行结果如图 4-12 所示。

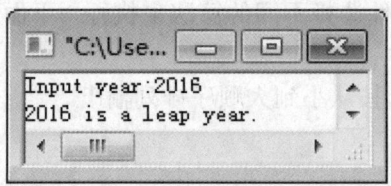

图 4-12　例 4.7 程序运行结果

【解析】闰年是能被 4 整除且不能被 100 整除或者是能被 400 整除的年份，以此作为条件进行判断。在程序中设置整型变量 leap 作为一个闰年标志。当满足闰年条件时，该标志赋值为 1，否则赋值为 0。

【例 4.8】根据考试成绩的等级（A、B、C、D）输出"优""良"等评语。

```
#include <stdio.h>
void main()
{
    char ch;
    ch=getchar();
    switch(ch)
      {
        case 'a': case 'A': printf("优\n"); break;
        case 'b':
        case 'B': printf("良\n"); break;
        case 'c': case 'C': printf("中\n"); break;
        case 'd':
        case 'D': printf("及格\n"); break;
        case 'e':
        case 'E': printf("不及格\n");break;
        default   : printf("Data Error!\n");
      }
}
```

程序运行结果如图 4-13 所示。

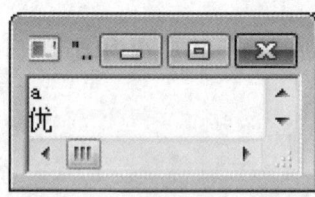

图 4-13　例 4.8 程序运行结果

【解析】该程序首先从键盘输入一个字符给变量 ch，switch 语句根据 ch 的值从上至下查找 case 语句中匹配的常量表达式，以此为入口，去执行 printf 函数，继而执行 break 语句后跳出 switch 结构。

本章小结

程序是由语句组成的。根据某种条件的成立与否而采用不同的程序段进行处理的程序结构称为选择结构或分支结构。分支结构是 C 语言中一种重要的语句结构,它体现了程序的逻辑判断能力。C 语言提供了多种形式的条件语句以构成分支结构。

(1) if 语句主要用于单向选择。

(2) if-else 语句主要用于双向选择。

(3) if-else if 语句和 switch 语句用于多向选择。

分支结构离不开逻辑判断,关系运算和逻辑运算体现了这种逻辑判断能力。分支结构的控制条件通常用关系表达式或逻辑表达式构造,也可以用一般表达式表示。表达式的值非 0 即为"真",0 即为"假"。

(4) switch case 结构和 if-else 结构的条件不同,switch case 结构是一个由不同的数值通过 break 配合决定的分支结构,是适合离散量决定的分支结构。

习题 4

一、单项选择题

1. 下列运算符中优先级最高的是_____。
   A. !　　　　　　B. %　　　　　　C. -=　　　　　　D. &

2. 若要求用 if 后一对圆括号中的表达式,表示 a 不等于 0 时的值为"真",则能正确表示这一关系的表达式是_____。
   A. a<>0　　　　B. !a　　　　　　C. a=0　　　　　D. a

3. 已知 w=1,x=2,y=3,z=4,a=5,b=6;,则执行语句(a=w>x)&&(b=y>z);后,a、b 的值为_____。
   A. 1 和 1　　　　B. 0 和 6　　　　C. 5 和 0　　　　D. 0 和 0

4. 设 x、y、t 均为 int 型变量,则执行语句 x=y=3;t=++x||++y;后,y 的值为_____。
   A. 不定值　　　　B. 4　　　　　　C. 3　　　　　　D. 1

5. 若给定条件表达式(m)?(a++):(a--),则其中表达式 m 和_____等价。
   A. m==0　　　　B. m==1　　　　C. m!=0　　　　D. m!=1

6. 下列判断 char 类型变量 c1 为数字字符的最简单且正确的表达式是_____。
   A. '0'<=c1<='9'　　　　　　　　B. (c1>='0')&&(c1<='9')
   C. (c1>=0)&&(c1<=9)　　　　　D. (0<=c1)&&(9>=c1)

7. 在以下选项中,当 x 为大于 1 的奇数时,值为 0 的表达式是_____。
   A. x%2==1　　　B. x/2　　　　　C. x%2!=0　　　D. x%2==0

8. 已知 int i=10;,表达式 20-0<=i<=9 的值是_____。
   A. 0　　　　　　B. 1　　　　　　C. 19　　　　　　D. 20

9. C 语言中对于嵌套 if 语句规定:else 总是与_____匹配。

A．第 1 个 if   B．之前最近的 if
C．缩进位值相同的 if   D．之前最近的不带 else 的 if 语句

10．下列 if 语句中不正确的是_____。
   A．if(x>y);   B．if(x) x=+100
   C．if(x<y) {x++;y++;}   D．if(x!=y) scanf("%d",&x); else x=1;

11．int a=1,b=2,c=3; if(a>b)a=b; if(a>c)a=c; 则 a 的值为_____。
   A．1   B．2   C．3   D．不一定

12．if 语句的基本形式为：
    if(表达式) 语句;
    其中"表达式"_____。
   A．必须是逻辑表达式   B．必须是关系表达式
   C．必须是逻辑或关系表达式   D．可以是任意合法表达式

13．若有下列程序段，运行后输出结果是_____。
```
int a=20;
printf("%d",0<a||a<20);
printf("%d\n",0<a&&a<20);
```
   A．10   B．11   C．01   D．00

14．逻辑运算符两侧运算对象的数据类型_____。
   A．只能是 0 或 1   B．只能是 0 或非 0 正数
   C．只能是整型或字符型数据   D．可以是任何类型的数据

15．已知 year 为整型变量，不能使表达式(year%4==0&&year%100!=0)||year%400==0 的值为"真"的数据是_____。
   A．1990   B．1992   C．1996   D．2000

16．若有如下定义和语句：
```
int i=1,j=2,k=3;
if(i++==1&&(++j==3||k++==3))
printf("%d %d %d\n",i,j,k);
```
则输出结果是_____。
   A．1 2 3   B．2 3 4   C．2 2 3   D．2 3 3

17．C 语言中，switch 后的括号内表达式的值可以是_____。
   A．只能为整型   B．只能为字符型
   C．可以为整型和字符型   D．任何类型

18．若有程序段，则输出结果是_____。
```
int x=0,a=0,b=0;
if(x=a+b) printf("****\n");
else printf("####\n");
```
   A．####   B．****####
   C．****   D．条件表达式错

19．若 a、b、c1、c2、x、y 均是整型变量，正确的 switch 语句是_____。
   A．switch(a+b);   B．switch(a*a+b*b)
      {   {

　　　　　　case 1:y=a+b; break;　　　　　　　　　　　case 3:
　　　　　　case 0:y=a-b; break;　　　　　　　　　　　case 1:y=a+b; break;
　　　　　　　　　　　　　　　　　　　　　　　　　　　case 3:y=b-a; break;
　　　　　}　　　　　　　　　　　　　　　　　　　　}
　　C．switch a　　　　　　　　　　　　　　　D．switch(a-b)
　　　　　{　　　　　　　　　　　　　　　　　　　　{
　　　　　　case c1:y=a-b; break;　　　　　　　　　　default:y=a*b; break;
　　　　　　case c2:x=a*b; break;　　　　　　　　　　case 3: case 4: x=a+b;
　　　　　　default:x=a+b;　　　　　　　　　　　　　 case 10:case 11: y=a-b; break;
　　　　　}　　　　　　　　　　　　　　　　　　　　}

20．下列程序的输出结果是_____。
```
#include<stdio.h>
void main(void)
{
    int x=1, y=0,a=0,b=0;
    switch(x)
    {
        case 1:
            switch(y)
            {
                case 0:a++;break;
                case 1:b++;break;
            }
        case 2:a++;b++;break;
        case 3:a++;b++;break;
    }
    printf("a=%d,b=%d\n",a,b);
}
```
　　A．a=1,b=0　　　B．a=2,b=1　　　C．a=1,b=1　　　D．a=2,b=2

二、填空题

　　1．C 语言的关系运算符中属于高优先级组的有：_____、_____、_____、_____；属于低优先级组的有_____、_____。

　　2．三种逻辑运算符优先级为_____。

　　3．若 a=7，b=8，c=9，则表达式 a+b<c&&a>b 的值为_____。

　　4．设 a=2，b=3，c=4，逻辑表达式!(a+b)+c-1&&b+c/2 的值为_____。

　　5．若定义 int a=1,b=2,c=3;if(a>c)b=a;a=c;c=b;，则 c 的值为_____。

　　6．能正确表示逻辑关系 a≥10 或 a≤0 的 C 语言表达式是_____。

　　7．若希望当 A 的值为奇数时，表达式的值为"真"，A 的值为偶数时，表达式的值为"假"，则能正确满足要求的表达式是_____。

　　8．为了避免嵌套条件语句的二义性，C 语言规定 else 与其前面最近的_____语句配对。

　　9．if(a)中的 a 等价于_____。

　　10．能正确表示数学式 x<y<z 的 C 语言表达式是_____。

三、程序设计题

1. 从键盘上输入 a、b、c 三个整数,将三个数从大到小顺序排列后输出。
2. 输入一个整数,判断能否被 3 和 5 整除,并输出结果。
3. 从键盘输入一个字符,若字符是小写的,则转换成大写后输出;若字符是大写的,则转换成小写后输出;若是其他字符,则按原样输出。
4. 从键盘输入年和月份,输出该月有多少天?

说明:1、3、5、7、8、10、12 月是 31 天;4、6、9、11 月是 30 天;2 月闰年是 29 天,否则是 28 天。

5 循环结构

【内容概述】

通过本章的学习,掌握循环结构的格式和功能,能正确利用 while 语句、do-while 语句和 for 语句实现循环结构的程序设计。三种循环语句中,while 语句、do-while 语句主要用于条件循环,而 for 语句主要用于计数循环。

【教学目标】

1. 掌握三种循环语句的语法格式和功能。
2. 掌握 while、do-while、for 三种循环结构的正确使用。
3. 掌握三种循环语句与 break 语句和 continue 语句的配合使用。
4. 掌握枚举法和迭代法的思想和方法。

5.1 概述

循环结构是结构化程序设计的基本结构之一,它在实际编程中,是最主要的控制结构。循环结构的基本思想是根据条件是否满足来判断是否重复执行一段相同的算法语句。循环最集中地反映了计算机算法的特点。

程序设计所解决的问题中,有一类需要在某个条件的控制下重复计算或处理,该类控制结构称为循环结构。C 语言提供了三种语句用以实现循环结构:while 语句、do-while 语句、for 语句。

比如求 s=1+2+3+…+100。可以用如下算法描述:
① 定义变量 i、s,并都赋初值为 0。
② i++;
  s+=i;
③ 如果 i<=100,重复②,否则结束。结束后 s 的值即为各数的和。

在 i<=100 条件下,重复执行②的过程,称为循环。循环有三个要素:初始化、循环体(重

复的内容)、循环的条件。循环不能是死循环,因此,循环的条件必须随着循环次数的增长逐渐使条件趋"假",最后变成以"假"结束循环。

5.2 while 语句

while 语句是一种先判断条件后执行循环体的结构,称为"当型"循环结构。其一般形式为:
while(表达式)语句;

语句功能:先计算表达式的值并判断,若表达式值为真(非0),则执行循环体,然后重复这种先计算并判断,后执行的过程,当表达式值为假(0)时循环结束。执行流程如图5-1所示。

说明:

① while 语句中的表达式是循环的条件,可以是算术表达式、关系表达式、逻辑表达式等。

② 循环体可以是单语句也可以是复合语句。复合语句必须要用{}括起,否则默认执行一条语句。

③ 在 while 循环体内一定要含有使条件趋"假"的语句,如 i++。

【例 5.1】通过 while 循环语句求 $\sum_{n=1}^{100} n$ 。

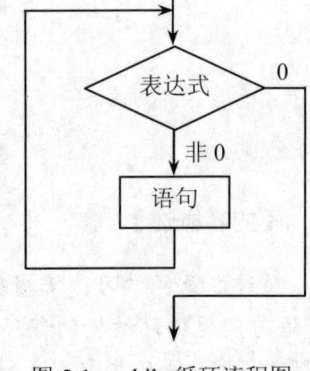

图 5-1 while 循环流程图

源程序如下:
```
#include <stdio.h>
void main(void)
{
    int i,sum=0;     // 定义整型变量 i、sum,并给 sum 赋初值
    i=1;
    while(i<=100)    // 将 i 值与 100 比较:当 i≤100 时,执行循环体;当 i>100 时,跳出循环体
    {
        sum=sum+i;   // 对 i 值进行累加,累加和放 sum 中
        i++;         // i 值加 1,返回 while 再进行判断
    }
    printf("1+2+3+...+100 = %d\n",sum);
}
```
程序运行结果如图 5-2 所示。

程序点拨

① while 语句用于将 i 值与 100 比较:当 i≤100 时,执行循环体;当 i>100 时,跳出循环体。

② 循环体默认执行一条语句,若循环体包含多条语句,必须用{}括起来,组成复合语句,否则可能导致死循环。

③ 在 while 语句的循环体中,一定要有使条件趋"假"的语句(如例 5.1 中的 i++),否则会导致死循环。

【例 5.2】计算 1~150 之间能同时被 3 和 7 整除的所有自然数的倒数之和。

源程序如下：
```c
#include <stdio.h>
void main(void)
{
    double s=0;
    int i=1;
    while(i<=150)
    {
        if(i%3==0&&i%7==0)
        {
            printf("%5d",i);
            s+=1.0/i;
        }
        i++;
    }
    printf("\ns=%8.5f\n",s);
}
```
程序运行结果如图 5-3 所示。

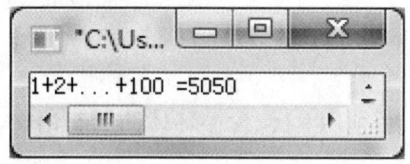

图 5-2 例 5.1 程序运行结果

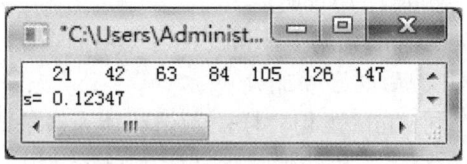

图 5-3 例 5.2 程序运行结果

程序点拨

程序中 while 语句循环体内嵌了一个单分支结构。当程序执行时，首先判断 while 条件表达式是否满足，只有当循环条件满足时，再执行内嵌的 if 语句，反之当循环条件不满足时退出循环。

5.3 do-while 语句

do-while 语句是一种先执行循环体，后判断条件的循环语句，称为"直到型"循环结构。其一般形式为：
```
do {
    语句;
}while(表达式);
```
其中：表达式是循环条件，语句为循环体。

语句功能：先执行循环体，再计算表达式的值并判断，若表达式值为真（非 0），则重复执行循环体，然后再判断，直到表达式值为假（0）时结束循环，执行流程如图 5-4 所示。

【例 5.3】用 do-while 语句求 $\sum\limits_{n=1}^{100} n$。

源程序如下：
```c
#include <stdio.h>
void main(void)
{
```

```
        int i,sum=0;    // 定义整型变量 i、sum，并给 sum 赋初值
        i=1;
        do{
            sum=sum+i;
            i++;
        }while(i<=100);
        printf("1+2+3+...+100 = %d\n",sum);
}
```

程序运行结果如图 5-2 所示。

程序点拨

将例 5.3 与例 5.1 比较，分析这两种循环结构的特点，可以看出，只要经过适当的修改，两种循环结构可以解决相同的问题，但如果表达式的值一开始就为假（0 值），两种循环的循环次数将不相等。

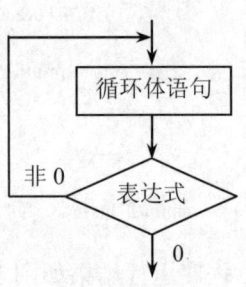

图 5-4 do-while 循环流程

do-while 语句说明：

① 在 while 语句中，while(表达式)后面不加分号，而 do{…}while(表达式)语句的后面必须加分号。

② 同 while 语句一样，当循环体为多条语句时，必须用{ }包含循环体的所有语句，通过复合语句将多条语句形式上转化为一条语句。

【例 5.4】已知实数序列 f(n)。

当 n=1 时 f(1)=1.0；

当 n=2 时 f(2)=2.0；

当 n>2 时 f(n)=1000/f(n-2)+1000/f(n-1)。

求第 10 项，即 f(10)的值（保留 4 位小数）。

源程序如下：

```
#include <stdio.h>
void main(void)
{
    double f1=1.0,f2=2.0,f;
    int i=3;
    do{
        f=1000/f1+1000/f2;
        f1=f2;
        f2=f;
        i++;
    }while(i<=10);
    printf("f=%7.4f\n",f);
}
```

程序运行结果如图 5-5 所示。

程序点拨

此程序用 do-while 循环结构求出实数序列 f(10)的值。do-while 循环是先执行循环体，再判断循环条件，因而循环体至少要执行一次。书写程序时要注意

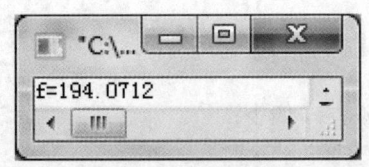

图 5-5 例 5.4 程序运行结果

while(表达式)后必须要有分号。

5.4　for 语句

for 语句是 C 语言中最常用的一种循环语句。它不仅能用于循环次数已知的情况，还能用于循环次数未知的情况，使用灵活方便。其一般形式为：

　　for(表达式 1;表达式 2;表达式 3) 语句;

其中：

表达式 1 为初值表达式：用来对循环控制变量赋初值，一般为赋值表达式；

表达式 2 为测试表达式：作为循环控制条件，一般为关系表达式或逻辑表达式；

表达式 3 为增量表达式：用来修改循环控制变量，一般为赋值表达式；

语句为循环体，与前两类循环相似，循环体可以是单个语句和复合语句，还可以为空语句。

for 语句的流程如图 5-6 所示，功能描述如下：

① 先计算表达式 1 的值。

② 再计算表达式 2 的值并判断，若表达式 2 的值为真（非 0 值），则执行循环体，为假（0 值）则结束循环。

③ 计算表达式 3 的值。转回②重复这种先计算并判断，后执行再计算的过程，直到表达式 2 的值为假（0 值）时结束循环。因此，在整个 for 循环过程中，表达式 1 只执行一次，表达式 2 和表达式 3 则可能执行多次，循环体可能多次执行，也可能一次都不执行。

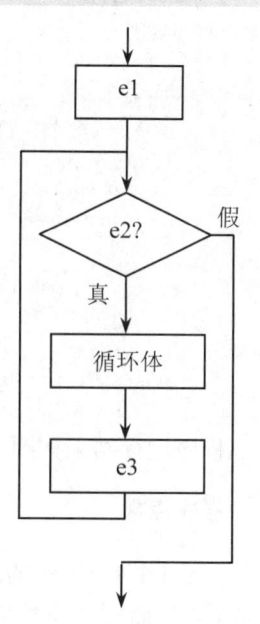

图 5-6　for 循环流程图

【例 5.5】用 for 循环语句求 $\sum_{n=1}^{100} n$。

源程序如下：

```
#include <stdio.h>
void main(void)
{
    int i,sum;                          // 定义整型变量 i,sum
    sum = 0;
    for(i = 1; i <= 100; i++)           // 循环实现 100 以内整数的累加
    {
        sum = sum + i;
    }
    printf("1+2+...+100 =%d\n",sum);    // 当 i>100 时循环结束，输出累加和 sum
}
```

程序运行结果如图 5-2 所示。

程序点拨

比较例 5.5 与例 5.1 可以看出，二者在功能上是等价的，但 for 循环结构更加直观、简洁、紧凑、灵活。在程序设计中，究竟是使用 while 循环还是使用 for 循环，应视具体情况而定，在处理第 6 章的数组元素时，由于数组下标的连续性使用 for 循环更方便。

for 语句中的表达式 1 和表达式 3 可以使用逗号表达式，这是 for 循环的一个很有用的特性，当使用逗号表达式时，可一次完成对多个变量赋初值和修改多个变量值的功能。

【例 5.6】输出 0～100 之间的偶数。

源程序如下：

```
#include <stdio.h>
void main(void)
{
    int x,y;                              // 定义两个整型变量 x、y
    for(x = 0, y = 0; x + y <= 100; x++, y++)
    {
        printf("%3d",x+y);                // x、y 同值，每循环一次，x、y 同时增 1，则 x+y 必为偶数
        if(x%10==9)                       // 控制每行输出 10 个数
        {
            printf("\n");
        }
    }
    printf("\n");
}
```

程序运行结果如图 5-7 所示。

程序点拨

例 5.6 中 for 语句的表达式 1 和表达式 3 都使用了逗号表达式，从而同时为两个变量（x 和 y）赋初值（x=0,y=0），使两个变量同时增值（x++,y++）。

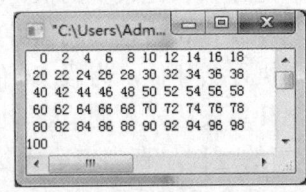

图 5-7　例 5.6 程序运行结果

以上程序的循环部分也可以写成：

```
for (x = 0; x <= 100; x = x + 2)
{
    printf("%3d",x+y);
    if(x%10==9)
    {
        printf("\n");
    }
}
```

显然增量表达式的形式十分灵活，根据需要可以写成各种形式。

从语法上讲，for 语句的三个表达式均允许省略或部分省略，但三个表达式之间的两个分号不能省略。

for 循环说明：

① 当循环变量已赋初值时，可省略表达式 1，语句形式为：for(;表达式 2;表达式 3)语句;。

② 省略表达式 2，或者三个表达式均省略，这些情况都将会造成无限循环，也称死循环。

③ 省略表达式 1 和表达式 3，语句形式为 for(;表达式 2;)语句;，则完全等价于 while 语句，需要预先赋初值，在循环体内修改循环变量的值。

5.5 转移语句

前面我们介绍的 C 语言的三种循环语句,它们退出循环的方式通常都是以语法提供的表达式的结果值作为判断条件,当其值为假(0 值)时结束循环,除了这种正常结束循环的方式外,C 语言还提供了 4 种转移语句,可对循环执行情况进行检测,这四种转移语句为:break 语句,continue 语句,return 语句和 goto 语句。return 语句用于函数的返回,将在第 7 章 "函数"中介绍。结构化程序设计为了避免程序流程任意转移所带来的混乱,应尽可能避免使用无条件转移的 goto 语句。因此,本节只介绍 break 语句和 continue 语句。

1. break 语句

break 语句为中断语句。其一般形式为:

break;

语句功能:强制中断当前的循环结构,直接结束循环。

break 语句只能用在 switch 语句或三种循环语句的循环体中,在第 4 章介绍的 switch 语句中,我们已经见过 break 语句的用法,其作用是使程序跳出 switch 结构。在循环体中,也可以通过使用 break 语句立即终止循环的执行,直接跳出循环语句,转去执行下一语句。break 语句放在了循环体内部,是根据条件退出循环的一种控制方式。

【例 5.7】计算并输出 Fibonacci 数列中小于 20000 的最大一项。

源程序如下:

```
#include <stdio.h>
void main(void)
{
    long f1,f2,f,i;
    f1=f2=1l;
    for(i=2;;i++)
    {
        f=f1+f2;
        if(f>20000) break; // 满足条件退出
        f1=f2;
        f2=f;
    }
    printf("小于 20000 的最大一项=%d\n",f2);
}
```

程序运行结果如图 5-8 所示。

程序点拨

Fibonacci 数列的特点是:前两项为 1、1,从第 3 项开始其值为前两项之和,如 1,1,2,3,5,8……

此程序使用辗转求值方法,求出 Fibonacci 数列中小于 20000 的最大一项。

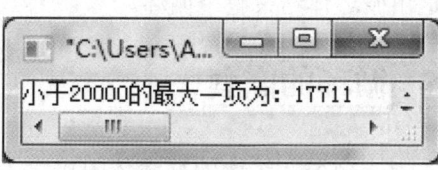

图 5-8 例 5.7 程序运行结果

使用说明:

① break 语句只能用于 switch 结构和三种循环语句的循环体当中。

② 在循环语句嵌套使用的情况下,break 语句只能终止它所在的循环,而不能同时跳出(或终止)多层循环。

2. continue 语句

continue 语句的作用是结束本次循环,而开始下次循环。其一般形式为:

continue;

语句功能:结束本次循环,即不再执行循环体中 continue 之后的语句,转入下一次循环条件的判断与执行。

continue 语句只能用在三种循环语句的循环体中。

【例 5.8】输出 100～200 之间能被 3 或 5 整除且个位为 5 的数。

源程序如下:

```
#include <stdio.h>
void main(void)
{
    int i;                          //定义一个整型变量 i
    for(i=100;i<=200;i++)           //i 赋初值 100,如果 i 不大于 200,执行循环体
    {
        if((i%3==0||i%5==0)&&i%10==5)
        {
            printf("%5d",i);        //当 i 能被 3 或 5 整除且个位为 5 时,输出当前 i 值
        }
        continue;                   //反之不能被 3 整除,执行 continue,结束本次循环
    }
    printf("\n");
}
```

程序运行结果如图 5-9 所示。

图 5-9 例 5.8 程序运行结果

程序点拨

从上面分析可见,continue 语句与 break 语句的作用都是改变循环执行的流程,但却有着根本区别,continue 只是结束本次循环,还进行下一次循环,而不是结束整个循环,break 则是退出循环体结束整个循环。

5.6 循环的嵌套

当一个循环结构的循环体中包含了另一个循环结构时,称为循环的嵌套或多重循环。外面的循环语句称为"外层循环",循环体包含着的循环语句称为"内层循环"。原则上来讲,循环的嵌套深度不受限制。C 语言的三种循环结构可以相互嵌套。

下面通过输出 9×9 的乘法表说明循环嵌套的使用。

定义两个变量 i、j。乘法表共 9 行,反映 i 的值从 1 变化到 9,每行输出对应的 9 个数值,可以用如下伪语言表示:

for(i = 1; i < 10; i++)

```
{
    输出 i×j, j 从 1 变化到 9;
    输出换行;
}
```
其中伪语言循环体可以写成如下程序片段:
```
for(j = 1;j < 10; j++)
{
    printf("%5d",i*j);
}
printf("\n");   // 换行
```
完整的算法为:
```
for(i = 1; i < 10; i++)
{
    for(j = 1;j < 10; j++)
    {
        printf("%5d",i*j);
    }
    printf("\n");
}
```

显然反映 i 变化的外层循环的内部又包含了反映 j 变化的内层循环,这称为循环的嵌套。

【例 5.9】编程输出九九乘法表。

源程序如下:
```
#include <stdio.h>
void main(void)
{
    int i,j;
    for(i = 1; i < 10; i++)      // 循环输出表头（1~9 位数）
    {
        printf("%5d",i);
    }
    printf("    \n--------------------------------------------\n");
    for (i=1;i<10;i++)           // 外层循环实现行（被乘数）变化
    {
        for(j=1;j<10;j++)
        {                        // 内层循环实现列（乘数）变化
            printf("%5d",i*j);
        }
        printf("\n");            // 内层循环打印完一行后回车
    }
}
```

程序运行结果如图 5-10 所示。

思考：从程序运行结果可知，在嵌套循环中，i 变量代表行，j 变量代表每行的个数，共输出 9 行 9 列。思考如何实现打印输出九九乘法表的下半三角，即

```
1
2  4
3  6  9
……
9  18  27  36  45  54  63  72  81
```

【例 5.10】在屏幕上输出以下图形。

```
    1
   12
  123
 1234
12345
```

程序如下：

```c
#include <stdio.h>
void main(void)
{
    int i,j;
    for(i=1;i<6;i++)
    {
        for(j=1;j<6-i;j++) printf(" ");
        for(j=1;j<=i;j++) printf("%d",j);
        printf("\n");
    }
}
```

程序运行结果如图 5-11 所示。

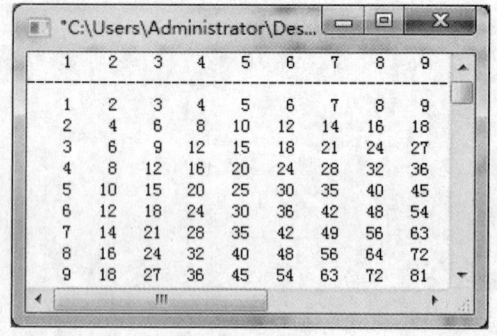

图 5-10　例 5.9 程序运行结果

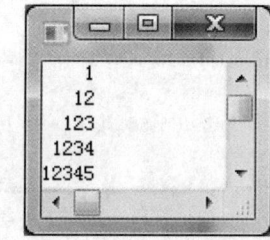

图 5-11　例 5.10 程序运行结果

5.7　典型例题精解

分支和循环结构是程序设计的基础结构，是解决复杂编程问题的基础。本节通过实例分析和程序设计介绍两种结构的基本应用，并介绍两种程序设计常见的技术方法：枚举法、迭代法。通过学习不但可以巩固学生对两种控制结构语法形式的掌握，而且对于提高学生程序设计的能力大有裨益。

1. 分支与循环结构的相互嵌套

程序设计中需要在循环的循环体内包含分支结构，也需要在分支的块内包含循环结构，从而使程序的控制更加灵活多样。

【例 5.11】输入 10 个数，统计其中的偶数个数，并求偶数的累加和。

源程序如下：

```c
#include <stdio.h>
```

```
void main(void)
{
    int i, ix,iCount=0,iSum=0;
    for (i = 1; i <= 10; i++)
    {
        scanf("%d", &ix);
        if( ix % 2 == 0 )
        {
            iSum += ix;
            iCount ++;
        }
    }
    printf("Num=%d\nSum=%d\n",iCount,iSum);
}
```

程序运行结果如图 5-12 所示。

【解析】程序中变量 iCount 是偶数个数的计数器，变量 iSum 是偶数的累加和，循环每次输入一个数，然后分支结构判断其奇偶性，如果是偶数，计数器加 1 并累加。

需要强调的是，在程序设计时分支和循环结构根据需要可以相互嵌套，本例中循环结构中嵌套了判断所输入的数的奇偶性的分支结构。

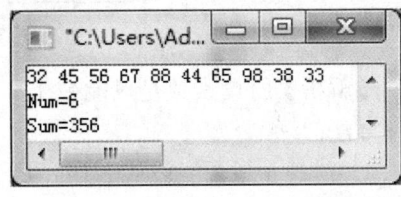

图 5-12　例 5.11 程序运行结果

2．枚举法（穷举法）

枚举法是程序设计中最常用的方法。其基本适用范围是：在有限数据组成的集合中，有些数据满足特定的条件。通过循环一一列举出集合状态，在循环的过程中对满足条件的所有数据进行测试，满足即输出结果。比如：求 100 到 200 之间的所有素数，显然这一范围的奇数都有可能是素数，可以通过循环每次列举一个可能的数进行测试，满足条件输出其值。

枚举法有两个要素：

① 枚举范围：比如求 100 到 200 之间的素数，范围是 100 到 200 间的奇数。

② 特定条件：比如素数。

下面通过实例介绍枚举法。

【例 5.12】求 100～200 之间的全部素数。

源程序如下：

```
#include <stdio.h>
#include <math.h>           // 程序中用到求平方根函数 sqrt()
void main(void)
{
    int m,k,i,n=0;
    for ( m = 101; m < 200; m += 2)    // 循环枚举 100 到 200 之间的所有奇数
    {
        k = (int) sqrt((double)m);      // 求 m 的平方根→k
        for ( i = 2; i <= k; i++)       // 循环判断能否被 2～k 之间的所有数整除
        {
            if(m % i ==0 )   break;     // 若能被整除则不是素数，跳出循环
        }
        if( i > k )                     // 满足条件是素数
        {
```

```
            printf("%5d",m);
            n++;
        }           // m 若不能被不大于 k 的数整除则为素数
        if ( n % 10 == 0)    printf("\n");   // 控制每行输出 10 个数
    }
    printf("\n");
}
```

程序运行结果如图 5-13 所示。

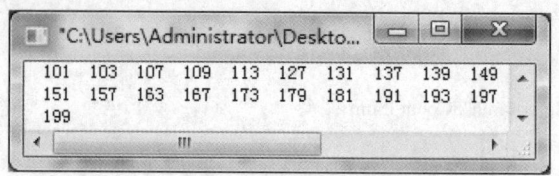

图 5-13 例 5.12 程序运行结果

【解析】所谓素数是只能被 1 和本身整除的数。对于自然数 n，判断其是否为素数有以下三种方法：

① 判断 n 是否能被从 2 到 n-1 范围内的数整除。
② 判断 n 是否能被从 2 到(int)(n/2)范围内的数整除。
③ 判断 n 是否能被从 2 到(int)sqrt(n)范围内的数整除。

通常我们用第 3 种方法，即测试条件是对于任意数 m，用 $2\sim\sqrt{m}$ 之间的数去除，所有的数都除不尽时，m 即为素数。

本例枚举的范围是 100 到 200 之间的奇数，测试条件可构造一个控制变量 i 从 $2\sim\sqrt{m}$ 循环，让 m 被 i 逐一除，如果有一个能整除 m，则 m 不是素数，退出测试，此时 i 的值小于或等于 $\sqrt{m}$。如果 $2\sim\sqrt{m}$ 的数都不能整除 m，循环正常退出时，i 的值>$\sqrt{m}$，m 即为素数。

【例 5.13】"百鸡百钱"问题，要求用 100 元钱买 100 只鸡，已知一只公鸡 5 元，一只母鸡 3 元，3 只小鸡 1 元。现有 100 元钱，要买 100 只鸡，求公鸡、母鸡和小鸡各买多少只。

如果 x 是公鸡数，y 是母鸡数，z 是小鸡数，根据所给条件列出如下方程：

$$x+y+z=100$$
$$5x+3y+z/3=100 \text{（z 能被 3 整除）}$$

源程序如下：

```
#include<stdio.h>
void main(void)
{
    int x,y,z;
    for (x = 0; x < 20; x++)
    {   // 枚举公鸡可能的数量
        for ( y = 0; y < 33; y++)
        {   // 枚举母鸡可能的数量
            z=100-x-y;
            if ((z % 3 == 0) && ((5 * x + 3 * y + z / 3) == 100))
            {
                printf("公鸡=%d\t 母鸡=%d\t 小鸡=%d\n",x,y,z);
            } // 若条件全部满足，求得一组解
        }
    }
}
```

程序运行结果如图 5-14 所示。

【解析】程序中由于三元一次方程的独立方程只有两个，因此，该方程是不定方程。解决这一问题的方法是，将 x、y、z 的所有可能代到方程中去试，满足方程即为解，可以通过枚举列出 x、y 的所有组合，z 通过方程 x+y+z=100 得出，然后用 5x+3y+z/3=100（z 能被 3 整除）测试条件。

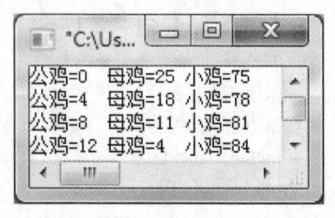

图 5-14　例 5.13 程序运行结果

由于公鸡是 5 元一只，那么其数量应小于 20，枚举范围是 0 到 19；母鸡是 3 元一只，其范围是 0 到 32。从此例可看出，枚举法也适用于不定方程的求解。

3. 迭代法

迭代法是由旧值不断计算新值最后求解的过程。比如：已知今年产值为 200 亿，每年以 7%增长，十年后的产值是多少？

迭代法的思路如下：

s 是产值，初值是 200（单位为亿），若知道今年的产值，显然就可以算出明年的产值，算法是 s=s(1+7%)，通过同样的算法可以算出后年的产值，重复 10 次后，s 即为 10 年后的产值。这个过程即是迭代的过程。迭代法有三个要素：

① 迭代初值：迭代之前的原始值，s=200。

② 迭代过程：知道当年产值，如何求明年产值。

③ 迭代次数或条件：重复 10 次。

【例 5.14】用辗转相除法（即欧几里德算法）求两个正整数的最大公约数。

根据题意，总结迭代法的三个要素如下：

① 迭代初值：m、n 的原始值。

② 迭代过程：q=m%n;m=n;n=q;。

③ 迭代条件：q!=0。

源程序如下：

```
#include<stdio.h>
void main(void)
{
    int m,n,q;
    printf("输入两个正整数：");
    scanf("%d,%d",&m,&n);        // 输入两个正整数
    do {                          // 开始迭代
        q = m % n;
        m = n;
        n = q;
    } while(q!= 0);
    printf("最大公约数是：%d\n",n);
}
```

程序运行结果如图 5-15 所示。

【解析】设两个数 m、n，用 m 除以 n，求得余数 q，若 q 为 0，则 n 即为最大公约数；若 q 不等于 0，则进行如下迭代：m=n，n=q，原除数变为新的被除数，原余数变为新的除数。重复除法，直到余数为 0 为止，余数为 0 时的除数 n，即为原始 m、n 的最大公约数。

【例5.15】用 $\dfrac{\pi}{4}=1-\dfrac{1}{3}+\dfrac{1}{5}-\dfrac{1}{7}+\ldots$ 公式求 π 的近似值，直到某一项的绝对值小于 10^{-6} 为止。

程序如下：

```
#include <stdio.h>
#include <math.h>
void main(void)
{
    int s=1;
    float n=1.0,t=1,pi=0;
    while(fabs(t)>1e-6)
    {
        pi=pi+t;
        n+=2;
        s=-s;
        t=s/n;
    }
    pi=pi*4;
    printf("pi=%8.6f\n",pi);
}
```

程序运行结果如图 5-16 所示。

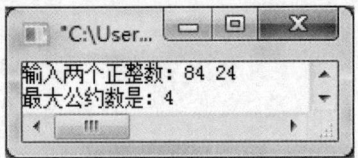

图 5-15　例 5.14 程序运行结果

图 5-16　例 5.15 程序运行结果

【解析】本例利用多项式求出 π 的近似解。通过公式可见，求和的每一项分母都比前一项分母多 2，因此在循环中用 n+=2 实现求每项的分母，又因为每项数的符号正负交替，所以在循环中用 s=-s 实现，第一次是正数，第二次就为负数，第三次又为正数，依此类推，用 t=s/n 表示和中的每一项，用函数 fabs(t)>1e-6 作为执行 while 循环的条件，以满足题目要求。另外对 n 赋初值为 1.0 很重要，因为 n 作为分母实现的是整除运算，根据在运算中数的类型转换，若 n 赋初值为 1，结果取整为 0 就不正确了。

本章小结

C 语言中能够实现循环的语句主要包括：while 语句、do-while 语句、for 语句。

while 与 do-while 语句都是用于条件判断，当条件满足时（非 0）执行循环体，否则退出循环。while 与 do-while 结构的唯一区别在于：while 结构循环是先判断条件，后执行循环体；而 do-while 结构循环是先执行循环体，后判断条件。通常循环次数及控制条件要在循环过程中才能确定的循环可用 while 或 do-while 语句。

for 语句是最常用的循环语句，主要用于给定循环变量初值、步长增量以及循环次数的循环结构。其功能与 while 语句相同，所不同的是：把控制变量的步长值放在括号内，显得更简洁，使用更方便。在使用循环结构时，要注意：

（1）三种循环语句可以相互嵌套组成多重循环。循环之间可以并列但不能交叉。

（2）可用转移语句把流程转出循环体外，但不能从外面转向循环体内。

（3）在循环程序中应避免出现死循环，即应保证循环变量的值在运行过程中可以得到修改，并使循环条件逐步变为假，从而结束循环。

习题 5

一、单项选择题

1. 在 C 语言中，当 while 语句构成循环的条件为_____时，结束循环。
   A．0　　　　　　B．1　　　　　　C．true　　　　　　D．非 0

2. 执行语句 for(i=1;i++<4;);后，变量 i 的值是_____。
   A．3　　　　　　B．4　　　　　　C．5　　　　　　　D．不定

3. C 语言中 while 和 do-while 循环的主要区别是_____。
   A．do-while 的循环体不能是复合语句
   B．while 的循环控制条件比 do-while 的循环控制条件更严格
   C．do-while 允许从外部转到循环体内
   D．do-while 的循环体至少无条件执行一次

4. while(!x)中的!x 与下式中的_____等价。
   A．x==0　　　　B．x!=0　　　　C．x==1　　　　　D．x!=1

5. 若 i 为整型变量，则以下循环执行次数是_____。
   for(i=2;i==0;) printf("%d",i--);
   A．无限次　　　B．0 次　　　　C．1 次　　　　　　D．2 次

6. 以下语句中，循环次数不为 10 次的语句是_____。
   A．for(i=1;i<10;i++);　　　　　　B．i=1;do{i++;}while(i<=10);
   C．i=10;while(i>0){--i;}　　　　　D．i=1;m:if(i<=10){i++;goto m;}

7. 从循环体内某一层跳出，继续执行循环外的语句是_____。
   A．break 语句　B．return 语句　C．continue 语句　D．空语句

8. 有以下程序段：
   int x=1;
   do{
       x=x*x;
   } while (!x);
   则循环执行的次数为_____。
   A．1 次　　　　B．2 次　　　　C．死循环　　　　D．循环条件不合法

9. 设 i、x 都是 int 类型，则下面的 for 循环体可执行_____次。
   for(i=0,x=0;i<=9&&x!=876;i++) printf("*");
   A．9 次　　　　B．876 次　　　C．10 次　　　　　D．无限循环

10. 下列_____循环不是无限循环。
    A．for(y=0;x=1;++y);　　　　　B．for(y=0,x=1;x>++y;x+=i);

C．while(x=1){x=1;}　　　　　　　　D．for(;;x=0);

11．下面有关 for 循环的正确描述是_____。
　　A．for 循环只能用于循环次数已经确定的情况
　　B．for 循环是先执行循环体语句，后判断表达式
　　C．在 for 循环中，不能用 break 语句跳出循环体
　　D．for 循环的循环体中，可以包含多条语句，但必须用花括号括起来

12．依如下程序段，以下说法中正确的是_____。
```
int k=-20;
while(k=0) k=k+1;
```
　　A．while 循环执行 20 次　　　　　B．循环是无限循环
　　C．循环体语句一次也不执行　　　　D．循环体语句执行一次

13．以下 for 循环的执行次数是_____。
```
for(x=0,y=0;(y=123)&&(x<4);x++);
```
　　A．是无限循环　　　　　　　　　　B．循环次数不定
　　C．4 次　　　　　　　　　　　　　D．3 次

14．下述 for 循环语句_____。
```
int i,k;
for(i=0,k=-1;k=1;i++,k++)  printf("@@@");
```
　　A．判断循环结束的条件非法　　　　B．是无限循环
　　C．只循环一次　　　　　　　　　　D．一次也不循环

15．下列循环体执行_____。
```
k=70;
while(k=0) k-=1;
```
　　A．70 次　　　　B．69 次　　　　C．无限次　　　　D．0 次

16．下列程序的输出为_____。
```
#include <stdio.h>
void main(void)
{
    int y=10;
    while(y--);
    printf("y=%d\n",y);
}
```
　　A．y=0　　　　　　　　　　　　　B．while 构成无限循环
　　C．y=1　　　　　　　　　　　　　D．y=-1

17．以下程序的运行结果是_____。
```
#include <stdio.h>
void main(void)
{
    int n;
    for(n=1;n<=10;n++)
    {
        if(n%3==0) continue;
        printf("%d",n);
    }
}
```
　　A．12457810　　B．369　　　　　C．12　　　　　　D．1234567890

18. 下列语句中，能正确输出 26 个英文字母的是_____。
    A．char a;for(a='a';a<='z';) printf("%c",++a);
    B．char a;for(a='a';a<='z';) printf("%c",a);
    C．char a;for(a='a';a<='z';) printf("%c",a++);
    D．char a;for(a='a';a<='z'; printf("%c",a));

19. 以下程序中的变量已正确定义：
    for(i=0;i<4;i++)
    for(k=1;k<3;k++);printf("&");
    程序段的输出结果是_____。
    A．&&&&&&   B．&&&&   C．&&   D．&

20．设有程序段：
    int k=3;
    while(k)
    k=k-1;
    则下面描述中正确的是_____。
    A．while 循环执行 3 次   B．循环是无限循环
    C．循环体语句一次也不执行   D．循环体语句执行一次

二、填空题

1. break 语句可在_____或_____中使用。
2. 设 int i = 5，则循环语句 while(i>=1) i--;执行后，i 的值为_____。
3. continue 语句只能在_____中使用。
4. 设 i、j、k 均为 int 型变量，则执行下面的 for 循环后，k 的值是_____。
   for(i=0,j=9;i<=j;i++,j--) k=i+j;
5. 要使以下程序段输出 10 个整数，请填入一个整数。
   for(i=0;i<=_____;printf("%d\n",i+=2));
6. 若所用变量均已正确定义，则执行下面程序段后的值是_____。
   for(i=0; i<2; i++) printf("YES"); printf("\n");
7. 若所用变量都已经正确定义，请填写以下程序段的输出结果_____。
   int s=7;
   while (--s);
   s -= 2;
   printf("%d\n",s);
8. 若所用变量都已正确定义，请填写以下程序段的输出结果_____。
   for(i=1;i<=5;i++);   printf("OK\n");
9. 用下列 for 循环将大写字母顺序输出（从 A 到 Z）：
   for (i=0;i<26;i++) putchar(_____);
10. 当从键盘输入字母 Y 时，执行循环体，则括号内应填写_____。
    ch=getchar();
    while(ch_____'Y') ch=getchar();

三、程序设计题

1. 编写程序，求 2+4+6+8+10+...+98+100 的值。

2．从键盘任意输入 10 个数据，分别统计其中的正数和及负数和。

3．编写程序，打印 32～127 范围内的 ASCII 码表。

4．求 1～100 中能被 3 或 4 整除，且个位数为 6 的所有数。

5．打印出所有的"水仙花数"，所谓水仙花数是指一个三位数，其各位数字立方和等于该数本身。例如，153 是一水仙花数，因为 $153 = 1^3 + 5^3 + 3^3$。

6．求 s=a+aa+aaa+…+aaa…a。

其中：0<a<10，共 n 项，最后一项有 n 个 a。

例如：求 s=2+22+222+2222+…+222…222（n、a 从键盘输入）。

7．求 e 的近似值，直到最后一项小于 1e-6 为止。

$$e = 1 + \frac{1}{1!} + \frac{1}{2!} + \cdots\cdots + \frac{1}{n!}$$

8．有 36 块砖，由 36 人搬：男人一次搬 4 块，女人一次搬 3 块，两个小孩抬一块，要求一次刚好全部搬完。问男、女、小孩人数各为多少？

9．求出 2～n 之间所有的素数。

10．打印如下图案。

```
   *
   **
   ***
   ****
   *****
   ****
   ***
   **
   *
```

6 数组

【内容概述】

数组是程序设计中最常用的数据结构。本章主要介绍了数组的概念及数组的使用，分析并给出了数组中常用的一些算法，如求极值、排序、查找、求和等，讲述了如何灵活地区别字符串与字符数组的存放形式和差别，如何用数组的方法进行程序设计。

【教学目标】

1. 了解数组的概念。
2. 掌握一维数组和多维数组的定义、初始化和引用。
3. 掌握数组的存储和使用。
4. 掌握数组的输入/输出方法。
5. 正确使用字符串和字符数组。
6. 正确使用字符处理函数。

6.1 数组的概念

数组是将具有同一属性的数据放在一起的有序集合，主要用于处理一些成批的数据。例如某班级某门成绩的排序、查找班级中某同学的成绩、打印整个班级的成绩表等，这些算法都要用到数组。

每个数组都有一个名字，称为数组名。通常每个数组里包含若干个同一种类型的数据，数组中每一个成员称为数组中的一个数组元素。数组元素与前面所讲的普通变量一样，可以被赋值，参与表达式的运算，用输入语句直接输入数据，用输出语句进行输出。数组元素由其所在的位置序号（称数组的下标）来标识，不同的下标表示不同的数组元素。这样利用数组名和下标，就可以用相同的方法来处理数组中的所有元素，从而实现以统一的方式来处理具有相同性质的一批数据。数组的使用使程序变得简洁、灵活，它是程序设计中一种十分有用的工具。使用数组可以使许多复杂的算法得以实现，这些复杂的算法用一般变量是无法完成的。

数组按照数组元素的类型不同，可以分为数值数组、字符数组、指针数组、结构数组等，若按照数组元素的下标个数不同，又可分为一维数组、二维数组、多维数组等，本章节主要介绍一维数组、二维数组和字符数组。

6.2 一维数组

数组元素只含有一个下标的数组称为一维数组。它是编程中最常用的一种数据类型。

6.2.1 一维数组的定义

数组在使用之前必须进行类型说明。一维数组定义的一般形式为：

类型说明符 数组名1[常量表达式1]，数组名2[常量表达式2]……

其中：类型说明符是任一种基本数据类型或构造数据类型，用以指明数组的类型，即数组中数组元素的类型。数组名1、数组名2等是用户定义的标识符，常量表达式1、常量表达式2等是一个数值，表示对应数组的数组元素个数，也称为数组的长度。例如：

```
int x[10];              // 说明整型数组 x 有 10 个元素
char a[10],b[15];       // 说明字符数组 a 有 10 个元素，字符数组 b 有 15 元素
float y[5],z[10];       // 说明实型数组 y 有 5 个元素，实型数组 z 有 10 个元素
```

说明：

（1）数组名是标识符，所以数组命名要遵守标识符命名规则，并且不能与其他变量同名。

（2）常量表达式就是数组元素的个数，即数组的长度。C语言中数组元素的下标是从 0 单元开始编排的。如：上述的数组 a 有 10 个元素，分别是 a[0]、a[1]……a[9]。绝对不可以使用变量或含有变量的表达式。

（3）定义数组时，系统会在内存中分配一段连续的空间，各元素将按顺序占有这段内存，如图 6-1 所示。各元素所占的内存空间与数组类型有关，上述的数组 a 类型为 int，所以每个元素占 4 个字节。

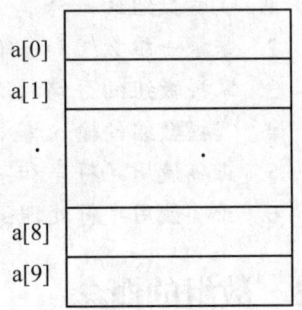

图 6-1 数组元素存放顺序

（4）常量表达式一定是一个确定的数值，也可以是符号常量，但不容许为变量。例如：int n=5; int x[n];是非法的，而 int x[2+3];是合法的。

（5）允许在同一个类型说明中，说明多个数组和变量。例如：int a,b,c,x[5],y[10];。

6.2.2 一维数组元素的引用

数组元素也是一种变量，它可以出现在简单变量能够出现的任何地方。一个数组经过类型说明之后，可以使用下标来标识数组元素。数组元素的引用一般形式为：

数组名[下标]

其中：下标通常情况下为整型常量或整型表达式，用来作为引用元素的序号。若定义数

组 int x[5];，则 x[2]、x[2*2]、x[2+1]等都是合法的数组元素。

数组元素通常又称为下标变量。在 C 语言中只能逐个地引用下标变量，不能一次引用整个数组。例如：要输出有 20 个元素的数组 x，必须用循环语句逐个输出各下标变量。

```
for (i=0;i<20;i++) printf ("%d\n",x[i]);
```

而不能直接写成：

```
printf (" %d\n",x);
```

一维数组在内存中的存储是按下标递增的顺序依次存储在内存连续的单元里。例如，若定义 int x[5];，则整型数组 x 中的元素在内存中的存储次序是：x[0]、x[1]、x[2]、x[3]、x[4]。

【例 6.1】数组元素的引用。

```
#include <stdio.h>
void main(void)
{
    int i, x[20];
    for(i=0;i<20;i++)
        x[i]=i;          //数组元素的引用
    for(i=0;i<20;i+=2)
        printf("%3d",x[i]);           //输出下标为偶数的数组元素的值
    printf("\n%3d,%3d\n",x[3],x[12]); //输出 x[3]、x[12]元素的值
}
```

程序运行结果如图 6-2 所示。

程序点拨

（1）在程序中，第一个 for 循环是将 0～20 间的数赋给 x 数组。

（2）第二个 for 循环输出 0～20 间的偶数。

（3）最后 printf()函数用于输出数组中 x[3]、x[12]元素。

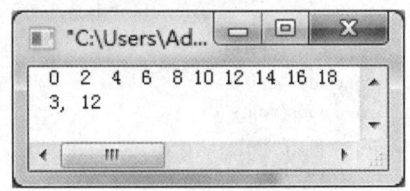

图 6-2　例 6.1 程序运行结果

6.2.3　一维数组的初始化

C 语言允许在定义数组的同时,给数组各元素赋指定的初值,这个过程称为数组的初始化。初始化是在编译阶段完成的，不占运行时间，可以提高效率。其一般形式为：

类型说明符 数组名[常量表达式]={初值表};

对一维数组的初始化有以下两种方式：

1. 对数组的所有元素赋初值

在说明数组时，可将数组所有元素的初值都列出，各值之间用逗号分开，全部数据依次放在一对括号{}内。例如：

int x[5]={0,2,4,6,8};

此时不仅定义了整型数组 x 有 5 个元素，并在定义的同时给这 5 个元素赋了初值：x[0]=0，x[1]=2，x[2]=4，x[3]=6，x[4]=8。

在对数组的所有元素赋初值时注意：

（1）即使数组元素的值全部相等，也必须逐个赋值，不能给数组整体赋值。例如：整型数组 x[5]的元素全部为 3，初始化时写成 int x[5]={3,3,3,3,3};是合法的，而写成 int x[5]=3;或 int x[5]={5*3};是不合法的。

（2）在说明数组时，也可以不指定数组的长度，系统会根据括号{}中数据的个数，自动定义数组长度。例如：

```
int x[]={0,2,4,6,8};
```

此时系统自动定义整型数组 x 的长度为 5。

2. 对数组的部分元素赋初值

当括号{}中的数据个数小于数组定义的长度时，只能给数组前面部分的元素赋值，其余元素系统自动赋值0。例如：

```
int x[5]={1,2,3};
```

初始值表的括号中只提供了三个初值，也就只对数组中前三个元素赋初始值，而后面的两个元素按编译系统约定的规则自动赋初始值 0。

说明：人们习惯将程序运行时通过赋值语句或输入语句使变量得到第一个值称为赋初值，但这种赋初值是在程序运行中进行的，需要占用运行时间。而这里所说的初始化是在源程序编译阶段完成的，不占用运行时间，两者是有区别的。

【例 6.2】求 Fibonacci 数列的前 20 项。

Fibonacci 数列的特点是：前两项为 1、1，从第 3 项开始其值为前两项之和。其公式为：

$$f_n = \begin{cases} 1 & n=1, n=2 \\ f_{n-1}+f_{n-2} & n>2 \end{cases}$$

源程序如下：

```c
#include <stdio.h>
void main(void)
{
    int i;
    int f[20]={1,1};              // 给数组 f 的前两项赋初值
    for(i=2;i<20;i++)
        f[i]=f[i-2]+f[i-1];        // 从第 3 项开始，每一项为前两项之和
    for(i=0;i<20;i++)              // 输出数列的前 20 项
    {
        if(i%5==0) printf("\n");   // 控制每行输出 5 项
        printf("%6d",f[i]);
    }
    printf("\n");
}
```

程序运行结果如图 6-3 所示。

重点

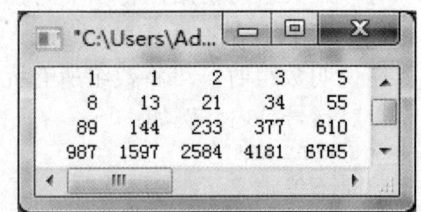

图 6-3 例 6.2 程序运行结果

（1）定义数组时，维界下标不能用变量。例如，int n=5,str[n]是错误的。

（2）数组的初始化是将数组作为一个整体进行的，初值的顺序与数组元素在内存中的排列次序一一对应。初始化时赋值只能用常数或常量表达式。

（3）C 语言规定，数组元素下标的下限从 0 单元开辟，上界则由定义数组的维界确定。

（4）通常数值数组的输入有三种方法：赋值形式、初始化、动态赋值。数值数组的赋值只能对数组元素逐一赋值，不能对数组名整体赋值。动态赋值是指在程序中，通过输入/输出

函数用循环语句来对各个元素逐个进行,同样不允许用数组名进行整体赋值。

6.2.4 一维数组的应用

在实际应用中,很多数据的处理都需要使用数组的方法,也就是先把数据存储起来,然后再根据实际要求通过循环取数加以处理。

【例6.3】求10个学生一门课程的平均分,并输出低于平均成绩的分数。

```c
#include <stdio.h>
void main(void)
{
    float fScore[10],aver=0;
    int i;
    for(i=0;i<10;i++)
    { //循环输入各元素的值并累加
        scanf("%f",&fScore[i]);
        aver+=fScore[i];
    }
    aver/=10;     //求平均分
    printf("aver=%f\n",aver);
    for(i=0;i<10;i++)
    {
        if(fScore[i]<aver)    //循环判断条件,满足条件输出
            printf("num=%d,score=%f\n",i,fScore[i]);
    }
}
```

程序运行结果如图6-4所示。

程序点拨

此程序定义了10个元素的实型数组。循环体内输入各元素的值并求出累加和,然后求出平均分。由于学生的成绩放在指定单元,因而通过循环再将每个学生的成绩取出与平均分比较,找出低于平均分的成绩输出。

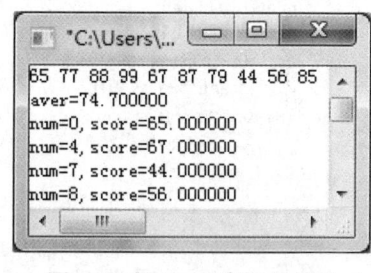

图6-4 例6.3程序运行结果

【例6.4】求10个整型数中最大数、最小数及其所在的位置。

源程序如下:

```c
#include <stdio.h>
void main(void )
{
    int a[10],i,imax,imin,d,x;
    for(i=0;i<10;i++)
        scanf("%d",&a[i]); //给a数组各元素赋值
    d=x=0;
    imax=imin=a[0];
    for(i=1;i<10;i++)          //在数组中找最大值和最小值及其位置
    {
        if(a[i]>imax)
        {
            imax=a[i];d=i;
        }
        if(a[i]<imin)
        {
```

```
            imin=a[i];x=i;
        }
    }
    printf("imax=%5d,d=%3d\nimin=%5d,x=%3d\n",imax,d,imin,x);
}
```

若输入数据为：3 7 12 0 1 4 8 9 2 10↙

程序运行结果如图 6-5 所示。

程序点拨

此程序在 10 个数中找最大值和最小值及其所在的位置。如果在程序中仅仅找最大值和最小值完全可以不用数组的方法，但是现在不仅找最大值和最小值，而且要将其所在的位置输出，这就必须用数组的方法。

【例 6.5】将 10 个整型数按从小到大的顺序排列并输出。

所谓排序是将一组随机排放的数按从小到大（升序）或从大到小（降序）的顺序重新排列。排序的方法有很多，常用的算法有冒泡法、选择法、插入法等几种，本例中采用冒泡法实现升序排列。

冒泡法的基本思想：通过相邻两个数的比较和交换，使数值较小的数逐渐从底部移向顶部，数值较大的数逐渐从顶部移向底部。就像水底的气泡一样逐渐向上冒，故而得名。

源程序如下：

```
#include <stdio.h>
void main(void)
{
    int a[10],i,j,temp;
    printf("input 10 numbers:\n");
    for (i=0;i<10;i++)
        scanf("%d",&a[i]);          //从键盘输入 10 个整数
    for(i=0;i<9;i++)                //比较轮次
    {
        for(j=0;j<9-i;j++)          //依次将相邻两数比较
            if(a[j]>a[j+1] )
            {
                temp=a[j];a[j]=a[j+1];a[j+1]=temp;
            }   //若大数在前，交换
    }
    printf("\nthe sorted numbers:\n");
    for(i=0;i<10;i++) //输出排序后的数组
        printf("%3d",a[i]);
    printf("\n");
}
```

程序运行结果如图 6-6 所示。

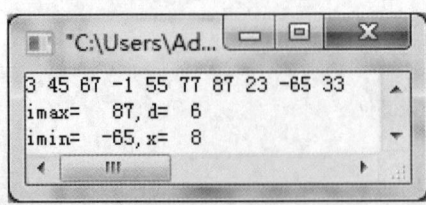

图 6-5 例 6.4 程序运行结果

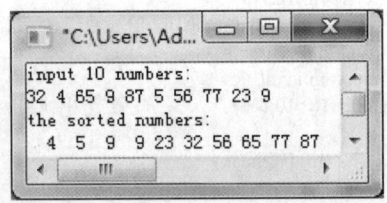

图 6-6 例 6.5 程序运行结果

程序点拨

由 a[0]~a[9]组成的 10 个数据进行冒泡排序的过程可以描述为：

第一轮：将相邻的 a[i]与 a[i+1]进行比较，如果 a[i]的值大于 a[i+1]的值，则交换两者的位置，比较 9 次后，最大数沉入 a[9]中（大数沉下小数上浮）；

第二轮：将剩余的 9 个数（a[0]~a[8]）重复上述比较，比较 8 次后，这 9 个数中的最大数沉入 a[8]中；

……

第九轮：将剩余的 2 个数（a[0]、a[1]）进行比较，大数在 a[1]中，小数在 a[0]中。至此 10 个数已按从小到大的顺序分别存在 a[0]、a[1]……a[9]中。

6.3 二维数组

前面介绍的数组元素只有一个下标，我们称是一维数组。在实际应用中还有很多问题用一维数组无法解决，因而要用到二维或多维数组来解决。当数组元素有两个下标时，称该数组为二维数组。

6.3.1 二维数组的定义

二维数组中的数组元素含有 2 个下标，根据下标的个数，我们将其称为二维数组。若数组有 3 个下标，则称为三维数组，但数组的最大维数是受编译程序限制的，维数越多，数组占用内存越大。在使用时，计算各维下标会占用处理器时间，存取多维数组元素的速度比存取一维数组元素慢，因而超过二维的数组使用较少。

二维数组的定义一般形式为：

```
类型说明符 数组名[常量表达式 1][常量表达式 2];
```

其中：常量表达式 1、常量表达式 2 表示数组每一个下标的界。在对数组元素进行操作时，注意下标不能越界，否则会出现意想不到的后果。

二维数组元素的下标也是从 0 单元开辟，因而每一个下标界的计算公式是：常量表达式-1。二维数组是按下标递增的顺序依次存储在内存连续的单元里，其下标变化规律是：先变化最右边的下标，再变化最左边的下标。

例如，有说明语句：

```
int a[3][2];
```

数组 a 在内存中存储次序为：a[0][0]、a[0][1]、a[1][0]、a[1][1]、a[2][0]、a[2][1]，如图 6-7 所示。在上述数组中，没有 a[3][0]元素，因为第一个下标的界是 2，同理没有 a[0][3]、a[1][3]等元素。

同一维数组一样，二维数组也可以在定义时进行初始化。初始化时可以把初值按下标变化的次序全部放在一个括号里，也可以把二维数组分解成两个一维数组进行赋值。

6.3.2 二维数组的说明及引用

数组元素含有两个下标的数组，称为二维数组。二维数组可以看做具有行和列的矩阵。

二维数组类型说明的一般形式为：
类型说明符 数组名[常量表达式 1][常量表达式 2];

其中：常量表达式 1 为第 1 维（称为行）下标的界，又称行下标的长度；常量表达式 2 为第 2 维（称为列）下标的界，又称列下标的长度。

例如：
int x[2][3];

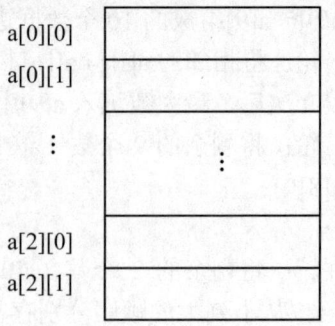

该语句说明了一个 2 行 3 列的整型数组，数组名是 x，组成数组的元素个数有 2×3 个。二维数组的下标是从 0 开始的，因此上述定义的二维数组的元素表示为：x[0][0]、x[0][1]、x[0][2]、x[1][0]、x[1][1]、x[1][2]，实际上它是一个表格，其逻辑结构如下：

图 6-7 二维数组元素存放顺序

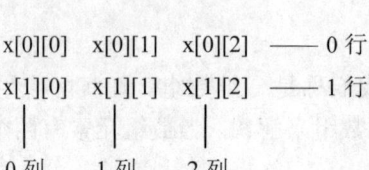

注意：二维数组中下标界的计算：行下标的值为 0 ~ 常量表达式 1-1；列下标的值为 0 ~ 常量表达式 2-1。当下标值越界时，会出现意想不到的结果。

同一维数组一样，引用二维数组元素的一般形式为：
数组名 [下标][下标]

其中，下标为整型常量或整型表达式。

【例 6.6】分析下列程序，写出运行结果。

```c
#include <stdio.h>
void main(void)
{
    int a[2][3],i,j;
    for(i=0;i<2;i++)
        for(j=0;j<3;j++)
            a[i][j]=i+j+1;    // 给 a 数组赋值
    for(i=0;i<2;i++)
    {   // 按 2 行 3 列形式输出
        for(j=0;j<3;j++)
            printf("%4d",a[i][j]);
        printf("\n");
    }
}
```

程序运行结果如图 6-8 所示。

程序点拨

此程序定义了 2 行 3 列整型数组，通过二重循环 i 行 j 列元素的变化，累加后给 a 数组的各元素赋值，然后再以 2 行 3 列的形式将数组的各元素输出。

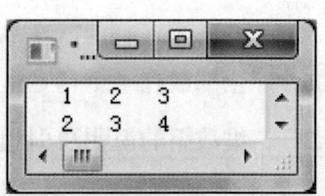

图 6-8 例 6.6 程序运行结果

说明：

（1）与一维数组一样，通过对二维数组的引用，二维数组元素就可以像普通数据一样进行赋值、运算、输入及输出操作。

（2）二维数组的两个下标可以是常量或有确定值的变量、表达式。

（3）在引用数组元素时，要注意下标的值应该在已定义的数组的范围内，不过超出范围没有语法错误，但可能会破坏数据，比较危险。

6.3.3 二维数组元素的存储顺序

从上一节二维数组的逻辑结构可以看出，二维数组在内存中的存储方式有两种：一种是按行进行存储的，即第 i 行元素按列号从小到大全部存储完毕以后再存储第 i+1 行的元素；另一种是按列进行存储的，即第 j 列元素按行号从小到大全部存储完毕以后再存储第 j+1 列的元素。

C 语言中的二维数组在内存中的存储顺序是按行号进行的，即存完第一行的所有元素后，再存储第二行的元素，依此类推，直至所有元素全部存储完毕。

例如：int a[3][4]，整型数组 a 在内存中的存储顺序如图 6-9 所示。

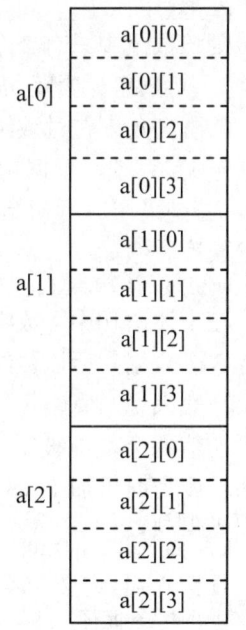

图 6-9 二维数组元素存放顺序

6.3.4 二维数组的初始化

与一维数组相似，在定义二维数组的同时也可以对其进行初始化。二维数组的初始化可以采用以下几种方式。

1. 按行分段进行赋初值

将每行元素初值以逗号分隔，写在括号{}内，每个括号内的数据对应数组中一行元素。各行元素以逗号分隔，写在一个总的括号{}里。例如：

　　int x[2][3]={{1,2,3},{4,5,6}};

上述语句使得 x[0][0]=1，x[0][1]=2，x[0][2]=3，x[1][0]=4，x[1][1]=5，x[1][2]=6。即第一个{}中的初值 1、2、3 是第 0 行的 3 个元素的初值。第二个{}中的初值 4、5、6 是第 1 行的 3 个元素的初值。相当于执行如下语句：

　　int a[2][3];
　　a[0][0]=1;a[0][1]=2;a[0][2]=3;
　　a[1][0]=4;a[1][1]=5;a[1][2]=6;

注意：不要写成 int x[2][3]={1,2,3},{4,5,6};，即最外的总括号{}不能省。

2. 按数组元素排列顺序赋初值

可将数组所有元素的初值按顺序写在一个括号{}里，初值之间用逗号分隔。赋值时按二维数组的存储顺序，给各数组元素赋值。例如：

　　int x[2][3]={1,2,3,4,5,6};

上述语句使得 x[0][0]=1，x[0][1]=2，x[0][2]=3，x[1][0]=4，x[1][1]=5，x[1][2]=6。即把{}中的数据依次赋给 x 数组中各元素（按行赋值）。

注意：括号中的数据次序和数据个数不能错。

3. 给部分数组元素赋初值

与一维数组一样，二维数组也可以只给部分数组元素赋初值，没有赋初值的元素，系统自动取 0（对数值数组）或空字符（对字符数组）。例如：

int x[2][3]={{1,2},{4}};

上述语句使得 x[0][0]=1，x[0][1]=2，x[0][2]=0，x[1][0]=4，x[1][1]=0，x[1][2]=0。即第一行 2 个初值按次序分别赋给 x[0][0]和 x[0][1]；第二行 1 个初值 4 赋给 x[1][0]。

若有语句：

int y[2][3]={1,2};

则该数组中只有 2 个初值，即 y[0][0]=1，y[0][1]=2，其余数组元素的初值为 0。

4. 对数组元素赋初值，可以省略第一维长度

C 语言允许在对数组的全部元素赋初值时，省略对数组第一维长度的定义，但第二维长度必须定义。系统可根据初始化的数据个数与所定义的第二维长度（列数）确定第一维的长度（行数）。若是采用分行初始化的方式赋初值，则系统会根据初始值行数（即内括号{}数）确定第一维长度。例如：

int x[][3]={1,2,3,4,5,6};

在上述语句中，数组 x 的第一维定义被省略，初始化数据共 6 个，第二维的长度为 3，即每行 3 个数据，所以数组 x 的第一维长度是 2。

一般来说，省略第一维的定义时，第一维的长度按如下规则确定：

初值的个数能被第二维的长度整除，所得的商就是第一维的长度；若不能整除，则第一维的长度为商再加 1。例如：

int x[][3]={1,2,3,4,5};等价 int x[2][3]={1,2,3,4,5};
int y[][3]={{1,2},{4},{0}};等价于 int y[3][3]= {{1,2},{4},{0}};

【例 6.7】定义 3×4 的浮点型数组，并赋初值，输出每一行的平均值。

```
#include <stdio.h>
void main(void)
{
        float a[3][4]={1,3,5,7,9,2,4,6,8,10,12,11}; // 二维数组初始化
        float fAve=0.0f;
        int i,j;
        for(i=0;i<3;i++)
        {
                fAve=0.0f;
                for(j=0;j<4;j++)
                {
                    fAve+=a[i][j]; // 计算每行的总分
                }
                printf("第%d 行平均值：%7.2f\n",i,fAve/4.0f);
        }
}
```

程序运行结果如图 6-10 所示。

程序点拨

此程序定义了一个 3 行 4 列的浮点型数组，并在定义同时将其初始化。外循环代表数组的行数，内循环代表数组的列数。在求每行数组元素的平均分时，一定要注意 fAve 变量初始化的位置。

6.3.5 二维数组的应用

【例 6.8】编程求 4×4 二维数组外围元素之和。

源程序如下：
```
#include <stdio.h>
void main(void)
{
    int a[4][4],i,j,sum=0;
    for(i=0;i<=3;i++)    // 给 a 数组赋值
        for(j=0;j<=3;j++)
            scanf("%d",&a[i][j]);
    for(i=0;i<=3;i++)    // 求二维数组外围元素之和
        sum=sum+a[i][0]+a[0][i]+a[i][3]+a[3][i];
    sum=sum-a[0][0]-a[0][3]-a[3][0]-a[3][3];    // 去掉多加的 4 个元素
    printf("sum=%d\n",sum);
}
```

程序运行结果如图 6-11 所示。

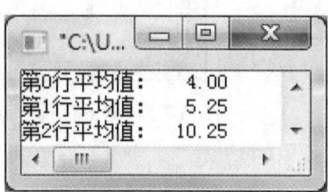

图 6-10 例 6.7 程序运行结果

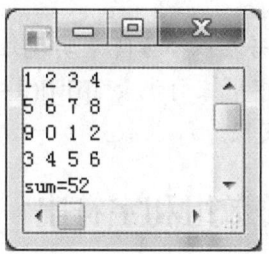

图 6-11 例 6.8 程序运行结果

程序点拨

程序定义了一个 4 行 4 列整型二维数组 a，通过键盘输入给各元素赋值。程序求解中通过一个单循环巧妙地求出了二维数组所有外围各元素之和。在求和的过程中，由于多加了 a[0][0]、a[0][3]、a[3][0]、a[3][3]各元素，故减去。

【例 6.9】将一个二维整型数组中的行和列元素互换，存放到另一个二维数组中。

这是数学中矩阵的转置问题。如原数组为 x=$\begin{bmatrix} 1 & 2 \\ 3 & 4 \\ 5 & 6 \end{bmatrix}$，互换后数组为 y=$\begin{bmatrix} 1 & 3 & 5 \\ 2 & 4 & 6 \end{bmatrix}$。

源程序如下：
```
#include<stdio.h>
void main(void)
{
    int x[3][2]={1,2,3,4,5,6},y[2][3],i,j;
    printf("Array x:\n");
    for(i=0;i<3;i++)    // 输出 x 数组
    {
        for(j=0;j<2;j++)
            printf("%3d",x[i][j]);
        printf("\n");
```

```
        for(i=0;i<3;i++)    // 实现行列元素转置
            for(j=0;j<2;j++)
                y[j][i]=x[i][j];
    printf("Array y:\n");
    for (i=0;i<2;i++)    // 输出 y 数组
    {
        for (j=0;j<3;j++)
            printf("%3d",y[i][j]);
        printf("\n");
    }
}
```

程序运行结果如图 6-12 所示。

程序点拨

矩阵转置是将原数组中的 i 行 j 列元素转变成新数组中的 j 行 i 列元素。在此程序中关键语句为 y[j][i]=x[i][j],以实现数组元素转置。

思考：若在一个方阵中实现矩阵转置,如何实现？

提示：下半三角元素 a[i][j](0≤j＜i)可与对应的上半三角元素 a[j][i]交换。

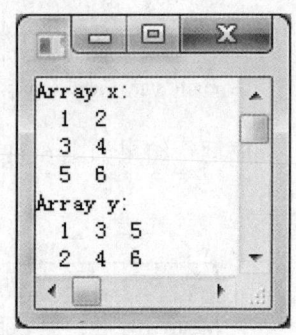

图 6-12　例 6.9 程序运行结果

6.4　字符数组和字符串

若数组中数组元素的类型是字符型,则该数组通常称为字符数组。字符数组主要用来处理字符串,字符数组中每个元素存放一个字符。

6.4.1　字符数组的定义与初始化

6.4.1.1　字符数组的定义

字符数组的定义要用 char 类型说明符,其一般形式为：

字符类型说明符　数组名[常量表达式];

例如：

char s[20];　　　// 说明 s 为一维字符型数组,共有 20 个元素
char str[4][5];　　// 说明 str 为二维字符型数组,共有 4×5 个元素

6.4.1.2　字符数组的初始化

字符数组的初始化通常有以下两种方法：

1. 逐个给数组中的各元素赋初值

可将字符常量以逗号分隔,写在括号{}里。例如：

char str[8]={'P','r','o','g','r','a','m'};

赋值后各元素的值如下：

str[0]	str[1]	str[2]	str[3]	str[4]	str[5]	str[6]	str[7]
P	r	o	g	r	a	m	\0

注意：str[7]是系统自动加上的空字符'\0'，因为括号{}里的字符个数只有7个，而数组定义的长度为8。

与一般数组类似，当对数组中所有元素赋初值时可以省略长度说明。例如上述语句可写成：
char str[ ]={'P','r', 'o','g','r','a','m'};

这时字符数组 str 的长度自动定义为 7。

注意：如果括号中初值的个数大于字符数组长度，则会产生语法错误；如果初值个数小于字符数组长度，则将字符赋给前面的数组元素，其余元素自动赋空字符（即'\0'）。

【例 6.10】初始化字符数组并输出。

```
#include <stdio.h>
void main(void)
{
    int i;
    char a[9]={'C',' ','p','r','o','g','r','a','m'};
    for(i=0;i<9;i++)
        printf("%c",a[i]);
    printf("\n");
}
```

程序运行结果如图 6-13 所示。

2. 用字符串直接给字符数组赋初值

C 语言中，没有专门的字符串变量，但可以使用字符串常量，即字符串。所谓的字符串是指用双引号括起来的若干个有效字符序列，如"student"。字符串可以包括转义字符及ASCII 码表中的字符。通常用一个字符数组来存放一个字符串。例如：

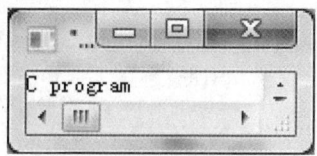

图 6-13　例 6.10 程序运行结果

char str[10]={"C program"};

也可以省去括号{}，直接写为：
char str[10]="C program";
或　char str[ ]="C program";

用字符串给字符数组赋初值时要注意：字符串在 C 语言里又约定以转义符'\0'作为结束标志，且'\0'占用一个字符位置，即一个存储单元，因此在定义字符数组长度时必须考虑这个因素。例如要用一个数组来存放字符串"C program"，则该字符数组的长度应比该字符串的字符个数多 1，也就是说字符数组的长度应定义为 10，最后一个存储单元用来存放字符串结束标志'\0'。因此上面的数组 str 在内存中实际存放的是：C program\0。

当给二维字符数组初始化时，通常都用字符串赋初值。例如：
char a[2][6]={{ "stu1"},{" stu2"}};　// 每行的字符串用花括号括起
或 char a[2][5]={ "stu1", "stu2"};　　// 每行省略内花括号
或 char a[ ][5]={ "stu1","stu2"};　　 // 省略行下标
以上三种方法的作用相同。

6.4.2　字符串的输入与输出

字符串的输入/输出有两种方式：

1. 逐个字符输入/输出

用格式符"%c"逐个输入或输出字符串中的每个字符。

【例 6.11】分析下列程序，写出运行结果。

```
#include <stdio.h>
void main(void)
{
    char a[10];
    int i;
    for(i=0;i<10;i++)    // 给字符数组赋值
        scanf("%c",&a[i]);
    for(i=0;i<10;i++)    // 逐个字符输出
        printf("%c",a[i]);
    printf("\n");
}
```

从键盘上输入：asdfg12345✓。

程序运行结果如图 6-14 所示。

2．将整个字符串一次输入/输出

用格式符"%s"实现整个字符串的输入/输出。

【例 6.12】分析下列程序，写出运行结果。

```
#include <stdio.h>
void main(void)
{
    char a[80];
    scanf("%s",a);    // 输入整个字符串
    printf("%s\n",a); // 输出整个字符串
}
```

若从键盘上输入 hggfdhgh37546{}}}<>?""hhhf✓，则输出结果如图 6-15 所示。

图 6-14　例 6.11 程序运行结果

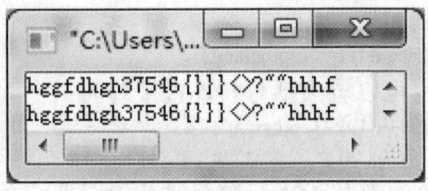

图 6-15　例 6.12 程序运行结果

在使用"%s"进行输入/输出时请注意：

（1）用 scanf()函数输入字符串时，字符串中不能包含任何空格，否则，系统将会把空格作为字符串的结束标志。例如：

```
char s[10];
scanf("%s",s);
```

如果输入 9 个字符"Good Bye!"，实际上并不是把这 9 个字符加上'\0'送到数组 s 中，而只将第一个空格前的"Good"字符串送到 s 中，s 中实际值为 Good\0，系统把第一个空格当作了结束标志。

如果字符串中包含多个'\0'，则遇到第一个'\0'时，输入/输出即结束。

（2）在 C 语言中，数组名代表的是该数组的首地址（以此地址开始的一块连续的存储单元），因此，当 scanf()函数的输入项是字符数组名时，不需要加地址符&，如例 6.12 中的 scanf("%s",a)，但是若 a 不是数组名，则这种写法是错误的。

（3）输出时不输出字符串结束符'\0'。

6.4.3 字符串处理函数

C 语言的函数库中提供了一些用来处理字符串的函数,用户在编写程序时可以直接加以调用。常用的输入/输出字符串处理函数包含在头文件"stdio.h"中,其他的字符串处理函数包含在头文件"string.h"中。下面介绍几个常用的字符串处理函数。

1. 字符串输出函数(puts 函数)

使用 puts 函数时必须将头文件"stdio.h"包含进来。该函数调用一般形式为:

```
puts(字符数组名或字符串常量)
```

功能:把字符数组中的字符串或字符串常量输出到标准输出设备(显示器)上,同时将字符串结束标志'\0'转换成换行符。因此,用 puts()输出一行字符串时不需要另加'\n'进行换行,这是与 printf()不同的地方。

【例 6.13】字符串输出示例。

```c
#include <stdio.h>
void main(void)
{
    char str[25]={"Welcome to our city !"};
    puts(str);      // 输出字符串数组 str 中的值
    puts("Thank you!");   // 用 puts()函数输出字符串
}
```

程序运行结果如图 6-16 所示。

字符串的输出可以使用 printf()函数和 puts()函数,要注意这两个函数的不同点。前者可以同时输出多个字符串,而后者一次只能输出一个字符串。例如,若有定义:

```
char s1[ ]= "Program",s2[ ]= "Turbo C";
```

则语句 puts(s1,s2);是错误的;而语句 printf("%s,%s",s1,s2);是正确的。

2. 字符串输入函数(gets 函数)

使用 gets()函数时必须将头文件"stdio.h"包含进来。该函数调用一般形式为:

```
gets(字符数组名)
```

功能:从标准输入设备(键盘)上输入一个字符串到字符数组中,并自动在末尾加字符串结束标志'\0'。输入字符串时,以回车结束输入。这种方式可以输入带空格的字符串。

返回值:字符数组的首址。例如:

```
char str[10];
gets(str);
```

若输入字符串 Program↙,则字符串 str 的值为:

str[0]	str[1]	str[2]	str[3]	str[4]	str[5]	str[6]	str[7]	str[8]	str[9]
P	r	o	g	r	a	m	\0		

【例 6.14】字符串输入实例。

```c
#include <stdio.h>
void main(void)
{
    char str[20];
    gets(str);   // 用 gets()函数进行字符串输入
    puts(str);
```

```
        printf("********\n");
        scanf("%s",str);
        puts(str);     // 输出字符串数组 str 中的值
}
```

程序运行结果如图 6-17 所示。

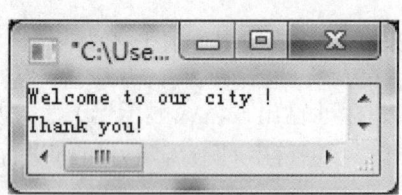

图 6-16　例 6.13 程序运行结果

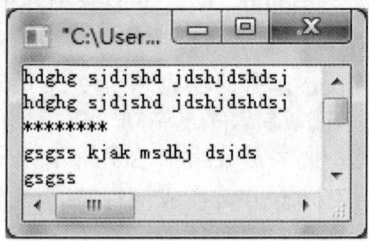

图 6-17　例 6.14 程序运行结果

程序点拨

程序中使用了 scanf() 和 gets() 两个函数来实现字符串的输入，注意他们的不同点：用 scanf() 输入字符串不能含有空格，而用输入函数 gets() 输入的字符串可以有空格；scanf() 可以同时输入多个字符串到不同的字符数组中，而 gets() 一次只能输入一个字符串到一个数组中。

3. 字符串长度测量函数（strlen() 函数）

使用 strlen() 函数时必须将头文件 "string.h" 包含进来。该函数调用一般形式为：

strlen(字符串或字符数组名)

功能：测量指定字符串或字符数组的长度（即除字符串结束标志外的所有字符的个数）。
返回值：字符串的实际长度。若为空串，则长度为 0。

【例 6.15】字符串长度测量函数 strlen() 的使用。

```
#include <string.h>
#include <stdio.h>
void main(void)
{
        char a[10]="Program";
        int x,y;
        x=strlen(a);              // 测量字符数组 a 的长度
        y=strlen(" abc13");       // 测量字符串的长度
        printf(" %d\n %d\n",x,y);
}
```

程序运行结果如图 6-18 所示。

4. 字符串连接函数（strcat() 函数）

使用 strcat() 函数时必须将头文件 "string.h" 包含进来。该函数调用一般形式为：

strcat(字符串 1,字符串 2)

功能：将两个字符串连接起来形成一个新的字符串。它将第一个字符串结束标志 '\0' 删除，然后把第二个字符串的全部内容，包括它的结束标志 '\0'，都连接到第一个字符串的后面，形成新的字符串并存放到第一个字符串变量中。需要注意的是，必须保证第一个字符串（即字符数组）的长度足以容纳合并过来的第二个字符串的全部内容。

【例 6.16】使用字符串连接函数。

```
#include <string.h>
#include <stdio.h>
void main(void)
{
    char s1[20]="Hello",s2[6]="Word";
    puts(s1);puts(s2);
    strcat(s1,s2);
    printf("%s\n",s1);
}
```

程序运行结果如图 6-19 所示。

图 6-18 例 6.15 程序运行结果

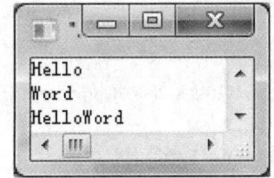

图 6-19 例 6.16 程序运行结果

注意：在程序中，把第一个字符串的长度定义为 20 是必要的，如果定义为 6，则进行连接后将会导致意外的错误。

5. 字符串拷贝函数（strcpy()函数）

使用 strcpy()函数时必须将头文件"string.h"包含进来。该函数调用一般形式为：

strcpy(字符数组名 1, 字符串或字符数组名 2)

功能：将字符串或字符数组 2 的内容拷贝到字符数组 1 中。其中第二个参数必须是字符串常量或已赋过值的字符数组，并且必须保证第一个字符数组（即需要复制的对象）的长度足以容纳第二个字符串（即被复制的对象）的全部内容。

【例 6.17】字符串拷贝函数 strcpy()的使用。

```
#include <string.h>
#include <stdio.h>
void main(void)
{
    char s1[10]="Program",s2[6]= "VC++";
    printf("%s,%s\n",s1,s2);
    strcpy(s1,s2);
    printf("%s,%s\n",s1,s2);
}
```

程序运行结果如图 6-20 所示。

注意：由于数组不能进行整体赋值，因此，两个字符数组不能直接使用赋值语句来实现拷贝（或赋值）。如例 6.17 中，若有语句 s1=s2;或 s1="Program";，则会出现错误。

此外，拷贝时，字符串或字符数组 2 中的'\0'也会一起拷贝到字符数组 1 中。

6. 字符串比较函数（strcmp()函数）

使用 strcmp()函数时必须将头文件"string .h"包含进来。该函数调用一般形式为：

strcmp(字符串 1,字符串 2)

其中：字符串 1、字符串 2 为字符串常量或已赋值的字符数组。

功能：按照 ASCII 码的顺序比较两个字符串，并由函数返回值返回比较结果。

返回值：

若字符串 1<字符串 2，则返回值为小于 0 的整数；

若字符串 1=字符串 2，则返回值为 0；

若字符串 1>字符串 2，则返回值为大于 0 的整数。

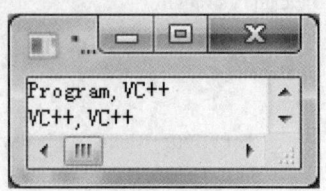

图 6-20　例 6.17 程序运行结果

【例 6.18】分析下列程序，写出运行结果。

```
#include <string.h>
#include <stdio.h>
void main(void)
{
    int k;
    char str1[20], str2[ ]="Compare string";
    gets(str1);
    k=strcmp(str1,str2);         // 将比较结果赋给 k
    if(k==0) printf("str1=str2\n");   // 判断 k 值，输出比较结果
    if(k>0) printf("str1>str2\n");
    if(k<0) printf("str1<str2\n");
}
```

若输入 Hi world↙，则程序运行结果如图 6-21 所示。

再运行一次，若输入 A Table↙，则程序运行结果如图 6-22 所示。

　　　　　　　　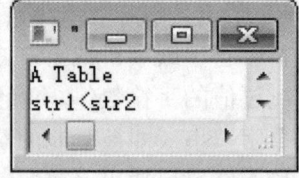

图 6-21　例 6.18 程序运行结果　　　　图 6-22　例 6.18 程序运行结果

7. 字符串小写转大写函数（strupr()函数）

使用 strupr()函数时必须将头文件"string .h"包含进来。该函数调用一般形式为：

strupr(字符串)

其中：字符串为字符串常量或已赋值的字符数组。

功能：将字符串中所有小写字母均转换成大写字母，其他字符不变。

返回值：替换后字符串的首地址。

8. 字符串大写转小写函数（strlwr()函数）

使用 strlwr()函数时必须将头文件"string .h"包含进来。该函数调用一般形式为：

strlwr(字符串)

其中：字符串为字符串常量或已赋值的字符数组。

功能：将字符串中所有大写字母均换成小写字母，其他字符不变。

返回值：替换后字符串的首地址。

【例 6.19】分析下列程序，写出运行结果。

```
#include <stdio.h>
#include <string.h>
```

```
void main(void)
{
    char s[]="1a2AB3abc";
    printf("%s\n",strupr(s));
    printf("%s\n",strlwr(s));
}
```
程序运行结果如图 6-23 所示。

重点

(1) 字符串输入/输出时可以通过"%c"格式符或 getchar()/putchar()用循环语句配合单个字符输入/输出,也可通过"%s"格式符或 gets()/puts()将整个字符串输入/输出。

(2) 在定义字符数组时,一定要为末尾的'\0'字符预留一个元素空间。

图 6-23 例 6.19 程序运行结果

6.4.4 字符数组与字符串的应用

【例 6.20】从键盘任意输入一个字符串,然后按逆序存放并输出。
源程序如下:
```
#include <stdio.h>
#include <string.h>
void main(void)
{
    char s[80],ch;
    int len,i;
    gets(s);            // 输入字符串
    len=strlen(s);      // 测试字符串长度,并将其作为循环的次数
    for(i=0;i<len/2;i++)
    {
        ch=s[i];        // 交换
        s[i]=s[len-i-1];
        s[len-i-1]=ch;
    }
    puts(s);   // 输出逆序存放后的字符串
}
```
程序运行结果如图 6-24 所示。

程序点拨

程序中定义一个长度为 80 的字符数组,用来存放从键盘输入的字符串,然后将其按逆序存放并输出。逆置的方法:把字符串首方向字符与尾方向字符对应交换,即第一个字符与最后一个字符交换,第二个字符与倒数第二个字符交换,依此类推。

【例 6.21】统计字符串中各元音字母的个数。
```
#include <stdio.h>
void main(void)
{
    char str[80],ch[6]={'a','e','i','o','u','\0'};
```

```
        int i,iCount[5]={0,0,0,0,0};
        gets(str);
        for(i=0;str[i]!='\0';i++)      // 循环遍历数组元素
        {
              switch(str[i])           // 判断各元音字母
              {
                    case 'a': case 'A': iCount[0]++;break;
                    case 'e': case 'E': iCount[1]++;break;
                    case 'i': case 'I': iCount[2]++;break;
                    case 'o': case 'O': iCount[3]++;break;
                    case 'u': case 'U': iCount[4]++;
              }
        }
        for(i=0;i<5;i++)
              printf("Num of %c:%5d\n",ch[i],iCount[i]);
}
```

程序运行结果如图 6-25 所示。

图 6-24 例 6.20 程序运行结果

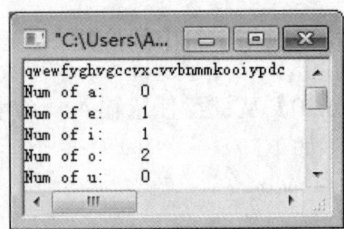

图 6-25 例 6.21 程序运行结果

程序点拨

在程序中任意输入一个字符串，用于统计各元音字母的个数，在循环中用 str[i]!='\0'作为字符串测试终止条件。整型数组 iCount 用于存放各元音字母的个数。

6.5 典型例题精解

【例 6.22】在一组数中查找一个特定的数，并显示结果。

源程序如下：

```
#include <stdio.h>
void main(void)
{
        int i,iSel,iFlag,a[10]={4,3,5,1,10,12,2,6,7,9};
        iFlag=0;                       // 设置标志为没找到
        scanf("%d",&iSel);
        for(i=0;i<10;i++)
              if(iSel==a[i])
              {
                    iFlag=1;           // 比较，设置标志输出位置
                    printf("The position is %d\n",i);
              }
        if(iFlag==1)
              printf("Found!\n");
```

```
        else
                printf("Not found!\n");
}
```

程序运行结果如图 6-26 所示。

【解析】此程序在一组数中查找一个特定的数。首先构造循环，使循环的变量遍历数组每个下标的元素。在循环的过程中让特定的数和每个元素比较，相等则表示找到该数，将 iFlag 赋值为 1，并输出其下标（位置），最后根据状态输出提示信息。

【例 6.23】求下列矩阵中两对角线上元素之和。

$$\begin{bmatrix} 2 & 5 & 1 & 8 \\ 7 & 1 & 6 & 4 \\ 0 & 2 & 5 & 9 \\ 3 & 0 & 2 & 1 \end{bmatrix}$$

源程序如下：

```c
#include <stdio.h>
void main(void)
{
    int a[4][4]={{2,5,1,8},{7,1,6,4},{0,2,5,9},{3,0,2,1}};
    int i,j,s=0;    // 定义 s 存放对角线元素之和
    for(i=0;i<4;i++)
            for(j=0;j<4;j++)
            {
                    if(i==j) s+=a[i][j];      // 主对角线元素累加
                    if(i+j==3) s+=a[i][j];    // 辅对角线元素累加
            }
            printf("s=%4d\n",s);              // 输出对角元素和 s
}
```

程序运行结果如图 6-27 所示。

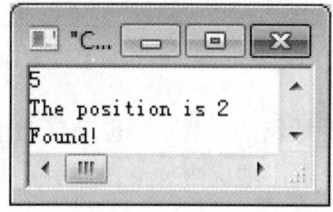

图 6-26　例 6.22 程序运行结果

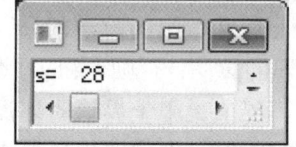

图 6-27　例 6.23 程序运行结果

【解析】算法的关键是要找到对角线元素下标的规律。设行下标为 i，列下标为 j，则主对角线上所有元素的行列下标满足 i==j 的关系；次对角线（又称辅对角线）上的所有元素的行列下标满足 i+j==3 的关系。

【例 6.24】已知一个由 10 个整型升序数组成的一维数组 a。现任意输入一个整数 x，判断 x 是否在数组 a 中。若在数组 a 中，则输出其位置（若数组 a 中有多个 x，则输出第一次找到的位置）；若不在数组 a 中，则给出一个信息。源程序如下：

```c
#include <stdio.h>
void main(void)
{
    int a[10],x,low,high,mid,i,t=0;    // t 是标志
    printf("input order array:\n");
```

```
        for(i=0;i<10;i++)   // 输入数组各元素
            scanf("%d",&a[i]);
    printf("input search x: ");
    scanf("%d",&x);   // 输入要查找的数
    low=0;high=9;
    while(t==0&&low<=high)
    {
        mid=(low+high)/2;   // 修改 mid 值
        if(x==a[mid])
        {
            t=1;break;   // 找到,修改标志 t 的值,中断循环
        }
        else if(x<a[mid])
            high=mid-1;   // 修改 high 的值
        else
            low=mid+1;   // 修改 low 的值
    }
    if(t) printf("%d\n",mid);
    else printf("no data!\n");
}
```

若输入数据：2 5 7 9 12 34 56 78 87 96↙
　　　　　　5↙

程序运行结果如图 6-28 所示。

【解析】这是一个查找算法,通常采用顺序查找方法。即从 a[0]开始逐一比较,若 a[i]==x,则说明找到,输出位置 i,否则输出"no data!"。但当查找一个有序表（假设按升序排列）时,顺序查找算法效率较低,通常采用折半查找。即将 x 与数组中间位置的元素进行比较,若 x 等于该元素,则找到；若 x 小于该元素,则 x 应在数组的前半部分,修改数组上界的

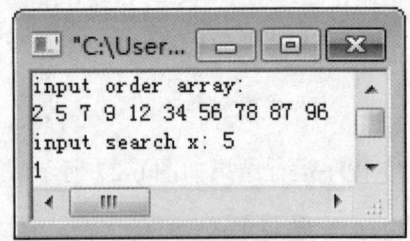

图 6-28　例 6.24 程序运行结果

值,重复上述的算法；否则,x 应在数组的后半部分,修改数组的下界值,也重复上述的算法,直到数组的下界值大于上界值时还没有找到与 x 相同的元素,则说明 x 不在数组 a 中。

【例 6.25】有三个字符串,要求找出其中最小者。

用一个二维字符数组 s 来存放这三个字符串,设 s 的大小为 3×10,即 s 有 3 行 10 列,每行最多可以有 10 个字符。如下所示：

s[0]:	p	r	o	g	r	a	m	\0
s[1]:	m	a	i	n	\0	\0	\0	\0
s[2]:	3	4	x	\0	\0	\0	\0	\0

可以把 s[0]、s[1]、s[2]看成是三个一维字符数组,它们都有 8 个元素。设 str 是存放最小字符串的数组。源程序如下：

```
#include <stdio.h>
#include <string.h>
void main(void)
{
    char s[3][8],str[8];
    int k;
    for(k=0;k<3;k++)
        gets(s[k]);
    strcpy(str,s[0]);
    for(k=1;k<3;k++)
        if(strcmp(s[k],str)<0)    strcpy(str,s[k]);
    printf(" %s\n",str);
}
```

程序运行结果如图 6-29 所示。

【解析】在输入的三个字符串中找出最小的字符串。字符串在比较时，根据字符的 ASCII 码值的大小逐个字符一一对应进行比较，比较的原则为：空格<0~9<A~Z<a~z。因而在输入的三个字符串中，"34x"最小。

【例 6.26】任意输入一个 3×5 的整数矩阵 a，求出各行最大的元素并依次放入一维数组 b 中，输出数组 a 和 b。

源程序如下：

```
#include <stdio.h>
void main(void)
{
    int a[3][5],b[3],i,j;  // 定义二维数组 a，一维数组 b
    for(i=0;i<3;i++)    // 输入数组 a
        for(j=0;j<5;j++)
            scanf("%d",&a[i][j]);
    for(i=0;i<3;i++)
    {
        b[i]=a[i][0];  // 将每行的第一个元素假设为最大值
        for(j=1;j<5;j++)
            if(a[i][j]>b[i]) b[i]=a[i][j];
    }
    printf("\n array a:\n");
    for(i=0;i<3;i++)
    {
        for(j=0;j<5;j++) printf("%4d",a[i][j]);
        printf("\n");
    }
    printf("\n array b:\n");
    for(i=0;i<3;i++)
        printf("%4d",b[i]);
    printf("\n");
}
```

输入数据：1 5 3 8 7 4 2 9 0 1 2 2 6 7 9 1↙。

程序运行结果如图 6-30 所示。

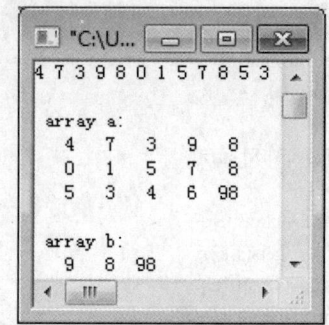

图 6-29　例 6.25 程序运行结果　　　　　图 6-30　例 6.26 程序运行结果

【解析】这也是求极值的问题，算法与一维数组相似。即将二维数组的每一行都看成是一个一维数组，然后再对这个一维数组求极值。

注意：注意字符数组与字符串不同的地方，学会用不同的方法给字符数组赋值。注意利用数组的方法编写程序，体会数组元素与简单变量在使用时的不同之处。

本章小结

本章主要介绍了一维数组、二维数组及字符数组。C 语言中数组的下标是从 0 开始的，二维数组在内存中存储顺序是按行存储的。数组的赋值有三种方法：数组初始化赋值、输入函数赋值、赋值语句赋值。注意不能用赋值语句对数组整体赋值，必须用循环语句逐个对数组元素赋值，同样不能对数值型数组整体进行输入/输出。可以对字符数组元素进行赋值、比较，一个字符在内存中存储占一个字节。字符数组的实质就是一个字符串，在 C 语言中，用'\0'表示字符串结束标志，因此在用字符串给字符数组赋值时，数组的长度要比字符串长度多 1。可以通过输入/输出函数，用"%s"格式对字符数组进行整体输入/输出，也可以通过其他字符处理函数进行输入/输出。

习题 6

一、单项选择题

1. 在 C 语言中，数组名表示_____。
   A．数组第 1 个元素的地址　　　　　　B．数组第 2 个元素的地址
   C．数组所有元素的地址　　　　　　　D．数组最后 1 个元素的地址
2. 说明语句 int a[10]包括了_____个数组元素。
   A．10　　　　　B．11　　　　　C．9　　　　　D．不确定
3. 在 C 语言中，数组的下标可以是_____。
   A．整型表达式　　　　　　　　　　　B．整型常量表达式
   C．整型常量或整型表达式　　　　　　D．任何类型的表达式
4. 若定义 char a[]="HeFei";，则数组 a 所占的存储空间是_____。

A．5个字节　　　B．6个字节　　　C．7个字节　　　D．8个字节
5．若有以下说明，则数组元素值为3的是_____。
  int a[10]={1,2,3,4,5,6,7,8,9,10};
  char c='a',e='b',g='c';
  A．a[c-'a']　　　B．a[3]　　　C．a['e'-g]　　　D．a['e'-c]
6．下列定义数组的语句中，正确的是_____。
  A．int a[0..5];
  B．int a[ ];
  C．int M=5,a[M];
  D．#define M 5
     int a[M];
7．下列正确定义字符串的语句是_____。
  A．char str[]={'\065'};
  B．char str="kv123";
  C．char str="";
  D．char str[]="\0";
8．下列4种数组定义，合法的数组定义是_____。
  A．char a[6]="string"
  B．int a[5]={0,1,2,3,4,5}
  C．char a="string"
  D．int a[]={0,1,2,3,4,5}
9．下面程序段执行后，s的值是_____。
  char ch[]="600";
  int a,s=0;
  for(a=0;ch[a]>='0'&&ch[a]<= '9';a++)
      s=10*s+ch[a]- '0';
  A．0　　　B．6　　　C．600　　　D．出错
10．假定int类型变量占用两个字节，有定义int x[10]={0,2,4};，则数组x在内存中所占字节数是_____。
  A．3　　　B．6　　　C．10　　　D．20
11．若有定义char str[ ]="ab\n\012\\\n";，则执行语句printf("%d",strlen(str));后，输出结果是_____。
  A．12　　　B．6　　　C．4　　　D．3
12．将字符串y连接到字符串x之后，应使用的函数是_____。
  A．strcat(x,y);　　B．strcat(y,x);　　C．strcpy(x,y);　　D．strcmp(y,x);
13．下列数组说明中，正确的是_____。
  A．int array[][];
  B．int array[][4];
  C．int array[3][4];
  D．int array[3][];
14．若定义int a[][3]={1,2,3,4,5,6,7};，则数组a第一维的大小是_____。
  A．2　　　B．3　　　C．4　　　D．无确定的值
15．若有说明int a[3][4];，则对a数组元素的正确引用是_____。
  A．a[2][4]　　　B．a[1,3]　　　C．a[1+1][0]　　　D．a(2)(1)
16．定义如下变量和数组，则下面语句的输出结果是_____。
  int i,x[3][3]={1,2,3,4,5,6,7,8,9};
  for(i=0;i<3;i++) printf("%d",x[i][2-i]);
  A．1 5 9　　　B．1 4 7　　　C．3 5 7　　　D．3 6 9
17．若有语句char str1[10],str2[10]={"books"};，则将字符串books赋给数组str1的正确语

句是_____。
　　A．str1={"Books"};　　　　　　　　B．strcpy(str2,str1);
　　C．str1=str2;　　　　　　　　　　　D．strcpy(str1,str2);
18．下列定义数组的语句中不正确的是_____。
　　A．int a[2][3]={1,2,3,4,5,6};　　　　B．int a[2][3]={{1},{4,5}};
　　C．int a[][]={{1,2,3},{4,5,6}};　　　D．int a[][3]={{1},{4}};
19．若有语句 char a[]="This is a program.";，则输出前 5 个字符的语句是_____。
　　A．printf("%.5s",a);　　　　　　　　B．puts(a);
　　C．printf("%s",a);　　　　　　　　　D．a[5*2]=0;puts(a);
20．若有说明 int a[][4]={0,0};，则下面不正确的叙述是_____。
　　A．数组 a 的每个元素都可得到初值 0
　　B．二维数组 a 的第一维大小为 1
　　C．因为二维数组 a 中第二维大小的值除以初值个数的商为 1，故数组 a 的行数为 1
　　D．元素 a[0][0]和 a[0][1]可得到初值 0，其余元素均得不到初值 0

二、填空题

1．定义一个名为a的单精度实型一维数组，长度为4，所有元素的初值均为0的定义语句是_____。
2．设有定义语句 char s[5]={'a','b'};，则 s[2]中的字符是_____。
3．有定义语句char x1[10]="123",x2[]="abc";，则执行"strcat(x1,x2)"后，数组x1中的字符串是_____。
4．设有定义语句 char s[]="abcdef\0";，则数组 s 的长度是_____，数组元素 s[6]中存放的字符是_____。
5．设有定义语句 char s1[10]="123\0abc"，则 strlen(s1)的值是_____。
6．定义一个名为 x 的整型二维数组，其大小为 3×4，要求每行第一个元素为 1，其余均是 0，则定义语句是_____。
7．设有定义语句 int i=2, a[]={1,2,3,4};，则数组 a 的下标最大值是_____，数组元素 x[i]的值是_____。
8．设有定义语句 char s[][3]={"abcd"};，则二维数组 s 中一共有_____个数组元素，s[0][0]中存放的字符是_____。
9．执行语句 char str[81]="abcdefg";后，字符数组 str 结束标志存储在 str[_____]中。
10．若有以下数组 a，数组元素 a[0]~a[9])的值如下所示：
　　9　4　12　8　2　10　7　5　1　3
该数组的元素中，数值最大的元素的下标值是_____。

三、程序设计题

1．输入 10 个学生一门课的成绩，求出平均分，并打印低于平均分的成绩。
2．在一维数组中存入 1~100 中能同时被 3 和 4 整除的数，然后输出该数组。

3．输入 10 个整数，求其中最大数和最小数及其他们所在的位置。
4．已知整型数组 x 存储了 50 个数，查找 x 数组中是 23 的倍数的元素并求和输出。
5．求一个给定字符串中的数字字母的个数。
6．从键盘输入一个字符串，然后按逆序存放在数组中并输出（如输入 123abc，输出 cba321）。
7．将键盘输入的两个字符串连接形成一个新字符串（不用 strcat()函数）。
8．随机产生 10 个 5～50 之间的整型数据，并将其按由小到大的顺序排序后输出（用选择排序法）。
9．编程实现二维数组（4×4）转置（即行列互换）。
10．打印输出杨辉三角形（6 行 6 列）。

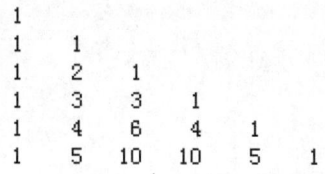

7 函数

【内容概述】

通过本章的学习，熟练掌握用户函数的结构、定义方法和调用形式，理解函数调用的实质；掌握函数参数传递的规则及其应用，区分不同传递方式的概念；掌握嵌套调用和递归调用的方法；理解变量的存储类型概念；掌握全局变量和局部变量的使用，以及编译预处理命令的使用方法。

【教学目标】

1. 掌握函数的定义和返回值。
2. 掌握函数的调用方法。
3. 掌握函数间的数据传递方式。
4. 掌握全局变量和局部变量，以及变量的存储类型和作用域。
5. 掌握函数的嵌套调用和递归调用。

7.1 概述

7.1.1 函数的概念

C 语言是一种结构化程序设计语言，它采用"自顶向下"的模块化设计方法，也就是将一个大的复杂的系统按功能划分为若干个相对独立的、功能较为单一的模块（子系统）。在程序设计中，把常用的功能模块编写成一个个相对独立的函数，可以被主函数或其他的函数反复调用。可以说，C 程序的全部工作都是由各种不同功能的函数来完成的。因此 C 语言又称为函数式语言。

在每个程序中，必须有且只能有一个 main 主函数，main 是系统定义的，它是程序执行的起点，它可以调用其他任何函数，但不能为其他函数所调用。若不考虑函数的功能和逻辑，除主函数外，其他函数没有主从关系，可以相互调用。同时，所有函数都可以调用库函数，C 语言程序的总体功能通过函数调用来实现，其结构如图 7-1 所示。

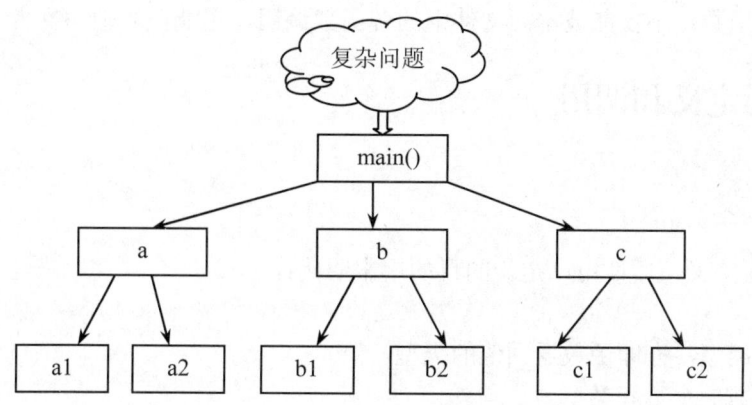

图 7-1　函数调用示意图

各函数之间的关系称为函数的接口，函数与函数之间通过接口进行通讯（交换数据）。使用时只需要考虑函数的功能和接口（参数、返回值）即可。

建立函数称为"定义函数"，使用函数称为"调用函数"，调用其他函数的函数称为"主调函数"，被调用的函数称为"被调函数"，非主函数的任何函数都可以是被调函数，也可以是主调函数，而 main 函数只能是主调函数。

在前面章节中出现的程序都是仅有一个 main 函数，但在程序中不断地调用了输入/输出函数 scanf()、printf()、getchar()、putchar()以及数学函数 sin()、sqrt()、fabs()等，这些常用函数称为 C 语言的标准库函数，是由系统事先定义好的，可以直接使用。但在解决实际问题时，仅有这些函数不能满足用户的所有需求，因此大量的函数必须由用户自己根据实际问题来编写，这就是本章所要解决的问题。

7.1.2　函数的分类

C 语言中的函数，从不同角度可以分为以下几种：
1. 从用户使用的角度
（1）用户函数：程序设计人员根据实际问题需要自己编写（定义）的函数。
（2）系统函数：又称标准库函数，编译系统事先定义好的函数，用户可以直接调用。
2. 从数据传递的角度
（1）无参函数：函数定义、函数说明及函数调用中均不带参数，即主调函数与被调函数之间没有参数的传递。无参函数一般用来执行指定的操作。
（2）有参函数：函数定义及函数说明时带有形式参数的函数，在调用函数时，主调函数和被调函数之间进行数据的传递。
3. 从函数的功能角度
（1）无返回值函数：定义为空（void）类型的函数，这类函数仅完成特定的处理任务，无函数返回值。
（2）有返回值函数：此类函数向调用函数返回一个执行结果（称为函数返回值）。

4. 从函数的使用范围

（1）内部函数：只能被本源文件中的各函数调用的函数。

（2）外部函数：不仅能被本源文件中的各函数调用，也能被其他源文件中的函数调用。

7.2 函数的定义和调用

7.2.1 函数的定义

函数必须先定义，后使用，定义的目的用来明确：

① 函数名。

② 函数的类型，亦即函数返回值的类型。

③ 形式参数的个数和类型。

④ 函数要实现的功能，即函数体。

1. 函数的定义方式

函数定义的一般形式为：

```
存储类型 函数类型 函数名(形式参数列表)
{
    声明部分
    语句部分
    返回语句
}
```

例如：定义求三个数的最大值函数。

```
int imax (int a,int b,int c)      // 函数定义
{
    int m;                        // 变量类型说明
    if (a>b) m=a;                 // 执行语句
    else m=b;
    if (c>m) m=c;
    return(m);                    // 返回语句
}
```

2. 函数格式说明

从格式上看，函数定义由两大部分组成：函数头和函数体。

（1）函数头

函数头由定义格式中的第一行构成。

① 存储类型：有4种类型说明符，详见本章7.5节。

② 函数类型：指函数返回值的类型。可以取 int、float、double、char、void 和指针等各种数据类型，缺省为 int 类型，若为 void 类型则表示该函数为无返回值。

③ 函数名：同变量名一样，采用合法的用户标识符。

④ 圆括号：函数名后的一对圆括号，称为函数运算符，其优先级别较高。

⑤ 形式参数列表：由逗号分隔的一系列参数组成，各参数间由一个类型和一个参数构成。参数可以是各种类型的变量、数组、指针等。在函数调用时，主调函数将给这些形式参数赋予实际值。函数的参数（形参）可以有一个或多个，也可以没有参数（无参函数），但函数名后的圆括号不能省略，此时括号中的参数可以为 void。

（2）函数体

函数体是用花括号括起来的若干条语句，由声明部分和语句部分、返回语句构成。

① 声明部分：说明本函数所使用的变量的类型。

② 语句部分：是实现本函数功能所需的可执行语句序列。

③ 返回语句：使流程返回到调用处。程序中的 return 语句表示把三个数的最大值返回到主调函数中，若无 return 语句，则由函数末尾的花括号"}"返回一个不确定的值。

C 语言规定，函数不能嵌套定义，即不允许在函数体中再定义其他函数，这个规定保证了每个函数都是一个相对独立的程序块。在一个程序内可以定义多个函数，各函数定义的顺序是任意的，程序的执行顺序由主函数调用子函数的顺序来确定。

7.2.2 函数的调用

函数调用是指调用某函数以执行相应的程序段并得到处理结果或返回值。一个函数可以被其他函数多次调用，每次调用可以对不同的数据进行处理。函数不能单独运行，但可以被主函数和其他函数调用，也可以调用其他函数，但不能调用主函数。

1. 调用格式

函数调用的一般形式为：

```
函数名(实参表);
```

说明：

（1）实参表是用逗号分隔的常量、变量、表达式、数组、数组元素、指针及函数等，无论实参是哪种类型的量，在进行函数调用时，都必须有确定值。

（2）函数的实参和形参是函数间传递数据的通道，两者在数量、次序和类型上必须一一对应。

（3）对于无参函数，调用时实参表为空，但（）不能省略。

（4）对于函数调用方式，根据函数在程序中出现的位置，常用三种调用形式：

① 语句形式，如 imax (x,y,z);。

② 表达式形式，如 c=imax (x,y,z)*2+3;。

③ 函数参数形式，如 printf ("%d",imax (x,y,z));。

2. 调用过程

当执行一个函数（主调函数）时，程序遇到函数调用语句，系统首先为被调函数的形参分配内存单元，并将计算出的实参的值依次传递给形参（对于无参函数则不进行参数的传递），然后程序从主调函数转移到被调函数，执行其函数体内的语句。当遇到 return 语句或者函数结束（遇到最后一个"}"）时，程序又返回到主调函数的调用处继续执行。如果有返回值，则带回一个值给主调函数，如果无返回值，则由"}"带回一个不确定值。

【例 7.1】输入三个整数，求三个数中的最大值。

```
#include<stdio.h>
int imax ( int,int,int);        // 函数的声明
void main(void)
{
    int x,y,z,max;
    scanf("%d%d%d",&x,&y,&z);
    max = imax(x,y,z);          // 函数调用
```

```
        printf ( "max=%d\n\n",max);
}
int imax (int a,int b,int c)    // 函数定义
{
        int m;
        if (a>b) m=a;
        else m=b;
        if (c>m) m=c;
        return(m);
}
```

程序运行结果如图 7-2 所示。

程序点拨

本例中,主函数 main()调用了求最大值函数 imax(),具体执行过程:

(1) 在 main 函数中,当执行到函数调用语句 max=imax(x,y,z)时,系统首先给形参 a、b、c 分配内存单元,并将实参 x、y、z 的值(必要时需要先计算)自右向左传递给 a、b、c,程序转移到 imax()函数。

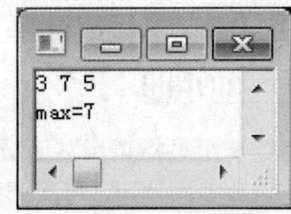

图 7-2 例 7.1 程序运行结果

(2) 在 imax()函数中,当执行到 return(m)语句时,程序返回主调函数的 max=imax(x,y,z) 处,并由函数名将 m 值带回赋给变量 max。

(3) 在主调函数中,继续执行程序,输出最大值 max,程序结束。

注意:函数调用只能把实参的值传递给形参,而不能把形参的值反向传递给实参,因此在函数调用过程中,形参的值发生改变时,对实参的值并不产生影响。

3. 函数的返回值

函数的返回值是指函数被调用执行后返回给主调函数的值,该值的返回通过被调函数中的 return 语句实现。返回语句的一般形式为:

return(表达式);或 return 表达式;

说明:

return 语句的作用包含了两点:一是退出函数;二是返回函数的值。对于无返回值函数,可直接使用"return;"或省略 return 语句。

函数中可以出现多条 return 语句,但返回值只有一个,当遇到一条 return 语句时,程序立即返回,并将该表达式的值带回给主调函数。例如:

```
int imax (int x,int y)
{
        if (x>=y) return x;
        return y;
}
```

返回值的类型就是函数的类型,如果两者不相同,则以函数类型为准,即先转换为函数类型后再返回。例如:

```
int max (int x,int y)
{
        float z;
        ……
        return z;
}
```

上述函数中，z 变量为 float 型，而函数的类型为 int 型，在返回时 z 自动转换成 int 型后再返回。

7.2.3 函数的声明

函数调用时，为了确保函数的参数以及返回值的类型正确，在函数使用前必须为编译系统提供被调函数的返回值的类型和形式参数的类型及个数，因此引入了函数声明的概念，即向编译系统声明要调用此函数，并将有关信息通知编译系统。

1. 函数原型

函数声明的一般形式称为函数的原型，即

存储类型 函数类型 函数名(形参表);

由上述格式可见，函数的原型与函数的定义格式基本相同，仅后面多加了一个分号，但两者的意义完全不同。

函数定义的作用：是用来指定函数名、函数的类型、形参及其类型，除此以外还有实现函数功能的函数体，是一个完整并且独立的函数单位。

函数原型的作用：仅把要被调用的函数名、函数类型以及形参的个数、类型和顺序告之编译系统，这样在进行编译时就会"有章可循"，编译系统根据函数的声明对函数调用的合法性进行全面检查，与声明不匹配的函数调用就会导致编译出错，我们根据出错信息就可以修改错误。

函数的原型可以位于程序主调函数的外部，也可以位于主调函数的内部。在主调函数内部声明的函数只能在该函数内被调用，而在主调函数外部声明的函数则其后的所有其他函数都能调用。

【例 7.2】分析下列程序，写出运行结果。

```c
#include<stdio.h>
void main(void)
{
    long fac(int);      // 函数的声明
    int i;
    long sum=0L;
    for(i=1;i<=6;i++)
        sum=sum+fac(i);
    printf("sum=%ld\n",sum);
}
long fac(int n)         // 函数的定义
{
    int i;
    long y=1;
    for(i=1;i<=n;i++)
        y=y*i;
    return y;
}
```

程序运行结果如图 7-3 所示。

程序点拨

此程序的功能是在 main 函数中，通过循环调用计算阶乘的函数 fac()，计算出

1!+2!+3!+4!+5!+6!的值。函数的原型声明"long fac(int);"位于 main 主调函数内，说明 fac() 函数只能被 main 函数调用。在例 7.1 中，函数的声明位于 main 函数之前，则其后的任何函数都可以调用 imax()函数。

2. 函数的声明

在一个程序中，是否需要进行函数的声明，这与被调函数所在程序中的位置有关：在 VC 环境下对于不同类型的函数，若被调函数位于主调函数的后面，均要做函数的声明。若在定义函数时，未对函数类型加以说明，则自动默认为 int 型。

【例 7.3】分析下列程序，写出运行结果。

```
#include<stdio.h>
int sum (int ,int );     // 函数声明
void main(void)
{
    int a=5,b=3,c;
    c=sum(a,b);          // 函数调用
    printf("%d+%d=%d\n\n",a,b,c);
}
int sum (int x,int y)    // 函数定义
{
    int z;
    z=x+y;
    return z;
}
```

程序运行结果如图 7-4 所示。

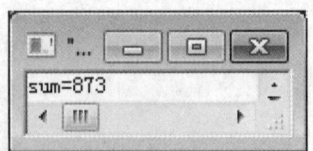

图 7-3　例 7.2 程序运行结果

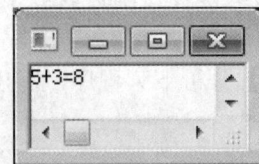

图 7-4　例 7.3 程序运行结果

程序点拨

（1）此程序被调函数位于 main 函数的后面，在 VC 环境下必须对被调函数 sum()进行声明。但在 TC 环境下，由于 sum()函数为 int 型，则可采用默认函数声明直接调用。

（2）当被调函数的定义出现在主调函数之前时，可以省略函数的声明，因为调用时编译系统已经获知了被调函数的相关信息，能够自动进行处理，读者可以自己试试。

7.2.4　标准库函数

在程序设计中，并不是每个函数都需要用户自己编写，有些函数系统已事先编好存放在某个文件中，用户可以直接调用，这就是标准库函数（又称系统函数）。例如前面使用的 scanf()、printf()（输入输出的函数）、sqrt()、fabs()（数学函数）等。C 语言的库函数非常丰富，给用户提供了良好的接口，对于不同的 C 语言编译系统，其库函数的数量都不相等，但常用的基本函数则大同小异。对于常用的函数的使用方法，可根据需要查阅附录 3 或利用 C 语言编程环境中的在线帮助。

1. 库函数的声明

对于用户自定义函数,当其被调用时,需要在程序调用之前进行函数的声明,同样对于库函数,也要进行声明,库函数的函数原型都在头文件(后缀为.h)中提供。因此函数中需调用库函数时,应在源程序的开始处用文件包含命令#include 将该类函数的头文件包含进来。详见第 9 章。

2. 标准库函数举例

C 语言中常用的库函数有很多,下面介绍 2 个常用的系统函数:基于 ANSI 标准的伪随机数发生器 rand()和 srand()函数,用来生成随机数。它们均包含在头文件"stdlib.h"中。

(1) 随机数发生器初始化函数

调用一般形式为:

void srand(unsigned seed);

参数:seed 为 unsigned int 类型数,取值范围为 0～65535;用来初始化 rand()的起始值。

功能:用一个种子(seed)对随机数发生器进行初始化。

(2) 随机数发生器函数

调用一般形式为:

int rand(void);

功能:返回一个在 0 到 32767 之间的随机整数。

【例 7.4】产生随机数实例。

```
#include <stdlib.h>
#include <stdio.h>
void main(void)
{
    int i;
    unsigned seed;
    while(1)
    {
        printf("Enter a seed:");
        scanf("%u",&seed);
        if(seed==32768) break;
        srand(seed);                // 对随机数发生器进行初始化
        for(i=1;i<=10;i++)
            printf("%d ",rand());   // 产生 0～32767 之间的随机数
        printf("\n");
    }
}
```

程序点拨

在程序中利用 rand()函数产生 0～32767 之间的随机数。当我们输入不同的 seed 时,产生不同的随机数。程序的运行结果如图 7-5 所示。

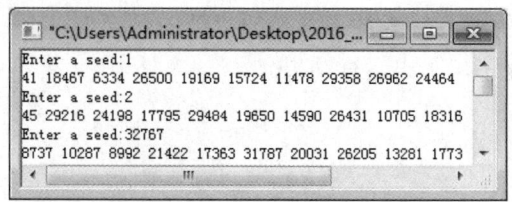

图 7-5 例 7.4 程序运行结果

说明：标准库函数的使用必须通过包含相应的头文件（.h 文件）加以说明。

7.3 函数的参数及传递方式

如前所述，C 程序由若干个相互独立的函数组成。通常这些函数是作用于同一批数据，因此，程序中的函数虽然相互独立，但并不孤立，被处理的数据之间是相互联系的。数据通过调用时的参数传递、函数的返回值和全局变量来相互联系。

在程序运行过程中，函数之间存在的数据联系称为函数间的数据传递。数据传递是函数使用中的重点，它是函数与函数之间的接口。C 语言中，数据的传递主要通过参数（实参和形参）进行。

7.3.1 形式参数和实际参数

1. 形式参数

形式参数（简称"形参"），是在函数的定义中指定的参数，用来接收调用该函数时传递来的数据。形参的个数允许一个或多个，当为多个参数时，各参数间用逗号间隔。

形参出现在被调函数中，在整个函数体内都可以使用。形参在定义时编译系统并不分配存储空间，只有在调用该函数时才分配内存单元，调用结束内存单元被释放，故形参只在函数调用时有效，调用结束后不能再使用。

2. 实际参数

实际参数（简称"实参"），是主调函数在调用函数时传递给被调函数的参数。实参可以是常量、变量、表达式、标准函数等。在进行函数调用时，实参必须有确定的值，因此应预先用赋值、输入等方法使实参获得确定值。

实参出现在主调函数中，进入被调函数后，实参变量也不能使用。函数调用时，主调函数把实参的值传送给被调函数的形参，从而实现函数间的数据传递。为保证数据的正确传递，实参和形参在数量、类型、顺序上应严格一致。传递方式通常有两种：值传递方式和地址传递方式。

7.3.2 变量作为函数参数

当形参定义为变量时，实参可以是常量、变量和表达式，这种函数间的参数传递为值传递方式。如前所述，在未执行函数调用时，系统并没有给形参变量分配内存单元，只有在执行函数调用时，形参变量才被分配内存单元，且计算出来的实参值赋给对应的形参变量，这时在被调函数体中对形参变量的操作与主调函数中的实参已完全脱离了关系，当函数调用结束后，形参中的值可能已经发生了变化，但此时它所占据的内存单元已经被释放，这些形参的值不会影响实参。因此，值传递的特点呈现的是参数的"单向传递"。

【例 7.5】分析下列程序，写出运行结果。

```
#include<stdio.h>
void sub(int);
void main(void)
{
    int n;
```

```
        scanf("n=%d",&n);
        sub(n);          // 函数调用，变量 n 为实参
        printf("\nMain:n=%d\n\n",n);
}
void sub(int n)          // 函数定义，变量 n 为形参
{
        n=n+100;
        printf("Sub:n=%d",n);
}
```

程序运行结果如图 7-6 所示。

程序点拨

本程序定义了一个函数 sub()，功能是将参数 n 加 100 后输出。在主函数中输入 n 的值 15，并作为实参在调用时传送给函数 sub() 的形参 n（注意：本例的形参变量和实参变量同名，都定义为 n，但这是两个不同的变量，各自占据不同的内存单元），形参 n 的初值也为 15，在执行被调函数过程中，形参 n 的值被修改为 115，然后将 n 值输出。返回主函数之后，输出实参 n 的值仍为 15。可见实参的值并没有随形参的改变而变化。

【例 7.6】编一函数，使两数相乘并求积。

源程序如下：

```
#include<stdio.h>
int mult(int, int);              // 函数声明
void main(void)
{
        int a,b,c;
        scanf("%d,%d",&a,&b);
        c=mult(a,b);             // 函数调用，实参为变量
        printf("%d*%d=%d\n",a,b,c);
}
int mult (int x, int y)          // 函数定义，变量 x、y 为形参
{
        int z;
        z=x*y;
        return(z);
}
```

程序运行结果如图 7-7 所示。

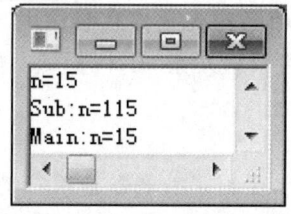

图 7-6 例 7.5 程序运行结果

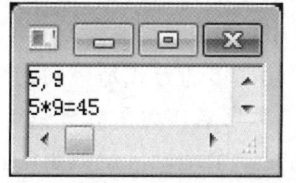

图 7-7 例 7.6 程序运行结果

程序点拨

（1）形参 x、y 在被调函数 mult() 中定义，实参 a、b 在主调函数 main() 中定义。

（2）形参 x、y 是形式上的，定义时编译系统并不为形参分配内存单元，也无初值，只

有在函数调用时才分配内存单元，接受来自实参 a、b 的值。

（3）通过返回语句将函数的值 z 带回主函数，调用结束，同时释放分配给形参 x、y 的内存单元和函数体中定义的变量 z 的内存单元。

由于形参变量和实参变量各自占据不同的内存单元，被调函数内部形参值的任何变化，都不会影响到主调函数中的实参（即使形参变量和实参变量同名也是如此）。

7.3.3 数组作为函数参数

1. 数组元素作为函数参数

由第 6 章"数组"可知，数组元素又称下标变量，它具有普通变量的一切性质，因此数组元素作为函数的实参进行数据传递时与普通变量没有任何区别，也可实现数据的"值传递"。

【例 7.7】求数组中最小值。

源程序如下：

```
#include <stdio.h>
int imin(int, int);
void main(void)
{
    int a[10],m,i;            // 定义数组 a
    for(i=0;i<10;i++)
        scanf("%d",&a[i]);
    m=a[0];
    for(i=0;i<10;i++)
        m=imin(m,a[i]);       // 依次用数组中的每一个元素作实参
    printf("min=%d\n",m);
}
int imin(int x,int y)
{
    int z;
    if(x<y) z=x;
    else z=y;
    return z;                 // 返回最小值
}
```

程序运行结果如图 7-8 所示。

程序点拨

在主函数中定义数组 a，利用 for 语句，每循环一次，将数组元素作实参调用一次 imi() 函数，即把 a[i] 的值传递给形参 y，供 imin() 函数使用，系统给数组元素 a[i] 和变量 y 分配两个不同的内存单元，传递方式是单向的"值传递"。

2. 一维数组名作为函数参数

数组名是一个地址，是数组的首地址，因此当用数组名作为函数的参数进行数据传递时，执行的是地址传递方式。所谓地址传递，顾名思义实参传递的不是数据本身，而是数据的存放地址。函数调用时，把数组名即数组的首地址作为实参传递给形参（必须是可接受地址的数组名或指针变量），形参数组名取得首地址后，就有了实在的数组，这时实质上实参和形参是同一个数组，指向同一段存储空间，形参的改变就是对实参的改变，所以传址方式可看成数据进行了"双向传递"。

【例 7.8】求 10 个实数的平均值。

源程序如下：
```
#include<stdio.h>
float aver(float data[],int n);
void main(void)
{
    int i;float av,a[10];
    for(i=0;i<10;i++)
       scanf("%f",&a[i]);
    av=aver(a,10);
    printf ("av=%f\n",av);
}
float aver(float data[10],int n)
{
    int i;   float avg=0;
    for (i=0;i<n;i++)
         avg+=data[i];
    avg/=n;
    return avg;
}
```

程序运行结果如图 7-9 所示。

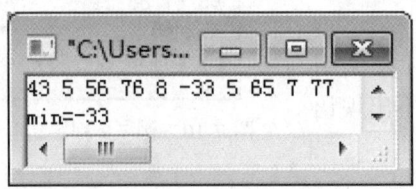

图 7-8　例 7.7 程序运行结果

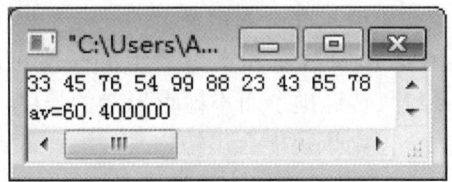

图 7-9　例 7.8 程序运行结果

程序点拨

本例中主函数定义了一个实型数组 a，并以它为实参调用了 aver 函数，即把 a 数组的首地址传送给了数组 data，并未给 data 数组重新分配内存，就像一个人同时具有两个名字，对形参数组 data 求平均值，实质上就是对实参数组 a 求平均值。

这里形参数组 data 可以指明长度，也可以不指明长度，此时定义被调函数的第一句可改为 float aver (float data[],int n)。

3. 多维数组名作为函数参数

当函数的参数是多维数组的数组名时，可以指定每一维的长度，也可以省略第一维的长度，如 int array[3][4]或 int array[ ][4]均是合法的写法，但决不能将第二维的长度省略或将两维的长度都省略，如 int array[ ][ ]或 int array [3][ ]则是不允许的。

【例 7.9】有一个 4×4 的方阵，求主对角线上最大元素的值。

源程序如下：
```
#include <stdio.h>
int ibge(int b[][4]);
void main (void)
{
    int i,j,imax,a[4][4];
```

```
            ibge(a);
            for(i=0;i<4;i++)
                    for(j=0;j<4;j++)
                            scanf("%d",&a[i][j]);
            imax=ibge(a);
            printf("max=%d\n",imax);
}
int ibge(int b[][4])
{       // 定义函数，形参省略第一维长度
    int i,im;
    im=b[0][0];
    for (i=0;i<4;i++)
            if (im<b[i][i]) im=b[i][i];
    return (im);
}
```

程序运行结果如图 7-10 所示。

用数组名作函数参数时要注意如下几点：

（1）形参数组和实参数组类型必须相同，如类型不同，编译时将会出错。

（2）要在主调函数和被调函数中分别定义实参数组和形参数组，不能只在一方定义。

（3）形参数组和实参数组的长度可以不相同，在调用时，系统只传送地址而不检查形参的长度，编译时虽不出现语法错误，但结果可能会出错。

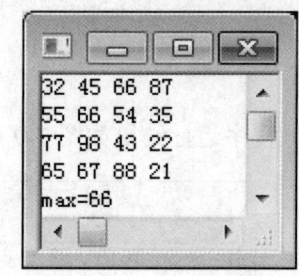

图 7-10　例 7.9 程序运行结果

4. 字符数组名作为函数参数

C 语言的字符数组所处理的都是字符串。当字符数组名作为参数传递时，传递的实质就是字符串的首地址。定义形参数组时，可以省略数组长度，其长度是在调用函数时，由相应的实参字符串来确定。

【例 7.10】统计字符数组中字符的个数。

源程序如下：

```
#include<stdio.h>
int lstrlen(char sstr[]);
void main(void)
{
    char str[40];    // 定义字符串长度为 40
    int len;
    gets(str);
    len=lstrlen(str);
    printf("The string len=%d\n",len);
}
int lstrlen(char sstr[])    // 定义函数，未指明形参长度
{
    int n;
    for(n=0;sstr[n]!='\0';)
            n++;    // 统计字符数组中字符的个数
    return n;
}
```

程序运行结果如图 7-11 所示。

读者可将函数定义 int lstrlen (char str[]) 改为 int lstrlen (char str[20])，输入的字符串中字符个数大于 20 时，分析一下会发生什么情况。

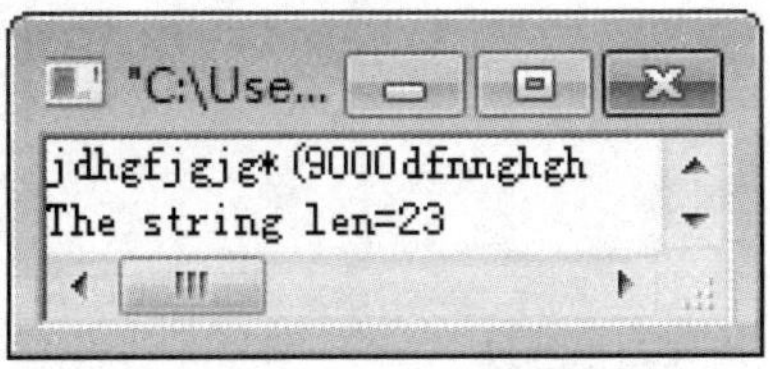

重点

① 数组元素（下标变量）作为函数的参数进行的数据传递是值传递方式，数组名（数组首地址）作为函数的参数进行的数据传递是地址传递方式。

② 实参为数组名时，形参接收时可以有三种形式：带下标的数组名、不带下标的数组名、可接收地址值的指针变量名。由于实参数组和形参数组都指向同一段内存单元，故它们操作的是同一批数据，所以形参数据的改变就是改变了实参中的数据。

图 7-11　例 7.10 程序运行结果

7.4　函数的嵌套调用与递归调用

C 语言允许函数嵌套调用和递归调用：所谓嵌套调用就是函数 a 调用了函数 b，函数 b 又调用了函数 c；所谓递归调用是指函数直接或间接地自己调用自己。

7.4.1　函数的嵌套调用

为了保证函数的单一性、独立性，C 语言不允许对函数进行嵌套定义，即在一个函数内不能再定义另一个函数，但允许嵌套调用函数，即在一个函数体中可以调用其他函数。函数的嵌套调用为自顶向下，为逐步求精及模块化的结构化技术提供了最基本的支持。

【例 7.11】计算 s=(1*1)!+(2*2)!+(3*3)!+(4*4)+(5*5)!。

源程序如下：

```
#include<stdio.h>
double fact(int m)   // 计算阶乘函数
{
    double a=1;int i;
    for(i=1;i<=m;i++) a=a*i;
    return a;
}
double squa(int n)   // 计算平方值的函数
{
    int k;double b;
    k=n*n;
    b=fact(k);
    return b;
}
void main(void)
{
    int i;double s=0;
    for(i=1;i<=5;i++)
        s=s+squa(i);
    printf("s=%e\n\n",s);
}
```

程序运行结果如图 7-12 所示。

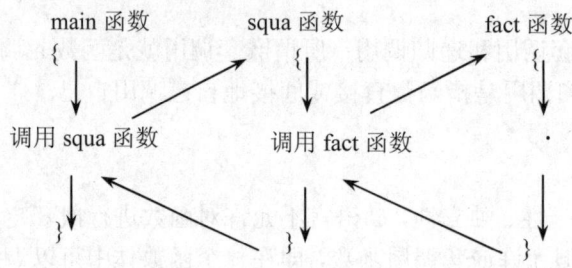

图 7-12 例 7.11 程序运行结果

程序点拨

本例定义了两个函数，一个是用来计算阶乘的函数 fact()，另一个是用来计算平方值的函数 squa()。二个函数是相互独立的。由于 fact() 和 squa() 函数都在 main() 函数前定义，故无需在 main() 中进行函数声明。程序从主函数开始执行，通过 for 循环依次把 i 值作为实参调用 squa() 函数求 i*i 值，在 squa() 中又对函数 fact() 进行调用，把 i*i 的值作为实参去调用 fact()，在 fact() 中完成求 (i*i)! 的计算，fact() 执行完毕后把 a 值带回给 squa()，再由 squa() 返回 main() 函数实现累加，整个程序中函数的嵌套调用如图 7-13 所示。

```
main 函数            squa 函数           fact 函数
{                   {                   {
  ↓                   ↓                   ↓
调用 squa 函数      调用 fact 函数         .
  ↓                   ↓                   ↓
}                   }                   }
```

图 7-13 函数嵌套的调用过程

7.4.2 函数的递归调用

递归调用可以看作嵌套调用的特例，函数在调用的过程中，不是调用另外的函数，而是直接或间接地调用了该函数自身，递归调用中，主调函数同时又是被调函数，递归调用是 C 语言的特点之一。例如：

```
① int fun 1 (int x)
    { …
        z=fun 1 (y)        /*直接调用自身*/
      …
    }
② int fun 1 (int x)            int fun 2 (int a)
    { …                         { …
        z=fun 2 (y)                c=fun 1 (b)   /*间接调用自身*/
      …                           …
    }                           }
```

注意：递归在没有控制条件的情况下是无穷的递归。例如：

```
void main (void)
{
    printf ("###### \n");
    main ();
}
```

执行该程序，将会在显示器上无限地每行输出 6 个 "#" 号直到资源耗尽，报错 "应用程

序发生异常……", 终止程序为止。因而只有通过条件控制, 才能应用递归调用。若增加一个条件语句并完善程序:

```c
#include <stdio.h>
void main (void)
{
    char ch;
    printf ("######");
    ch=getchar ();
    if (ch!='0') main();
}
```

在键盘每输入一个回车, 显示一行"#"号（6个）。如果从键盘输入了字符"0", 则程序结束。

【例7.12】用递归函数编写求 n!的程序。

计算阶乘的函数是递归函数的典型例子, 构造递归函数的关键是寻找递归算法和终结条件。根据阶乘的计算公式:

$$n! = n×(n-1)×(n-2)×…×3×2×1 = n×(n-1)!$$

可见要想计算出 n!, 必须计算出(n-1)!, 要计算(n-1)!, 又要先计算出(n-2)!……, 由此类推直到 1!=1, 返回（回溯）后即可依次计算出 2!, 3!……(n-1)!, n!。

由此归纳出阶乘计算的递归算法:

$$\begin{cases} f(n)=n \; f(n-1) & (n>1) \\ f(1)=1 & (n=0,1) \end{cases}$$

```c
#include <stdio.h>
long fn(int n)
{
    long f;
    if(n<0) printf("data error");
    else if(n==0||n==1) f=1;
    else f= fn(n-1)*n;    // 递归调用
    return f;
}
void main (void)
{
    int n;long y;
    scanf ("%d",&n);
    y=fn(n);
    printf ("%d!=%ld\n",n,y);
}
```

程序运行结果如图 7-14 所示。

程序点拨

本例中, fn()是一个递归函数, 用于求 n!, 在 fn()内部又调用了 fn()自身, 设输入为 4, 第 1 次调用时, 形参 n 接收到 4, 进入函数体后, 由于 n=4, 所以执行 f=fn(n-1)*n, 即 f=fn(3)*4, 此时该语句又计算 fn(n-1), 即 fn(3), 从而开始第 2 次调用 fn()函数, 第 2 次调用时, 由于 n=3, 仍不满足条件（n==0||n==1）,

图 7-14　例 7.12 程序运行结果

又执行 f=fn(n-1)*n，即 f=fn(2)*3，然后又进行第 3 次 fn(n-1)，即 fn(2)的调用，同理第 4 次调用 fn(1)，这时，由于满足了条件（n==0||n==1），故返回 1，使得 fn(1)=1。到此，函数调用过程结束，程序开始逐层返回，每次返回时函数值都乘以 n 的当前值，即 fn(2)=fn(1)*2，fn(3)=fn(2)*3，fn(4)= fn(3)*4，递归函数执行过程如图 7-15 所示。

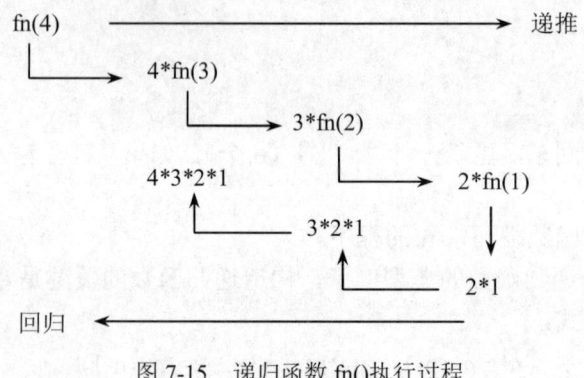

图 7-15　递归函数 fn()执行过程

7.5　变量的作用域和存储类型

程序中的变量在使用前必须先定义，后使用。变量的定义包含了三个方面：
（1）变量的数据类型，主要说明变量占用内存空间的大小，如 int、float、char 等。
（2）变量的作用域，指变量有效性的范围，即变量在程序中可使用或可见的范围。
（3）变量的存储类型，即变量在内存中的存储方式。不同的存储方式，将影响变量值在内存中的生存期。

7.5.1　变量的生存期与作用域

每个变量都有两个类型：即数据类型和存储类型。数据类型决定了变量在内存占用的字节数和取值范围；而存储类型决定了变量的生存期和作用域。所谓生存期是指变量在程序中的建立和消亡时间；作用域则指变量所引用的范围。

在内存中供用户使用的空间范围分为三部分：①程序区；②静态存储区；③动态存储区。程序区用来存放程序代码，数据则分别放在静态存储区和动态存储区中。存储在静态存储区的变量，在编译时就分配了内存空间，在整个程序执行过程中，该内存单元一直保持到程序运行结束才被释放，这类变量的生存期为整个程序的运行期。存储在动态存储区的变量，只有当程序执行到变量所在的函数被调用时，系统才为其分配内存空间，函数调用结束，变量即被释放，这类变量的生存期仅在函数调用期间。

在实际应用中有的变量只能在它所定义的函数体内使用，有的变量可以在整个程序中使用，这是变量使用的有效范围，即变量的作用域。生存期和作用域是从时间和空间两个不同的概念来描述变量的特性。变量的作用域可以是一个函数或一个复合语句，也可以是整个程序，它由变量定义的位置确定，变量按作用域不同可分为局部变量和全局变量。

1. 局部变量

在一个函数内部或者某个复合语句内部定义的变量称为局部变量。它的作用域仅仅局限于定义它的函数或复合语句。局部变量被放在动态存储区中，编译时，系统不为其分配存储单元，仅在程序运行到局部变量所在的函数被调用时，才分配内存单元。调用结束，内存单元即被释放，所以局部变量的生存期为函数的调用时间。

局部变量在不同的函数中允许同名，因为同名而不同作用域的变量是不同的变量，不会相互冲突，如果变量名相同，则当前局部变量优先。

【例 7.13】分析下面程序，写出运行结果。

```c
#include <stdio.h>
void func(void);
void main(void)
{
    int y=10;           // 主函数中的局部变量
    printf("1: y=%d\n",y);
    func();
    printf("2: y=%d\n",y);
}
void func(void)
{
    int x=5;            // 被调函数中的局部变量
    {  int x=3;         // 第一个复合语句中的局部变量
       {  int x=1;      // 第二个复合语句中的局部变量
          printf("@ x=%d\n",x);
       }
       printf("@@ x=%d\n",x);
    }
    printf ("@@@ x=%d\n",x);
}
```

程序运行结果如图 7-16 所示。

程序点拨

由例 7.13 可见，两个复合语句中的 x 和 func()函数中的变量 x，变量名相同，作用域不同，相互独立，各自占用自己的内存单元，因此，在其他复合语句中改变 x 值，彼此互不影响，也不影响 func()函数中的 x 值。

2. 全局变量

在所有函数（包括 main()函数）外部定义的变量称为全局变量，全局变量的作用域从定义变量的位置开始到源程序结束，并且默认初值为 0。全局变量存放在静态存储区中，在编译时就给全局变量分配内存单元，直到程序运行完毕变量才被释放，全局变量的生存期为整个程序运行期间。

若全局变量与局部变量同名，则局部变量优先。即在该函数或复合语句内，全局变量不起作用。如果要在定义之前使用全局变量，用 extern 加以声明可扩展全局变量作用域。

【例 7.14】分析下列程序，写出运行结果。

```c
#include <stdio.h>
void add (void)
```

```
    {
        extern a,b,c;        // 扩展全局变量作用域
        c=a+b;
    }
    int a,b,c;               // 定义全局变量
    void main (void )
    {
        scanf ("%d,%d",&a,&b);
        add ();
        printf ("%d\n",c);
    }
```

程序运行结果如图 7-17 所示。

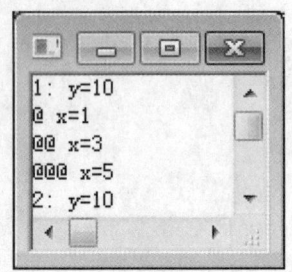

图 7-16 例 7.13 程序运行结果

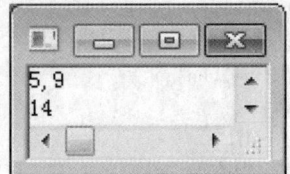

图 7-17 例 7.14 程序运行结果

程序点拨

本例中，由于全局变量 a、b、c 在定义函数 add()之后，它的作用域是从定义位置开始到程序结束，所以当在 add()函数中使用全局变量 a、b、c 时，应用 extern 扩展全局变量的作用域。

7.5.2 变量的存储类型

完整变量定义的一般形式为：

存储类型 数据类型 变量名；

在前几章的学习中，我们仅给变量定义了数据类型，如 int x,y;，float a[10],b[5];，而省略了存储类型说明。实际上变量除了数据类型之外，还应具有存储类型。变量的作用域不同，本质上来说是变量的存储类型不同。变量的存储类型有两种方式：静态存储和动态存储。一个变量究竟属于哪一种存储方式，并不能仅从作用域上判断，还应有明确的存储类型说明。C 语言中，变量的存储类型有 4 种：

① 自动类型（auto）。

② 寄存器类型（register）。

③ 静态类型（static）。

④ 外部类型（extern）。

自动类型和寄存器类型的变量属于动态存储方式，静态类型和外部类型的变量属于静态存储方式，如图 7-18 所示。例如：

```
auto int a,b,c;          // a、b、c 为自动整型变量
static char c1[5];       // c1 为静态字符数组
```

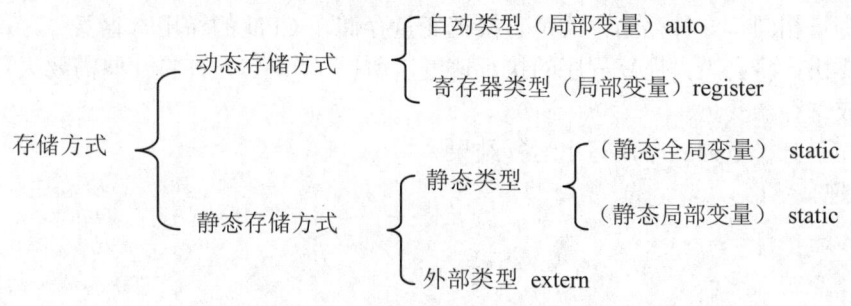

图 7-18　存储方式分类

1．自动类型（auto）

自动变量定义一般形式为：

auto 数据类型 变量名；

自动类型是使用最多的一种存储类型。函数内凡是未加存储类型说明的变量均为自动变量，即自动类型是默认的存储类型，前面各章函数中定义的局部变量，均属于 auto 类型，如"int x,y,z;"与"auto int x,y,z;"是完全等效的。自动变量属于局部变量范畴，具有局部变量的一切特点：

① 自动变量的作用域和生存期仅限于定义它的函数或复合语句内，即块（函数块或复合语句块）内生存、块内有效。

② 不同的函数（复合语句）中的自动变量可以同名。

③ 形参变量属于自动变量。

【例 7.15】分析下列程序，写出运行结果。

```
#include <stdio.h>
void main (void)
{
    auto int a=1,b=2;    // a、b 在主函数内有效
    {
        int c;           // c 仅在复合语句内有效
        c=a-b;
        printf ("a=%d,b=%d,c=%d\n",a,b,c);
    }
    printf ("a=%d,b=%d\n",a,b);
}
```

程序运行结果如图 7-19 所示。

程序点拨

由例 7.15 可见，自动变量 a、b 在 main()函数中定义，则它们在整个 main()函数中都有效，而自动变量 c 在复合语句中定义，所以，它仅在复合语句中有效，如果在第二个 printf()函数中使用 c，将会出现语法错误，因为第二个 printf()函数在复合语句之外。

2．寄存器类型（register）

寄存器变量定义一般形式为：

register 数据类型 变量名；

寄存器类型是 C 语言使用得较少的一种局部变量的存储类型，寄存器变量的作用域和生

存期与自动变量相同，这种存储方式是直接把变量存储在 CPU 的通用寄存器中，由于寄存器比内存操作要快，将会大大提高程序的执行速度，所以 C 语言允许将一些需要大量反复操作的变量定义成寄存器变量。

【例 7.16】分析下列程序，写出运行结果。

```
#include <stdio.h>
int fac(int);
void main (void )
{
    int i;
    for (i=1;i<=10;i++)
    printf("i=%d\tadd up=%d\n",i,fac(i));
}
int fac(int n)
{
    register int i,m=0;
    for(i=1;i<=n;i++)
    m+=i;
    return m;
}
```

程序运行结果如图 7-20 所示。

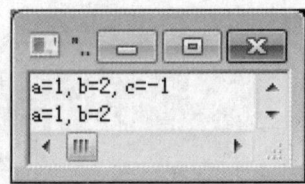

图 7-19　例 7.15 程序运行结果

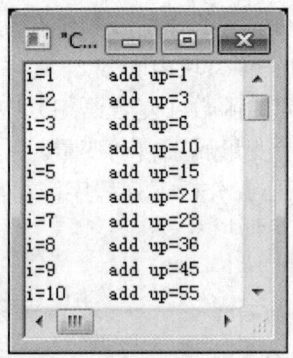

图 7-20　例 7.16 程序运行结果

程序点拨

这是一个求累加和的例子，局部变量 i 和 m 定义成寄存器类型，n 的值越大，则节省的执行时间越多。

编译系统的智能化使它能够识别使用频繁的变量，在 CPU 不忙的情况下，能自动将这些变量放在寄存器中，用户可不需要自行指定。实际编程中很少用到对变量进行寄存器类型的定义。

3. 静态类型（static）

静态变量属于静态存储方式，但属于静态存储方式的量不一定就是静态变量，如外部变量。静态变量一般又分为两种：静态局部变量和静态全局变量。

（1）静态局部变量

在局部变量前加上存储类型说明 static 就构成了静态局部变量。

静态局部变量定义一般形式为：

static 数据类型 变量名;

例如：
```
static int a,b;
static char x [10];
```
我们知道局部变量属于动态存储方式，而静态局部变量则属于静态存储方式，因此它有着与局部变量不同的特点：

① 作用域与自动变量（局部变量）相同，仅限于定义它的函数或复合语句内，但当函数调用结束或复合语句结束后，自动变量的值消失，而静态局部变量的值却继续保存在内存中，直至程序结束，只不过无法使用。当再次调用定义它的函数时，其值又可继续使用，并且保留了上次被调用后的值。

② 生存期与自动变量（局部变量）不同，自动变量的生存期在函数调用期间，函数调用结束，立刻消亡，而静态局部变量的生存期则为整个程序运行期间。

③ 系统自动为静态局部变量赋初值 0，而自动变量（局部变量）的初值则不确定。

【例 7.17】输出九九乘法表。

源程序如下：
```
#include <stdio.h >
void row(void);
void main(void)
{
    int b ;    // b 为自动变量
    for(b=1; b<=9; b++) row();
}
void row(void)
{
    static int a=1;
    int b;
    for(b=1; b<=9; b++)
    printf("%4d", a*b);
    printf ("\n");
    a++ ;
}
```

程序运行结果如图 7-21 所示。

程序点拨

由于 a 定义为静态局部变量，当返回时原值并不消失，因而可以打印输出九九乘法表。若将语句 static int a;改为 int a;，即将 a 定义为自动变量，读者可上机观察运行结果将会发生什么变化。

（2）静态全局变量

在全局变量前加上存储类型说明 static，就构成了静态全局变量，如：

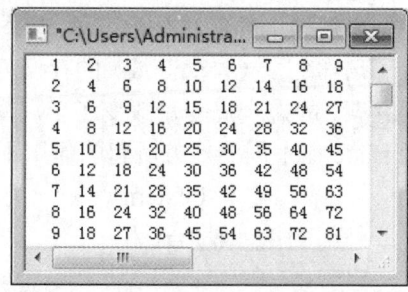

图 7-21　例 7.17 程序运行结果

```
static int a=3;
void main (void )
{
    ……
}
```

全局变量本身就是静态存储方式，故静态全局变量也是静态存储方式。区别在于：全局变量的作用域是整个源程序，而静态全局变量的作用域则是定义该变量的源文件，如果一个程序由多个".c"文件组成，全局变量则在各个源文件中都是有效的，而静态全局变量则仅在定义它的文件中有效。

【例 7.18】分析下列程序，写出运行结果。

```c
#include <stdio.h>
void add1(void);
void add2(void);
static int a=3;              // 定义 a 为静态全局变量
int b=4;                     // 定义 b 为全局变量
void add1(void)
{
    a+=2; b+=3;
    printf("add1: a=%d,b=%d\n", a,b);
}
void add2(void)
{
    a+=8; b+=4;
    printf("add2: a=%d,b=%d\n", a,b);
}
void main(void)
{
    add1();
    add2();
    printf("main: a=%d, b=%d\n", a, b);
}
```

程序运行结果如图 7-22 所示。

程序点拨

程序中静态全局变量 a 仅在本源文件中有效，而全局变量 b 则作用于整个源程序（如果程序由多个".c"文件组成）。

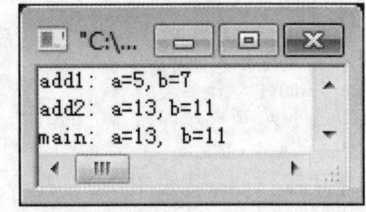

图 7-22 例 7.18 程序运行结果

根据以上的例题分析可见：静态局部变量实际上改变了局部变量（自动变量）的存储方式，即改变了它的生存期。静态全局变量改变了全局变量的作用域，限制了全局变量的使用范围。故存储类型说明 static 在不同的地方所起的作用不同。

4. 外部类型（extern）

外部变量一般形式为：

extern 数据类型说明 变量名;

外部变量就是定义在所有函数之外的全局变量，外部变量和全局变量是对同一类变量从空间和时间两个不同角度上的说法，全局变量是从变量的作用域即空间角度提出的，外部变量是从变量的生存期即时间角度提出的。外部变量可以被所有函数访问，所以主要用于在多个编译单位之间传递数据。

外部变量在编译的时候由系统分配永久的存储空间，即分配在静态存储区，若编译单位 a1.c 中使用了另一个编译单位 b1.c 中的外部变量，则 a1.c 在使用该外部变量时，必须在使用该外部变量之前，以 extern 存储类型加以说明，告知编译系统该变量是外部的，以便在其他编译单位中找寻该变量。外部变量的特点：

① 外部变量与静态变量一样，系统自动为未初始化的变量赋 0 值。
② 外部变量与全局变量一样，作用域从定义直到文件结束，生存期为整个文件执行期间。
③ 外部变量可以被不同的文件共享，若只希望在本文件中使用，可用 static 加以说明。

```
    文件 a1.c 中                           文件 b1.c 中
int xx;          // 外部变量定义      extern xx;    // 外部变量说明
void main(void )                      fun()
{                                      {
    ……                                     ……
}                                      }
```

一个源程序的两个文件 a1.c 和 b1.c 都要使用 xx 变量，在 a1.c 中将变量 xx 定义为外部变量，b1.c 中用 extern 对外变量 xx 加以说明，表示该变量已在其他文件中定义。若不希望其他文件调用该变量，可把 a1.c 中的变量定义 int xx;换成 static int xx;。

【例 7.19】多个文件中使用外部变量实例。

```
// 源文件 wa1.c 程序
#include <stdio.h>
int b;                    // 定义全局变量 b
extern int c;             // 声明 c 为一个在 wa2.c 中已定义的外部变量
void main (void)
{
    void fun1();
    { int a=3,b=4;        // 定义局部变量 a,b
      printf("main 1: a=%d,b=%d,c=%d\n",a,b,c);
      c=5;                // 给外部变量 c 赋值
      printf ("main 2: a=%d,b=%d,c=%d\n",a,b,c);
    }
    fun1();
    printf ("main 3: b=%d,c=%d\n",b,c);
}
// 源文件 wa2.c 程序
int c;                    // 定义全局变量 c
void fun1(void )
{
    int a=10,b=20;
    c=30;                 // 修改外部变量 c
    printf ("fun1: a=%d,b=%d,c=%d\n",a,b,c);
    return;
}
```

程序运行结果如图 7-23 所示。

程序点拨

例 7.19 中，main()中的 b 为全局变量，fun1()中的 b 是局部变量，当局部变量与全局变量同名时，局部变量优先。在 wa2.c 文件中定义的全局变量 c，在 wa1.c 中可用 extern int c;声明后引用，但使用时应慎重，因为执行一个文件中的函数时，可能会改变该全局变量的

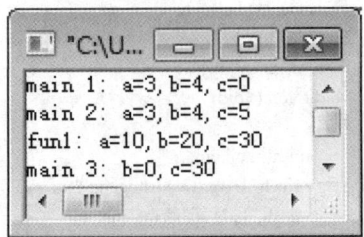

图 7-23　例 7.19 程序运行结果

值，它将会影响到另一个文件中的函数执行结果（如例 7.19 中的 c 重新赋值后影响到了 main () 中的 c 值）。模块设计的原则是内聚性强，偶合性弱，而外部变量的使用削弱了内聚性，增加了偶合性，因此应尽量少使用外部变量。

7.5.3 内部函数与外部函数

定义的函数如果不加说明则是全局的，这样函数可直接被主函数或其他的函数调用，但是用户也可以根据需要不让自己的函数被其他文件调用。根据函数是否能被其他文件调用，可将函数分为内部函数和外部函数。

1. 内部函数

只能被本源文件（模块）中的各个函数所调用，不能被其他文件调用的函数，又称静态函数。其一般形式为：

static 数据类型 函数名(形参表)

即在函数定义格式前面加上存储类型 static 即可，如：static int fun (int a,int b)。

内部函数的使用范围仅限于定义它的文件，对于其他文件，它是不可见的。内部函数主要用于定义一些涉及硬件操作的低层函数，这些函数如果使用不当或错误使用可能会出现问题，因此为了避免其他编程员直接调用，可以将此类函数定义为内部函数。

2. 外部函数

能被任何源文件调用的函数称为外部函数。其一般形式为：

extern 数据类型 函数名(形参表)

将函数定义前面的 static 存储类型改为 extern 即可，如：extern float run (int x,int y)。存储类型 extern 可以省略，即默认存储类型的函数是外部函数。我们在前章节的例题中定义的函数均为外部函数。

注意：在一个编译单位（如 a1.c）中调用其他编译单位（如 b1.c）中定义的函数时，必须对该函数进行声明，指出该函数是 extern 型（如同引用外部变量一样，先加以声明）。在源文件开头声明的外部函数，表明该文件中所有的函数都能调用它；在文件中间声明的外部函数，则从声明处开始，后面所有函数都能调用。

7.6 典型例题精解

【例 7.20】求两个整数的最大公约数和最小公倍数。

源程序如下：

```
#include <stdio.h>
int fcd(int,int);
int fcm(int,int,int);
void main (void)
{
    int m,n,cd,cm;
    printf("Enter two integers: ");
    scanf("%d,%d",&m,&n);
    cd=fcd(m,n);
    cm=fcm(m,n,cd);
    printf("The greatest common divisor: %d\n",cd);
    printf("The greatest common multiple: %d\n",cm);
```

```
}
int fcd (int a,int b)        // 定义最大公约数函数
{
    int t;
    if(a<b) {   t=a; a=b; b=t;   }
    while (b!=0)
    {
        t=a%b; a=b; b=t;
    }
     return a;
}
int fcm (int a,int b,int c)        // 定义最小公倍数函数
{
    c=a*b/c;
    return c;
}
```

程序运行结果如图 7-24 所示。

【解析】这是一个值传递调用函数应用实例。程序中定义了两个函数 fcd()和 fcm()，分别用以求最大公约数和最小公倍数，实参对形参的传递为值传递。调用函数 fcd()时，将实参 m、n 的值传给形参 a、b，返回值为两数最大公约数 cd；调用函数 fcm()时，将 m、n 和 cd 的值作为实参，传递给形参 a、b、c，返回值为两数的最小公倍数 cm。

【例 7.21】删除字符串中的某个字符。

源程序如下：

```
#include <stdio.h>
void szf(char str[],int);
char str[]="this, is, a, program";
void main(void)
{
    char c=',';
    printf("%s\n",str);
    szf(str,c);
    printf("%s\n",str);
}
void szf(char str1[],int c)       // 函数定义
{
    int i,j;
    for (i=0,j=0;str[i]!='\0';i++)
    if (str1[i]!=c)
        str1[j++]=str1[i];
    str1[j]='\0';
}
```

程序运行结果如图 7-25 所示。

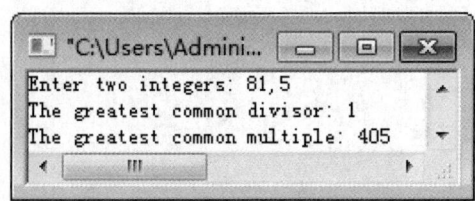

图 7-24 例 7.20 程序运行结果

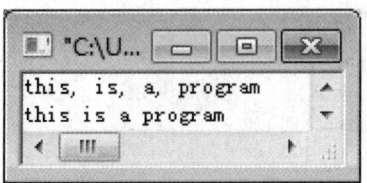

图 7-25 例 7.21 程序运行结果

【解析】这是利用数组名作为函数参数应用实例。主函数 main()中用字符数组名 str 作实参进行数据传递，被调函数 szf()根据数组名 str1 得到字符串的首地址。这时，数组名 str 和 str1 实质上都指向同一字符串（同一段内存空间），在函数 szf()中对字符数组 str1 进行操作，删除 c 中的字符 ","，主函数 main()中的 str 数组自然会得到同样的操作结果。

【例 7.22】自动变量与局部变量的区别。

源程序如下：

```c
#include <stdio.h>
int test1 (int);
int test2 (int);
void main (void)
{
    int i,j=1;
    for(i=1;i<=5;i++)   printf("%6d",test1(j));
    printf("\n");
    for(i=1;i<=5;i++)   printf("%6d",test2(j));
    printf("\n");
}
int test1(int tt)               // 定义函数
{
    static int t=100;           // 定义静态局部变量
    t=tt+t;
    return t;
}
int test2(int tt)
{
    int t=100;
    t=tt+t;
    return t;
}
```

程序运行结果如图 7-26 所示。

【解析】主函数虽然以相同的方式调用两个函数，在函数中修改变量 t 的值，但 test1()中的 t 是静态局部变量，与程序有相同的生存期，其初始化仅在第一次调用时进行一次，每次调用后修改的值都被保留了下来，而 test2()中的 t 是自动变量，生存期仅限于该函数的执行期，函数被调用时系统为 t 分配存储单元并赋值，t 被修改后该变量的存储单元便被释放，每次调用都重复这一过程，所以每次的返回结果都是同一个值。

【例 7.23】用递归函数编写程序计算 $s(n)=1^2+2^2+3^2+\ldots+n^2$。

递归计算公式：$s(n)=s(n-1)+n*n$。

递归结束条件：$s(1)=1$。

源程序如下：

```c
#include<stdio.h>
float s(int);         // 函数声明
void main(void )
{
    int n;
    scanf("%d",&n);
```

```
        printf("s(%d)=%f\n",n,s(n));
}
float s(int n)          // 定义函数 s(n)
{
        if(n==1)
        return(1.0);
        else
        return(s(n-1)+n*n);     // 递归调用
}
```

程序运行结果如图 7-27 所示。

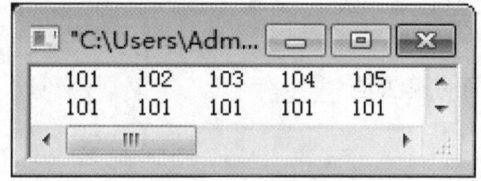

图 7-26 例 7.22 程序运行结果

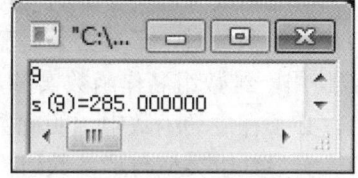

图 7-27 例 7.23 程序运行结果

【解析】由程序可见，很多用其他算法实现的计算，用递归算法也可以实现，找到递归公式即可，并且用递归算法编制的程序简洁、易读。但递归算法会增加内存开销，在递推的过程中会占用大量内存空间，且连续的调用返回操作将占用较多 CPU 时间。这一点使用时应注意。

本章小结

函数是 C 语言实现程序功能的基本模块，要熟练掌握函数的使用，必须理解函数调用时的内部实现机制，因此，对函数的类型、定义、调用格式，及函数间的数据传递方法、函数的嵌套调用和递归调用、变量的生存期和作用域等都要掌握其概念和使用方法。

函数之间的数据联系是由函数间的数据传递建立的。数据传递方式分为：

（1）值传递方式：单向传递。形参、实参为不同的存储单元，仅把主调函数的数据传到被调函数。

（2）地址传递方式：可看作双向传递。形参、实参指向同一存储单元，不仅能把主调函数的数据传到被调函数中，还可以把被调函数的值带回主调函数。

变量和数组元素作为函数实参，实现的是值传递方式；数组名作为实参，实现的是地址传递方式。

C 语言不允许函数嵌套定义，但允许嵌套调用，调用时要注意对被调函数作适当声明。

递归调用是指一个函数可以直接或间接地调用自身，设计时要有递推调用的过程和回归过程，要推出递归公式和递归结束条件。

变量的作用域指变量在程序中的有效区域，分为局部变量和全局变量。局部变量的作用域为定义该变量的函数或复合语句内。全局变量的作用域为从定义处到程序运行结束。

变量的存储类型是指变量在内存中的存储方式，有静态存储和动态存储两种。

习题 7

一、单项选择题

1. 以下描述中，不正确的是_____。
   A. 调用函数时，实参与实参在数目、次序和类型上应一一对应
   B. 调用函数时，将为形参分配内存单元
   C. 调用函数时，实参数组与形参数组的类型必须一致
   D. 调用函数时，形参必须是整型或字符型

2. 若使用一维数组名作函数实参，则以下正确的说法是_____。
   A. 必须在主调函数中说明此数组的大小
   B. 实参数组类型与形参数组类型可以不匹配
   C. 在被调用函数中，不需要考虑形参数组的大小
   D. 实参数组名与形参数组名必须一致

3. 在调用函数时，如果实参是简单变量，它与对应形参之间的数据传递方式是_____。
   A. 地址传递   B. 由实参传给形参，再由形参传回实参
   C. 值传递   D. 传递方式由用户指定

4. 设某函数头为 int f(int a[],int b)，则下列说法中错误的是_____。
   A. 该函数有整型的返回值   B. 数据传递方式都是地址传递方式
   C. 调用时，第一个参数可以是数组名 D. 调用时要给形参 b 分配内存

5. C 程序中若函数类型未加显式说明，则函数的隐含类型为_____类型。
   A. void   B. char   C. int   D. double

6. 设有整型变量 x，则函数调用语句 "fun(x,x+x,(x,x));" 中有_____个实参。
   A. 1   B. 3   C. 2   D. 5

7. 数组名作为函数的实参传给被调函数，作为形参的数组名接收到的是_____。
   A. 该数组长度   B. 该数组的首地址
   C. 该函数中各元素的值   D. 该数组元素个数

8. 说明语句 "static int i=10;" 中 "i=10" 的含义是_____。
   A. 将变量 i 初始化为 10   B. 与 "auto int i=10;" 在功能上等价
   C. 说明了一个静态变量   D. 将变量 i 赋值为 10

9. 为了提高程序的运行速度，在函数中对于自动变量和形参可以定义为_____型的变量。
   A. extern   B. static   C. register   D. auto

10. 对于 C 程序的函数，下列叙述中正确的是_____。
    A. 函数的定义不能嵌套，但函数的调用可以嵌套
    B. 函数的定义可嵌套，但函数的调用不能嵌套
    C. 函数的定义和调用均不能嵌套
    D. 函数的定义和调用均可嵌套

11. C 语言中函数返回值的类型是由_____决定的。

    A．return 语句中的表达式类型　　　　　B．调用该函数的主调函数
    C．调用函数时临时　　　　　　　　　　D．定义函数时所指定的函数类型
12. 与为实型数组名的实际参数相对应的形式参数不可以定义为_____。
    A．float a[];　　　　　　　　　　　　B．float *a;
    C．float a;　　　　　　　　　　　　　D．float (*a)[3];
13. 已知函数原型声明为 float www(char a, char b);，该函数的类型为_____。
    A．指向字符型的指针　　　　　　　　　B．字符型
    C．浮点型　　　　　　　　　　　　　　D．指向浮点型的指针
14. 在调用函数时，如果实参是数组名，它与对应形参之间的数据传递方式是_____。
    A．单向值传递　　　　　　　　　　　　B．地址传递
    C．传递方式由用户指定　　　　　　　　D．由实参传给形参，再由形参传回实参
15. 某 C 程序由一个主函数 main()和一个自定义函数 fun()组成，则该程序_____。
    A．总是从 main()函数开始执行　　　　　B．写在前面的函数先开始执行
    C．总是从 fun()函数开始执行　　　　　 D．写在后面的函数先开始执行
16. 以下正确的函数声明形式为_____。
    A．double fun(int x, int y)　　　　　　 B．double fun(int x; int y)
    C．double fun(int x, int y);　　　　　　D．double fun(int x, y)
17. C 语言程序中，当调用函数时_____。
    A．实参和虚参各占一个独立的存储单元
    B．实参和虚参可以共用存储单元
    C．可以由用户指定是否共用存储单元
    D．计算机系统自动确定是否共用存储单元
18. 以下正确的说法是_____。
    A．定义函数时，形参的类型说明可以放在函数体内
    B．return 后边的值不能为表达式
    C．如果函数值的类型与返回值类型不一致，以函数值类型为准
    D．如果形参与实参类型不一致，以实参类型为准
19. 已知函数原型声明为 float *www(char a, char b), 该函数的类型为_____。
    A．指向字符型的指针　　　　　　　　　B．字符型
    C．浮点型　　　　　　　　　　　　　　D．指向浮点型的指针
20. 以下程序的输出结果为_____。

```
#include <stdio.h>
int func(int x,int y);
void main(void)
{
    int a=1, b=2 c=3, d=4, e=5;
    printf("%d\n",func((a+b,b+c,c+a),(d+e)));
}
int func(int x, int y);
{
    return(x+y);
}
```

A．15　　　　　B．13　　　　　C．9　　　　　D．函数调用出错

二、填空题

1．C 语言中一个函数由函数首部和_____两部分组成。
2．用户定义的函数不可以调用的函数是_____。
3．函数调用时的实参和形参之间的数据是单向的_____传递。
4．函数的_____调用是一个函数直接或间接地调用它自身。
5．函数的定义不可以嵌套，但函数的调用_____嵌套。
6．如果函数不要求带回值，可用_____来定义函数返回值为空。
7．静态变量和外部变量的初始化是在_____阶段完成的，而自动变量的赋值是在_____时进行的。
8．C 语言允许函数类型缺省定义，此时函数值隐含的类型是_____。
9．凡是函数中未指定存储类型的局部变量，其隐含的存储类型为_____。
10．在 C 语言中，只有在使用时才占用内存单元的变量的存储类型是_____。

三、程序设计题

1．编写函数 fun 求 1!+2!+3!+ … +n!的和，在 main 函数中由键盘输入 n 值，并输出运算结果。请编写 fun 函数。例如：若 n 值为 5，则结果为 153。
2．编写函数计算 sum＝1+(1+1/2)+(1+1/2+1/3)+...+(1+1/2+...+1/n)的值。
3．计算出 k 以内最大的 10 个能被 13 或 17 整除的自然数之和。（k<3000）。
4．编写函数，判断一个整数是否为素数。
5．用函数实现字符串的复制，不允许用 strcpy()函数。
6．编写函数 fun 求一个字符串的长度，在 main 函数中输入字符串，并输出其长度。
7．编写函数 fun 生成一个对角线元素为 5，上三角元素为 0，下三角元素为 1 的 3×3 的二维数组。
8．编写函数，从字符串 s 中删除指定的字符 c。
9．编写函数，实现对数组中的 n 个元素按从小到大的顺序进行排序。
10．用函数递归调用求 Fibonacci 数列前 20 项的值。

8 指针

【内容概述】

指针是 C 语言重要的数据类型,同时也是 C 语言的重要特点和精华所在。灵活正确地使用指针,可以有效地表达复杂的数据类型,方便地使用数组和字符串,在函数之间传送数据,还可以使程序简洁、紧凑和高效。直接处理内存地址有助于设计高效的系统软件。然而,指针又是初学者比较难掌握的内容,因此需要引起高度重视。本章介绍了 C 语言中指针和指针变量的概念,指针与数组、指针与函数的关系等;介绍了指针变量、指针数组的定义和使用,以及通过指针解决数组和字符串、函数调用等方面问题的方法。

【学习目标】

1. 掌握指针的概念、定义和运算,了解多级指针的概念。
2. 掌握用指针访问变量和一维数组的方法。
3. 掌握用指针访问二维数组的方法。
4. 掌握用指针处理字符串的方法。
5. 掌握指针数组的使用方法。
6. 熟悉函数指针以及返回指针函数的用法。

8.1 指针的基本概念

8.1.1 内存、地址和指针

1. 内存及其地址

尽管计算机技术的发展日新月异,现代的计算机仍然采用"基于程序存储和程序控制"的冯·诺依曼原理。"程序存储"就是在程序运行之前将程序和数据存入计算机内存。内存是由大量的存储单元(字节)组成的。为了方便地寻找内存中存放的程序实体(变量、数组、函数等），必须将存储单元编号，这就是内存的地址。由于不同的程序实体占据存储单元的数量不同，例如存储 char 型的变量需要 1 个字节，short 型的变量需要 2 个字节，long 型和 float 型的变量需要 4 个字节，double 型的变量需要 8 个字等。因此规定程序实体的内存地址就是它们在相应的内存存储区域的第一个字节的编号。例如一个有 5 个元素的 float 类型的数组 a，若 a[0]的地址为 2000，则 a[1]的地址为 2004……，a[4]的地址为 2016，如图 8-1 所示。

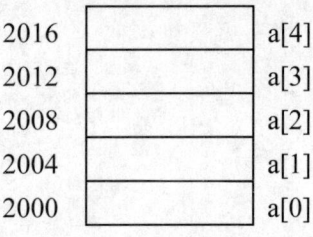

图 8-1　内存地址

2．变量地址的获取

变量的存储单元是由系统在编译时或程序运行时分配的，因此变量的地址不能人为确定，可以通过取地址运算符&获取。例如：

```
int a; float b; char c;
scanf("%d%f%c",&a,&b,&c);
```

由&a、&b 和&c 分别得到变量 a、b 和 c 的内存地址。

注意：由于常量和表达式没有用户可操作的内存地址，因此&不能作用到常量或表达式上。

3．指针与指针变量

指针即地址。由于地址唯一确定程序实体的存储位置，就像路标一样，故形象地称其为指针。

指针变量是专门存放变量（或其他程序实体）地址的变量。指针变量也需要存储单元（存放地址值的整数），它本身也有地址。例如让变量 p 存放整型变量 a 的地址（如图 8-2 所示），这样通过变量 p 的值就可以找到变量 a。变量 p 就是指针变量，它存放的地址就称为指针。因此，指针就是地址。

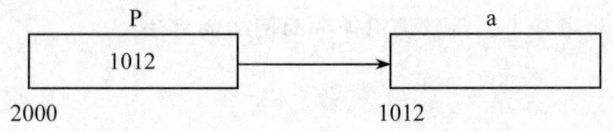

图 8-2　指针变量示意图

4．直接访问方式与间接访问方式

有了指针变量以后，对一般变量的访问既可以通过变量名进行，也可以通过指针变量进行。通过变量名或其地址（如 a 或&a）访问变量的方式叫直接访问方式；通过指针变量（如 p）访问它指向的变量（如 a）的方式叫间接访问方式。

重点

指针变量是用来存放变量地址的，而指针变量本身也有自己的地址。因此，指针变量本身的地址与它存放的其他变量的地址是不同的。

8.1.2　指针变量的定义与初始化

1．指针的类型

指针的类型又称指针的基类型，即指针所指向的程序实体（如变量、数组）的类型，由此可确定程序实体所占内存的字节数。当指针变量移动（存放的地址值变化）时，以这个字节数为单位,因此就用这个类型定义指针变量,且往往与它指向的程序实体一起定义,因此就称之为"指针变量的类型"或简称"类型"。

2. 指针变量的定义

指针变量定义的一般形式为:

类型 *指针变量名1,*指针变量名2…;

定义了指针变量以后,就为指针变量分配存储单元,准备存储地址值。例如:

char *p1,*p2 ;double *p3;

上述语句定义了两个 char 型指针变量和一个 double 型指针变量。由于指针变量存放的地址都是无符号整数,因此无论基类型是什么,系统均为它们各分配了4个字节的存储单元(这是 VC 情况,在 TC 环境中指针类型存储单元是2个字节)。

注意:"*"表示其后的变量是指针变量,而不是指针变量名的一部分。

3. 指针变量的初始化

上面定义的指针变量都没有存储地址值,也就没有指向,其值是随机的,这时的指针变量被称为野指针。只有被赋值以后,指针变量才有确定的指向。指针变量定义后应立即赋给它地址值。给指针变量赋地址值的方法有:

① 在定义指针变量时初始化赋值。
② 在程序执行时赋值。

定义指针变量时初始化赋值的一般形式为:

类型 *指针变量名=&变量名;

例如:

int a;
int *p=&a;
或者 int a,*p=&a;

注意:"&变量名"中的"变量名"必须在指针变量之前定义。

8.1.3 指针的运算及引用

1. 指针变量的赋值运算

在函数的执行部分给指针变量赋地址值有以下几种情况。

(1)赋给同类型普通变量求地址运算得到的地址值。如:

int k=10,*p,*q;
q=&k;

这时 scanf("%d",&k);与 scanf("%d",q);作用相同。

(2)通过已存有地址值的指针变量赋值。例如在上面的程序段之后用 p=q;给指针变量 p 赋值(注意 p、q 的基类型应相同),这时指针变量 p 和 q 指向同一个变量 k,如图8-3所示。

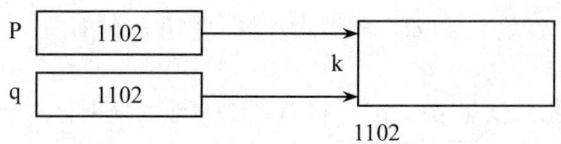

图8-3 指针变量 p、q 指向同一个变量 k

(3)通过返回指针的函数获得地址值(在8.3.2节中介绍)。

(4) 给指针变量赋"空"值，如 p=NULL;。

NULL 由 stdio.h 定义为 0，它也等同于'\0'，意为"空指针"。这样做的目的是：让指针变量存有确定的地址值而又不指向任何变量（类似于给数值型变量赋初值 0）。

2．与指针相关的运算符

"&"运算符：取地址运算符，表示取右边变量的地址，如&a 取变量 a 的地址。

"*"运算符：称为指向运算符，作用在指针（地址）上，代表该指针所指向的存储单元（及其值），实现间接访问，因此又叫间接访问运算符。如：

```
int a=5, *p;
p=&a;
printf("%d",*p);    // 指针变量的值为 5，与 a 等价
```

"&"与"*"运算符为单目运算符，与其他的单目运算符具有相同的优先级和结合性（右结合性）。根据"*"运算符的作用，它与取地址运算符"&"互逆：

```
*(&a)==a        &(*p)==p
```

注意：在定义指针变量时，"*"表示其后是指针变量，它不是变量名的构成部分；在执行部分的表达式中，"*"是指向运算符。

3．指针变量的引用

定义指针变量的目的是通过指针变量引用内存对象，指针变量的引用应按如下步骤进行：当指针变量定义并有指向后，便可引用指针变量了。设 p 为指向已确定的指针变量，则有两种引用方式：

*p：取当前指向的对象的值（内容）。

p：取当前指向的对象的存储地址。

【例 8.1】请理解下列程序中各语句的含义。

```
#include <stdio.h>
void main(void)
{
    int a=10,*p=&a;
    printf("*p=%d\n",*p);     // 输出指针变量 p 的值 10
    printf("输入 a：");
    scanf("%d",p);             // 通过指针变量 p 读入整数
    printf("a=%d\n",a);
    printf("p=%x\n",p);        // 输出指针变量 p 存储的变量 a 的地址
    printf("&p=%x\n",&p);      // 输出指针变量 p 自身的地址
    *p=5;                      // 把 5 赋给 p 所指向的存储单元，相当于 a=5
    printf("a=%d\n",a);
    (*p)++;                    // 使指针变量 p 所指向的存储单元的值自增，相当于 a++
    printf("a=%d\n",a);
}
```

程序运行结果如图 8-4 所示。

【例 8.2】输入两个整数 i1 和 i2，利用指针将大数存放到 i1 中，小数存放到 i2 中，最后按 i1、i2 的顺序输出。

按题意，定义两个指针变量 p1、p2，将 i1、i2 的地址分别存入 p1、p2，当 i1<i2 时利用指针变量 p1、p2 交换 i1、i2 的值然后输出。

```
#include <stdio.h>
void main(void)
{
```

```
    int i1, i2, *p1, *p2, t;
    p1=&i1; p2=&i2;
    printf("输入两个数：");
    scanf("%d%d",p1,p2);   // 利用指针变量输入 i1、i2 的值
    if(i1<i2)
    {
        t=*p1;*p1=*p2;*p2=t;
    } // 利用指针变量的指向操作交换 i1、i2 的值
    printf("i1=%d,i2=%d\n",i1, i2);
}
```

程序运行结果如图 8-5 所示。

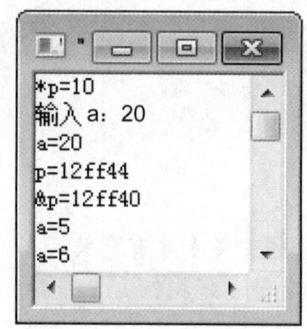

图 8-4　例 8.1 程序运行结果

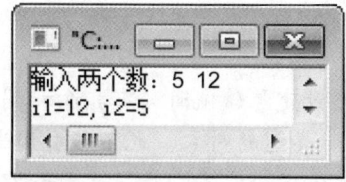

图 8-5　例 8.2 程序运行结果

思考：如果将变量定义改为 int i1, i2, *p1, *p2, *p;，交换 i1、i2 值的语句改为如下语句，将会怎样？

if(i1<i2){p=p1; p1=p2; p2=p;}或者 if(i1<i2){*p=*p1; *p1=*p2; *p2=*p;}

第一种情况：在 i1<i2 的情况下，利用临时指针变量 p 交换指针变量 p1、p2 存放的地址值，而 i1、i2 的值没有改变，因此题目的要求没有实现，如图 8-6 所示。但如果同时将输出语句改为如下语句，则可实现从大到小输出。

printf("max=%d,min=%d\n",*p1,*p2);

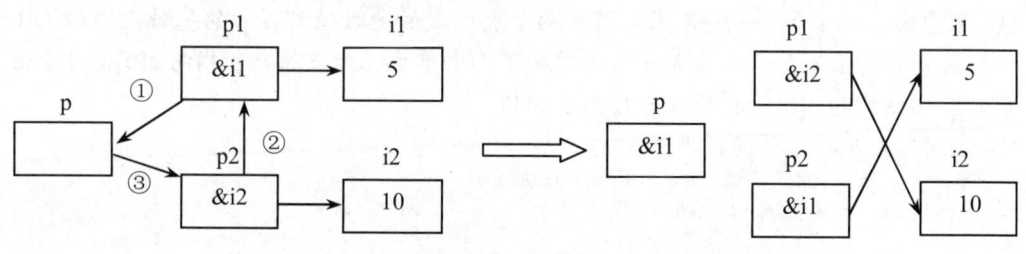

图 8-6　交换指针不能交换 i1,i2 的值

第二种情况：在 i1<i2 的情况下，利用三个指针变量的指向操作交换 i1、i2 的值。问题是指针变量 p 没有存放普通变量的地址，p 是野指针，因此第二种语句也是错误的（运行时有警告）。

4. 指针的运算

指针是特殊类型的变量，其内容是变量的地址，因此，指针的运算及结果一定要符合地址逻辑。

（1）指针的算术运算

指针可进行的算术运算有：++、--运算；加、减整数运算；指向同一数组不同元素的指针

相减运算。

假定下面涉及的指针变量 p、q 等均指向同一个一维数组的元素（即存放一维数组元素的地址），对上述的指针运算说明如下：

① 指针变量自增（减）1 的运算，如 q++（p--）的含义是：指针变量向地址高端（低端）移动一个单元（char 型 1 字节、int 型和 float 型 4 字节等）。

② q=p+2;的含义是将 p 存放的地址值增加 2 个单元赋给 q。

③ 两指针变量相减：其差值为它们之间相差的单元数，如 q-p 值为 2。

（2）指针的关系运算

指针的关系运算通常用于比较两个地址的大小。如：

if(p<q) printf("p 在内存中 q 的低端。\n");
if(p==q) printf("p 与 q 指向同一存储单元。\n");
if(p>q) printf("p 在内存中 q 的高端。\n");
if(p=='\0') printf("p 指向 NULL。\n");

重点

① 指针变量赋值时只有指向相同类型的数据对象（普通变量）才有意义，不能将指针变量指向不同类型的对象，也不能引用尚未指向对象的指针变量（野指针）。

② 注意区分空类型指针变量和空值指针变量。例如：

void *p1; int *p2=NULL;

p1 是空类型指针变量，未赋值，是野指针，可以根据需要用强制类型转换使它指向某种类型的普通变量，例如：

void *p1;float x=1.23;
(float *)p1=&x;
printf("%f\n",*(float *)p1);

p2 是空值指针变量，它的类型是确定的，已给它赋了确定的空指针值。

③ 指针变量在进行算术运算时可以被移动，如 p++和 p+=2 等。这种移动指的是其存储的内存地址有变化，而不是真的有一个指针在内存中移动。

④ 注意区分 p+1 和++p 的不同。虽然两个表达式的地址值都在 p 的基础上增加了 1 个单元，但是前者 p 的值不变，而后者 p 的值增加了 1 个单元。如果原来 p 指向 a[0]，对于运算结果，前者 p 仍然指向 a[0]，而后者 p 指向了 a[1]。

⑤ 注意下面几种运算的区别：

```
*p++      // 先取 p 所指向变量的值，后地址加 1
*(++p)    // 先地址加 1，后取 p 指向变量的值
(*p)++    // 取 p 所指向变量的值加 1
++(*p)    // 先给 p 指向的变量值加 1，然后取该变量的值
```

8.1.4 指针变量作为函数参数

函数间的参数传递在 7.3 节中我们已知有两种方式：值传递和地址传递。值传递的参数通常使用变量或数组元素；而地址传递的参数通常使用数组名。本节介绍指针做函数参数的传址调用，其实现方法：

被调函数中的形参：指针变量
主调函数中的实参：地址表达式   // 一般为变量的地址或取得变量地址的指针变量

【例 8.3】同例 8.2，要求用函数调用交换变量的值。

按题意定义两个函数,主函数解决变量 i1、i2 的输入,当 i1<i2 时调用 swap 函数交换 i1、i2 的值,最后由主函数输出 i1、i2 的值,程序如下:

```
#include <stdio.h>
void swap(int *p1, int *p2)
{
    int t;
    t=*p1; *p1=*p2; *p2=t;    // 利用指针变量的指向操作交换 i1、i2 的值
}
void main(void)
{
    int i1, i2;
    printf("输入两个数:");
    scanf("%d%d", &i1, &i2);
    if(i1<i2) swap(&i1, &i2);    // 调用子函数
    printf("i1=%d,i2=%d\n",i1, i2);
}
```

程序运行结果如图 8-7 所示。

程序点拨

本例与例 8.2 运行结果相同,不同的只是把对指针变量的赋值 p1=&i1,p2=&i2 改在函数调用参数传递时进行。可以看到,实参(&i1、&i2)单向传送地址给形参(p1、p2),但由于形参指针变量的指向运算,操作了主调函数中变量的存储单元(i1、i2),引起了主调函数变量值的变化,如图 8-8 所示。

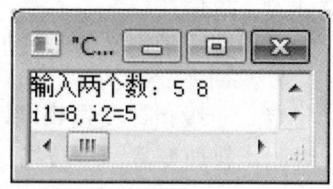

图 8-7 例 8.3 程序运行结果

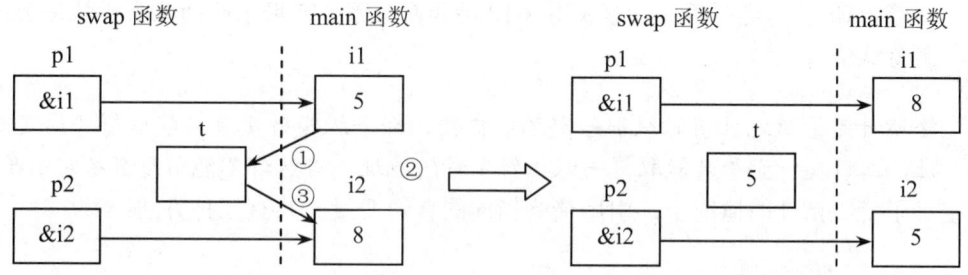

图 8-8 通过形参指针变量的指向操作交换 i1、i2 的值

由于形参指针变量的指向操作可以引起主调函数变量值的变化,若有多个形参指针变量,让它们分别指向主调函数中作为存放运算结果的变量,则可以将被调函数中的多个计算结果数据传回主调函数(注意以前被调函数只能通过函数值传回一个运算结果)。

【例 8.4】分析下列程序,写出运行结果。

```
#include <stdio.h>
void ast(int x, int y, int *cp, int *dp)
{
    *cp=x+y; *dp=x-y;
}
void main(void)
{
    int a=4,b=3,c,d;
```

```
        ast(a,b,&c,&d);
        printf("c=%d, d=%d\n",c,d);
}
```
程序运行结果如图 8-9 所示。

程序点拨

函数 ast 中的形参 x、y 接收主调函数变量 a、b 的值，指针变量 cp、dp 接收主调函数变量 c、d 的地址，通过指向操作将函数 ast 的运算结果传回主调函数中的变量 c、d。

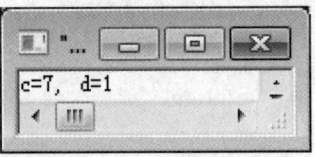

图 8-9 例 8.4 程序运行结果

8.1.5 多级指针的概念

1. 二级指针

如果指针变量的内容存放其他指针的地址，称该指针为指向指针的指针。我们常用的多级指针为二级指针。

二级指针变量定义的一般形式为：

类型 **指针变量名；

与定义一级指针变量相同，语句中的类型也是基类型，即最终存放数据的普通变量的类型，因此，普通变量、一级指针变量、二级指针变量可以一并定义。例如，图 8-10 中的变量 x、p、q 的定义语句可为：

int **q,*p,x;

注意

- 与一级指针变量的定义相同，定义的二级指针变量还没有存放一级指针的地址，也是"野指针"，不能引用。要形成图 8-10 的指向关系，可用下面的几条赋值语句给这些变量赋值：

  x=65;p=&x;q=&p;

- 给指针变量赋地址值时级别一定不能搞错，即一级指针变量只能取得普通变量的地址，二级指针变量只能取得一级指针变量的地址，当然都不能用整数给它们赋值。

在定义了二级指针的情况下，引用最终指向的普通变量 x 共有三种方法：

```
x       // 直接引用
*p      // 一级间接引用
**q     // 二级间接引用
```

当然，后两种方法的前提是：指针变量都取得了相应的地址值。

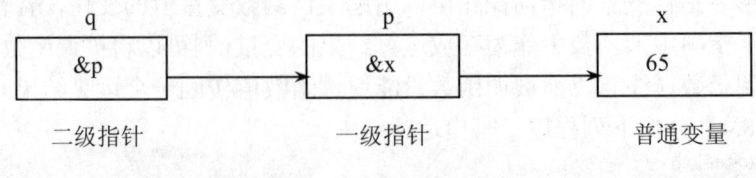

图 8-10 二级指针示意图

2. 多级指针的应用

按照上述二级指针的思路，显然可以推广到三级指针、四级指针等。使用多级指针变量的要点：

① 多级指针变量均用基类型定义，定义几级指针变量要将变量名前放几个"*"号。
② 各指针变量均应取得低一级指针变量的地址后才能引用。
③ 引用几级指针变量访问最终的普通变量时，变量名前需用几个指向运算符"*"号。

【例 8.5】运行下面的程序。

```c
#include <stdio.h>
void main(void)
{
    int *p1,**p2,***p3,x=10;
    p1=&x;
    p2=&p1;
    p3=&p2;
    printf("x=%d\n",***p3);
}
```

程序运行结果如图 8-11 所示。

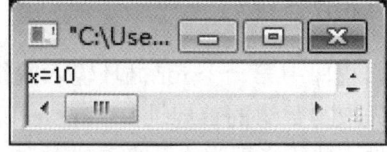

图 8-11 例 8.5 程序运行结果

8.2 指针与数组

8.2.1 指针与一维数组

数组是同类型的变量的集合，各元素按下标的特定顺序占据一段连续的内存，各元素的地址也连续，而指针与数组有密切的关系。任何能由数组下标完成的运算，也能用指针来实现。使用指向数组的指针，灵活方便，有助于产生高质量的目标代码。

1. 使用指针引用数组元素

使用指针引用一维数组元素通常经过三个步骤：

（1）说明指针和数组，其一般形式为：

类型说明符 *指针变量名, 数组名[常量表达式];

如：

int *p,a[10];

（2）使指针指向数组，其一般形式为：

指针变量名=&数组[0]; 或 指针变量名=数组名;

如：

p=&a[0]; 或 p=a;

（3）通过指针引用数组元素

由于数组元素在内存中连续存放，知道一个元素的地址，就可求得其他元素的地址，可以对所有元素进行操作。由于数组名为数组的首地址（下标为 0 的元素地址），因此让指针变量取得数组的这个首地址，是访问数组的常用方法。

【例 8.6】用指针变量访问数组元素。

```c
#include <stdio.h>
void main(void)
{
    int a[10], i, *p;
    printf("输入 10 个数：\n");
    for(i=0; i<10; i++)
```

```
        scanf("%d", &a[i]);
    for(p=a; p<a+10; p++)
        printf("%4d", *p);
    printf("\n");
}
```

程序运行结果如图 8-12 所示。

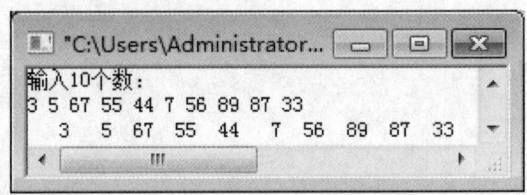

图 8-12　例 8.6 程序运行结果

程序点拨

程序中第一个 for 循环输入数组的全部元素。第二个 for 循环用指针变量 p 做循环变量，p 首先取得数组的首地址，以 p<a+10（即 p 的地址值不超过最大下标元素地址）作为循环控制条件，循环修正为不断向高端移动 p（每次移动一个整型存储单元），通过 *p 输出数组元素值。

2. 一维数组元素的表示法

由于数组名（设为 a）为数组的首地址常量，用它组成的地址表达式可以表示所有元素的地址，用这些地址（指针）的指向操作表达式即可表示所有元素，如图 8-13（a）所示。

注意：由于数组名是常量不是变量，不能被赋值，因此像 a++ 这样的运算是错误的。为了能在程序中移动指针，要定义一个指针变量来接受数组名的常量地址，然后用 p++ 移动指针。

在定义了指针变量且接受了数组名首地址后，如有 int a[10], *p=a;，也可用 p 组成的地址表达式表示所有元素及其地址，如图 8-13（b）所示。

元素的地址	元素	元素的地址	元素
a≡&a[0]	*a≡a[0]	p≡&a[0]	*p≡a[0]
a+1≡&a[1]	*(a+1)≡a[1]	p+1≡&a[1]	*(p+1)≡a[1] 或 p++,*p≡a[1]（p 已移动）
……	……	……	……
a+i≡&a[i]	*(a+i)≡a[i]	p+i≡&a[i]	*(p+i)≡a[i] 或 p+=i,*p≡a[i]（p 已移动）
(a)		(b)	

图 8-13　下标法、地址法、指针变量法

因此，表示一维数组元素有三种方法，a[i] 为下标法，*(a+i) 为地址法，*(p+i) 为指针变量法（间接访问）。对于这三种方法，计算机执行的效率分别为：下标法要将 a[i] 转换成 *(a+i)，效率最低；地址法效率中等；指针变量法直接操作内存地址效率最高。

另外，还有一种与指针变量法 *(p+i) 表示数组元素等价的表示方法，那就是指针变量的下标运算法，即 p[i]≡*(p+i) 都表示 a[i]。从这个意义上也可以说 a[i]≡*(a+i) 是常量指针 a 的下标运算。总之，表示下标为 i 的数组元素有以下四种方法：

a[i]、*(a+i)、*(p+i) 和 p[i]

其中 a 为数组名指针常量，其值不可改变；p 为指针变量，必须取得数组名首地址，其值可变。另外，用指针变量法表示数组元素还可以让指针变量移动，如 p++; p+=i;等，然后再用 *p 来表示数组元素。

注意：当指针变量已经移动，再用它从头访问数组元素时要将它移回数组开始处，否则将出错。

【例 8.7】访问数组元素的几种方法。

```
#include <stdio.h>
void main(void)
{
    int a[10], i, *p=a;
    printf("输入 10 个数： \n");
    for(i=0; i<10; i++)
        scanf("%d", a+i);
    for(i=0; i<10; i++)
        printf("%3d", *(a+i));    // 地址法
    printf("\n");
    for(i=0; i<10; i++)
        printf("%3d", *(p+i));    // 指针变量法
    printf("\n");
    for(;p<a+10; p++)
        printf("%3d", *p);        // 指针变量法输出，移动指针
    printf("\n");
    p=a;                          // 由于 p 已移动，必须将它移回数组开始处
    for(i=0; i<10; i++)
        printf("%3d", p[i]);      // 指针变量下标运算法输出
    printf("\n");
}
```

程序输入用 a+i 表示&a[i]，如果输入 1 2 3 4 5 6 7 8 9 0↙，则输出四行相同的信息，如图 8-14 所示。

3. 数组名作为函数参数

我们知道，由于数组名表示数组的首地址，可以将该地址赋给指针变量。因此，在函数调用时既可以用数组名也可以用指针变量作参数，这样就有表 8-1 所示的四种匹配方式。当用指针变量作实参时，调用前必须先取得数组的首地址。

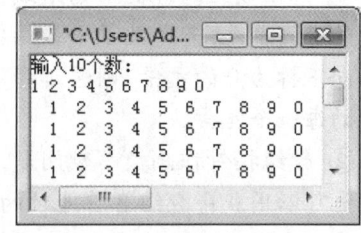

图 8-14 例 8.7 程序运行结果

表 8-1 数组指针作为函数参数的形式

实际参数	形式参数
数组名	数组
数组名	指针变量
指针变量	数组
指针变量	指针变量

注意：当形参为数组时，编译系统将把形参数组名也解释为指针变量。例如实参是有 n 个元素的一维整型数组名 arr，对应的形参定义可写成 int a[n]或 int a[]或 int *a，系统均理解为 int *a。实质都是：调用函数时，实参将数组的首地址传给形参指针变量，实现传址调用。

【例 8.8】输入 n 个（设为 10 个）整数，将其中的全部奇数输出。要求输入、输出均调

用函数进行。源程序如下：

```c
#include <stdio.h>
#define n 10
void input(int a[])
{
    int i;
    printf("输入 10 个数：\n");
    for(i=0;i<n;i++)
        scanf("%d",a+i);
}
void output_odd(int *a)
{
    int i;
    for(i=0; i<n; i++, a++)
        if(*a % 2) printf("%5d", *a);
    printf("\n");
}
void main(void)
{
    int arr[n];
    input(arr);
    output_odd(arr);
}
```

若输入 1 2 3 4 5 6 7 8 9 10↙，程序运行结果如图 8-15 所示。

重点

① 一维数组的存储结构是线性的，在内存中占用连续的存储单元。若定义了一级指针变量并将该指针变量指向下标为 0 的元素，则通过移动指针变量便可访问数组的每一个元素。

图 8-15 例 8.8 程序运行结果

② 数组指针作函数参数问题。可以用数组名作实参，也可以用获得数组名首地址的指针变量作实参，用指针变量或数组（实质也是指针变量）作形参可实现函数的传址调用。此时参数传递也是单向的，形参指针的改变不会影响实参指针值（数组名实参是地址常量，不会改变；取得数组名首地址的指针变量实参值也不会因此而改变），所改变的是形参和实参共同指向的数组元素的值，是通过形参指针变量的指向操作从而实现对实参数组元素的访问。由于主调函数和被调函数都可以访问实参和形参共同指向的数组元素，因此在函数间形成了除函数返回值、参数值传递、外部变量以外的另一条数据交流通道，并且是双向的（函数返回值和参数值传递的数据交流是单向的）。

③ 在 C 语言中，除了形参以外，所定义的数组名都是首地址常量，只有形参数组名是指针变量，可以对它进行赋值、自增、自减等只对变量进行的操作。例如：

```c
#include <stdio.h>
void input(int x[])
{
    int *p=x;
    while(x<p+10)
        scanf("&d",x++);
}
```

```
void main(void)
{
    int i,a[10];
    input(a);
    for(i=0;i<10;i++)
        printf("%4d",a[i]);
}
```

程序中通过对形参 x 进行自增运算来移动指针，从而输入数组的各个元素的值。

8.2.2　指针与二维数组

二维数组元素是按行存放的，可以按存放的顺序访问数组元素。但是，为了方便地按行和列的方式访问数组元素，必须要了解 C 语言规定的行列地址的表示方法。

1. 二维数组的地址表示方法

C 语言规定，二维数组由一维数组扩展形成，即一维数组的每一个元素作为数组名形成一行数组，各行数组的元素个数相同，是二维数组的列数。例如定义了二维数组 int a[3][4]，它是由一维数组 int a[3]扩展形成的，即以 a[0]、a[1]、a[2]为数组名（首地址）形成三行一维数组，其元素个数均为列数 4。因此 a[0]、a[1]、a[2]为一级指针常量，指向各行的首列（列指针）。例如 0 行的 a[0]≡&a[0][0]指向 0 行 0 列。0 行有四个元素，它们是 a[0][0]、a[0][1]、a[0][2]、a[0][3]。

同时 a[0]、a[1]、a[2]又是数组名为 a 的一维数组的三个元素，首地址 a≡&a[0]指向的元素为一级指针常量，因此 a 为二级指针常量，指向 0 行（行指针）。因此，二维数组可用图 8-16 表示。

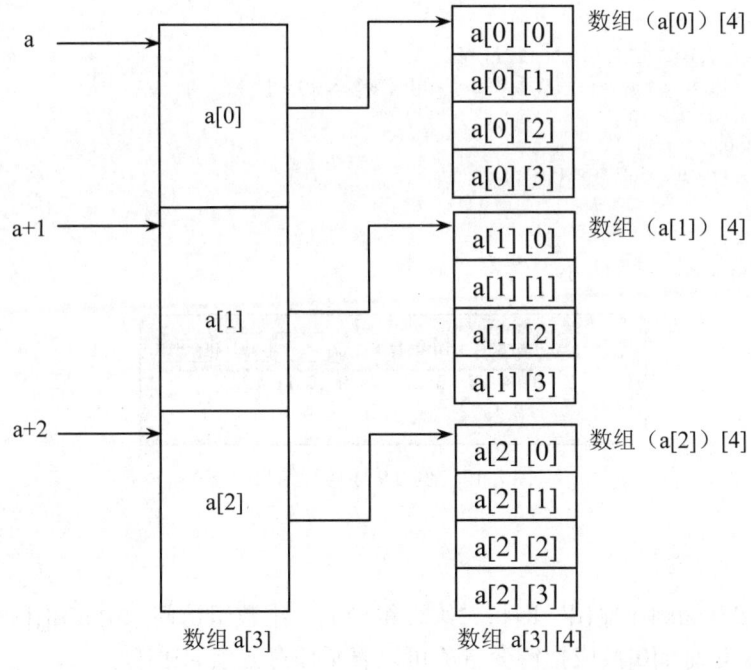

图 8-16　二维数组的地址关系图

根据图 8-16，理解如下的地址（指针）及元素等价关系：

对 m 行 n 列的二维数组，元素 a[i][j]可以表示为：a[i][j]≡*(a[i]+j)≡*(*(a+i)+j)≡(*(a+i))[j]。其中 a[i][j]为下标表示法，其余均为地址表示法，要考虑到 a[i]≡*(a+i)。注意(*(a+i))[j]外面的括号不能省，否则(a+i)要先结合[j]，形式就错了。

另外，也可以用 a[0][0]的地址 a[0]加顺序号 n*i+j 表示元素 a[i][j]为：a[i][j]≡*(a[0]+n*i+j)≡*(*a+n*i+j)，即将二维数组当成顺序存储的一维数组。

一定要注意行列指针级别的不同。由于各行的行指针与该行首列的地址数值相等（如 a 与*a），有人就误认为它们是等价的。其实二者的级别不同，当它们加上同样的整数时，行指针移动若干行，列指针移动若干列。例如 a+1 与*a+1（分别是 1 行的首地址和 0 行 1 列的首地址），对于上面的整型数组，设 a 为 1000，则 a+1 的地址值为 1016，而*a+1 的地址值为 1004，数值就不同了。

行指针（二级）	列指针（一级）	元素
a≡&a[0]	*a≡a[0]≡&a[0] [0]	a[0] [0]≡*a[0]≡**a
	*a+1≡a[0]+1≡&a[0] [1]	a[0] [1]≡*(a[0]+1)≡*(*a+1)
	…	…
a+i≡&a[i]	*(a+i)≡a[i]≡&a[i] [0]	a[i] [0]≡*a[i]≡** (a+i)
	*(a+i)+1≡a[i]+1≡&a[i] [1]	a[i] [1]≡*(a[i]+1)≡*(*(a+i)+1)
	…	

2. 用于二维数组的指针变量

（1）指向数组元素的指针变量（一级指针变量）

【例 8.9】用一级指针变量输出二维数组的全部元素。

```
#include <stdio.h>
void main(void)
{
    int a[3][4]={1,2,3,4,5,6,7,8,9,10,11,12},i,j,*p;
    p=a[0];    // 指针变量必须得到首元素地址 a[0]或*a 或&a[0][0]
    for(i=0; i<3; i++)
        for(j=0; j<4; j++)
            printf("%3d", *(p+4*i+j));
    printf("\n");
}
```

程序运行结果如图 8-17 所示。

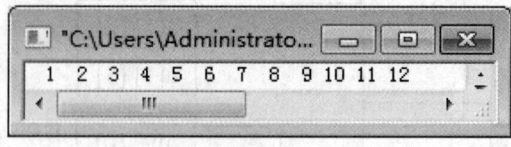

图 8-17　例 8.9 序运行结果

程序点拨

依题意应该按存储顺序输出，即将二维数组当成一维数组访问。由 a[i][j]≡*(a[0]+n*i+j)可知，只要将首元素地址 a[0]换成指针变量就可以表示任意元素 a[i][j]。

（2）指向一维数组的指针变量（行指针变量）

二维数组名（设为 a）以及 a+1、a+2 等均为行指针（二级指针）常量，分别指向由一行元素组成的行一维数组，但它们不能移动（例如不能由 a++使 a 得到地址 a+1）。但是如果有定义：

```
int a[3][4], (*prt)[4];prt=a;
```

考虑到其中的(*prt)[4]，因为()和[]的优先级相同，*prt 表示 prt 应为指针变量，它指向一个含有 4 个元素的整型一维数组，而不是指向一个元素，因此它是二级指针变量（行指针变量），可以移动。指向一维数组的指针变量的定义一般形式为：

```
类型 (*指针变量名)[一维数组元素个数];
```

定义中的圆括号不能少，否则将变成后面要介绍的指针数组。指向一维数组的指针变量 prt 取得二维数组名 a 的首地址后有如下的关系：

```
prt[i][j]=*(prt[i]+j)=*(*(prt+i)+j)=(*(prt+i))[j]=a[i][j]
```

看起来只是将二维数组名 a 换成指针变量名 prt，不过 prt 已是可以移动的行指针变量了。而且指向一维数组的指针变量可以作为形参，接受二维数组名等实参传来的二级指针，解决二维数组问题。

【例 8.10】输出二维数组任意行任意列的元素值。

定义指向一维数组的指针变量，按照上面的说明表示二维数组任意行任意列的元素。

```
#include <stdio.h>
void main(void)
{
    int a[3][4]={1,2,3,4,5,6,7,8,9,10,11,12};
    int (*p)[4]=a, row, col;
    printf("输入任意的行列数：");
    scanf("%d,%d", &row, &col);
    printf("a[%d][%d]=%d\n",row,col,*(*(p+row)+col));
}
```

输入任意的行列号：1, 2↙，程序运行结果如图 8-18 所示。

重点

① 用指针的方法访问二维数组时知道二维数组的地址关系（图 8-16）至关重要。对二维数组 a[m][n]而言，指针常量 a+i、*(a+i)、a[i]、&a[i]、&a[i][0]数值相等，都是第 i 行的首地址，但指针的级别和意义不同：

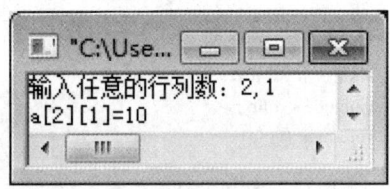

图 8-18 例 8.10 程序运行结果

- a+i 和&a[i]等价，它们是二级指针（行指针），是第 i 行的首地址。同数组名一样并不指向具体的存储单元，对它们用指向运算符"*"作用后得到的*(a+i)和 a[i]不是数组元素。
- *(a+i)、a[i]和&a[i][0]等价，它们都是一级指针（列指针），是第 i 行 0 列元素的首地址，对它们用指向运算符"*"作用后得到的**(a+i)、*a[i]和 a[i][0]等价，是数组元素 a[i][j]。

② 用指针变量访问二维数组目前有两种方法，即用一级指针变量顺序访问（把二维数组当作一维数组）和用指向一维数组的指针变量按行按列访问。

- 用一级指针变量顺序访问二维数组的方法：定义一级指针变量 p，赋给它首元素的地址 a[0]（或*a 或&a[0][0]），*(p+n*i+j)即元素 a[i][j]。

- 用指向一维数组的指针变量访问二维数组的方法：定义指向一维数组的指针变量 p，赋给它数组的首地址 a，*(*(p+i)+j)即元素 a[i][j]。

8.2.3 指针与字符串

1. 字符串的访问方法

C 语言中存放字符串的量有：字符串常量和字符数组。与一维数组的情况相同，字符类型的指针变量如果取得字符数组或字符串的首地址，也可以用来访问一维数组。由于字符串或字符数组中的字符都是连续存放的，且都以'\0'字符为结束标志，所以用取得字符串或字符数组首地址的字符型指针变量访问字符串是很方便的。

【例 8.11】理解下面程序中字符型指针变量的作用。

```
#include <stdio.h>
void main(void)
{
    char *s="Hello World";           // 定义字符型指针变量 s 且取得字符串首地址
    char str[]="Computer",*p=str;    // 定义字符型指针变量 p 且取得字符数组首地址
    puts(s); puts(p);                // 分别输出两个字符串
}
```

程序运行结果如图 8-19 所示。

程序点拨

从例 8.11 可以看出，C 语言访问字符串的方式有以下几种：
（1）直接引用字符串常量（直接访问方式）。
（2）字符数组方式（直接访问方式）。
（3）字符型指针变量方式引用字符串常量或字符数组（间接访问方式）。

【例 8.12】在输入的字符串中查找是否有字符'k'，若有指出第一次遇到的'k'是第几个字符。
源程序如下：

```
#include <stdio.h>
void main(void)
{
    char str[80], *ps=str;
    int i;
    printf("输入一个字符串：\n");
    gets(ps);                        // 用字符型指针变量输入字符串
    for(i=0; str[i]!='\0';i++)
        if(str[i]=='k')break;        // 查找第一个'k'的位置
    if(str[i]!='\0')
        printf("'k'是第%d 个字符。\n",i+1);
    else
        printf("在字符串中没有'k'字符。\n");
}
```

程序运行结果如图 8-20 所示。

程序点拨

当逐个检查字符时，使用字符数组处理十分方便。程序中将字符数组的首地址赋给指针变量，并用指针变量输入字符串。

图 8-19 例 8.11 程序运行结果

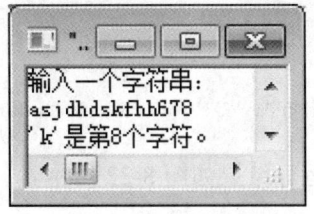

图 8-20 例 8.12 程序运行结果

【例 8.13】在输入的字符串中删除指定的字符。

用字符型指针变量操作字符串是很方便的，源程序如下：

```
#include <stdio.h>
void main(void)
{
    char str[80],*p,*q,ch;
    printf("输入一个字符串：\n");
    gets(str);
    printf("输入一个你想删除的字符：\n");
    ch=getchar();
    p=q=str;
    for(;*p!='\0';p++)   // 实现删除字符
        if(*p!=ch) *q++=*p;
    *q='\0';             // 添加字符串结束标志
    puts(str);
}
```

程序运行结果如图 8-21 所示。

程序点拨

程序中删除字符串中的字符用 for 循环实现。指针变量 p 遍及字符串中的所有字符，*q 代表删除字符 ch 以后的字符串中的字符。在表达式*q++中，q 先结合*运算符，取地址值后 q 自增，注意对*q 赋值是有条件的，这就实现了删除全部 ch 字符。删除了 ch 字符后，最后要添加结束标志。由于 p、q 都已移动，要用首地址 str 输出。

【例 8.14】输入字符串，统计各元音字母的个数。

元音字母只有 5 个，因此可以用 switch 语句结构，源程序如下：

```
#include <stdio.h>
void main(void)
{
    char str[80], *p=str;    // 存储字符串用字符数组，访问字符串用字符型指针变量
    int a=0,e=0,i=0,o=0,u=0; // 元音字母计数器
    printf("输入一个字符串：\n");
    gets(str);
    while(*p!='\0')
    {
        switch(*p)
        {
        case 'a':a++;break;
        case 'e':e++;break;
        case 'i':i++;break;
        case 'o':o++;break;
        case 'u':u++;
```

```
            }
            p++;
        }
    printf("a=%d,e=%d,i=%d,o=%d,u=%d\n",a,e,i,o,u);
}
```

程序运行结果如图 8-22 所示。

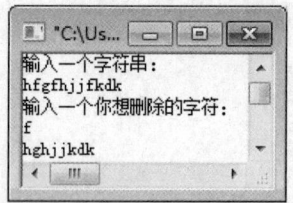

图 8-21　例 8.13 程序运行结果

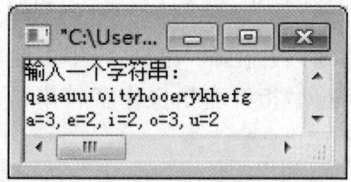

图 8-22　例 8.14 程序运行结果

程序点拨

从例 8.14 可以看出，用字符数组和字符型指针变量都可以访问字符串，它们的区别主要有以下几点：

（1）占据的存储空间不同：字符数组存储全部字符和'\0'；字符型指针变量存储字符串的首地址。

（2）字符数组名与字符型指针变量的性质不同：字符数组名为指针常量，不能移动，它代表的存储空间也不能移走；而字符型指针变量是变量，可以移动，若指向其他字符串，它代表的存储区域将改变。

（3）改变字符串的方法不同：字符数组要逐个元素重新赋值或使用 strcpy() 等函数；字符型指针变量只要取得新字符串首地址即可（用"字符型指针变量=字符串"或"字符型指针变量=字符数组名"）。

注意：当需要存储一个字符串时一般用字符数组；对已有的字符数组或字符串进行处理时可以用字符型指针变量。

2. 字符串指针作函数参数

与一维数组的情况相同，字符数组和字符型指针变量都可以作形参，实质都是指针变量；字符数组名和取得字符数组首地址的指针变量都可以作实参，还可以用字符串常量（实质也是其首地址）作实参。字符串指针作为函数参数的形式如表 8-2 所示。

表 8-2　字符串指针作为函数参数的形式

实际参数	形式参数
字符数组名	字符数组
字符数组名	指针变量
指针变量	字符数组
指针变量	指针变量
字符串常量	字符数组
字符串常量	指针变量

【例 8.15】编写函数 cpystr，用指针方法将字符串 2 复制到字符串 1。主函数调用 cpystr 实现复制。

源程序如下：

```
#include <stdio.h>
void cpystr(char *s1, char *s2)
{
    while(*s2!='\0') *s1++=*s2++;
    *s1='\0';
}
void main(void)
{
    char str1[20],str2[20];
    printf("输入字符串 2： \n");
    gets(str2);
    cpystr(str1, str2);
    printf("字符串 1 是：%s\n",str1);
}
```

程序运行结果如图 8-23 所示。

注意：如果要求将一个确定的字符串（例如"Visual C++ 6.0"）复制到字符数组 1 中，上面的主函数可直接调用 cpystr 函数，实参 str2 就可改用该字符串：

```
#include <stdio.h>
void main(void)
{
    char str1[20];
    cpystr(str1, "Visual C++ 6.0");
    puts(str1);
}
```

重点

① 字符串常量在内存中占用连续的存储单元，C 语言把这片连续的存储单元视为无名的一维字符数组，起始地址由编译系统自行指定。每个字符串常量都有各自的起始地址，即使两个完全相同的字符串，它们的起始地址也是不同的。

② 可以用字符型指针变量访问字符数组和字符串。访问字符数组时要先让指针变量得到字符数组的首地址（数组名）；访问字符串时也要让指针变量得到字符串首地址，即常量字符串本身，例如 p="China"。要注意：通过指针移动来存取字符数组或字符串中的字符时，不能使指针越界。

图 8-23 例 8.15 程序运行结果

8.2.4 指针数组

1. 指针数组的概念和定义

有时我们需要将大量存储单元的地址存放到指针变量中，然后用指针变量来进行处理。显然大量分散的指针变量是不便使用的，如果形成一个数组就方便了，这就是指针数组。所谓指针数组即一个数组的所有元素都是指针类型，则这样的数组叫做指针数组。

一维指针数组定义的一般形式为：

```
类型 *数组名[元素个数];
```

例如：
```
int *pa[3];
```
上述语句表示 pa 是一个指针数组，它有三个数组元素，每个元素的值都是一个指针，指向整型变量。

通常可用一个指针数组来指向一个二维数组。指针数组中的每个元素都被赋予二维数组每一行的首地址，因此也可理解为指向一个一维数组。例如：
```
int a[3][4]={ 0,1,2,3,10,11,12,13,20,21,22,23};
int *pa[3]={a[0],a[1],a[2]};
```
指针数组 pa 中的元素指向二维数组 a 的某行第 0 个元素，如图 8-24 所示。

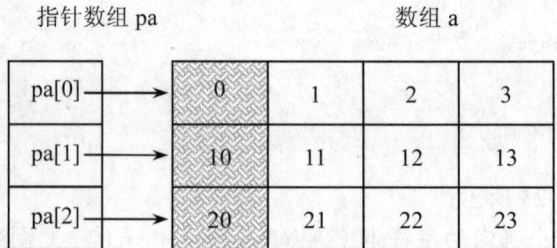

图 8-24　指针数组示例

【例 8.16】阅读程序，写出运行结果。

源程序如下：
```
#include <stdio.h>
void main(void)
{   int a[3][4]={1,2,3,4,5,6,7,8,9,10,11,12};
    int i ,*pa[3],*p=a[0];
    for(i=0;i<3;i++)
        pa[i]=a[i]; // 指针数组元素分别取得列指针
    for(i=0;i<3;i++)
        printf("%d,%d,%d\n",a[i][2-i],*a[i],*(*(a+i)+i));
    for(i=0;i<3;i++)
        printf("%d,%d,%d\n",*pa[i],p[i],*(p+i));
}
```
程序运行结果如图 8-25 所示。

程序点拨

本例程序中，pa 是一个指针数组，用循环语句 for(i=0;i<3;i++) pa[i]=a[i];使三个元素分别指向二维数组 a 的各行。然后用循环语句输出指定的数组元素。其中*a[i]表示 i 行 0 列元素值；*(*(a+i)+i) 表示 i 行 i 列的元素值；*pa[i]表示 i 行 0 列元素值；由于 p 与 a[0] 相同，故 p[i]表示 0 行 i 列的值；*(p+i)表示 0 行 i 列的值。读者可仔细领会元素值的各种不同的表示方法。

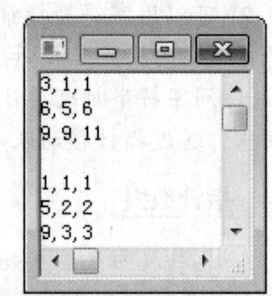

图 8-25　例 8.16 程序运行结果

应该注意指针数组和二维数组指针变量的区别。这两者虽然都可用来指向二维数组，但是其表示方法和意义是不同的。

二维数组指针变量是单个的变量，其一般形式中"(*指针变量名)"两边的括号不可少。

而指针数组表示的是多个指针（一组有序指针），在一般形式中"*指针数组名"两边不能有括号。例如：int (*p)[3];表示一个指向二维数组的指针变量。该二维数组的列数为 3 或分解为一维数组的长度为 3。int *p[3];表示 p 是一个指针数组，有三个下标变量，p[0]、p[1]、p[2]均为指针变量。

指针数组也常用来表示一组字符串，这时指针数组的每个元素都被赋予一个字符串的首地址。指向字符串的指针数组的初始化更为简单。

若有 int a[n][m],*pr[n]={a[0],a[1],a[2]…a[n-1]};（其中 n、m 是常整数），则指针的表示形式如表 8-3 所示。

表 8-3 二维数组中指针表示形式

指针数组名表示形式	数组名表示形式	含　　义
pr+i	a[i],*(a+i)	第 i 行第 0 列元素地址
pr[0],*(pr+0),*pr	a[0],*(a+0),*a	第 0 行第 0 列元素地址
pr[i]+j,*(pr+i)+j	a[i]+j,*(a+i)+j,&a[i][j]	第 i 行第 j 列元素地址
(pr[i]+j),(*(pr+i)+j),pr[i][j]	*(a[i]+j),*(*(a+i)+j),a[i][j]	第 i 行第 j 列元素值

2．用指针数组处理多字符串问题

指针数组主要用在多字符串的处理上。在第 6 章"数组"中我们看到，用二维字符数组处理多字符串问题时要求各行的列数相等，比较浪费存储空间，而用指针数组解决了这个问题。

（1）字符型指针数组可以通过初始化取得一批常量字符串的首地址，例如：
char *ps[4] ={"China","Japan","Korea","Australia"};

由于指针数组的每一个元素都指向一个字符串常量，这样就大大节约了存储空间，如图 8-26 所示。

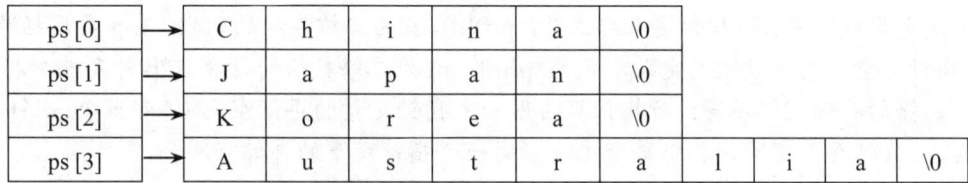

图 8-26 指针数组的元素存储字符串首地址

（2）利用指针数组元素访问字符串，可以利用循环，大大提高程序的效率。例如：
for(k=0; k<4;k++) puts(ps[k]);

（3）通过调整指针数组元素的指向，也可以对字符串进行排序。

【例 8.17】利用指针数组对多字符串进行字典排序。
```
#include <stdio.h>
#include <string.h>
void main(void)
{
    int i, j;
    char *ps[4] ={"China","Japan","Korea","Australia"}, *p;
    printf("字符串原顺序是：\n");
    for(i=0; i<4; i++) puts(ps[i]);
    for(i=0; i<3; i++)         // 对字符串进行排序
```

```
            for(j=i+1; j<4; j++)
                if(strcmp(ps[i],ps[j])>0)
                {
                    p=ps[i]; ps[i]=ps[j]; ps[j]=p;
        printf("排序后字符串是：\n");
        for(i=0; i<4; i++) puts(ps[i]);
    }
```

程序运行结果如图8-27所示。

注意：用指针数组对字符串排序只是改变了指针数组各元素的指向，并没有改变原来各字符串的存储顺序。

另外，利用字符型指针数组不仅可以对字符串进行操作，也可以对任意字符串中的任意字符进行访问（例如ps[0]指向"China"中的'C'（首地址），ps[0]+1指向字符'h'等）。

重点

（1）行指针（指向一维数组的指针变量）与指针数组的相同点

① 行指针和指针数组都是按二维数组的逻辑结构定义的。行指针指向二维数组的首行，指针数组的各个元素分别指向二维数组各行首列。

图8-27 例8.17程序运行结果

② 用行指针和指针数组访问二维数组元素时，都要进行两次（行列各一次）访问地址运算。

③ 用行指针和指针数组名组成的地址表达式访问二维数组元素形式上完全相同，掌握其中一个就可套用另一个。

（2）行指针与指针数组的不同点

① 定义形式不同：行指针定义形式为(*prt)[n]，n为二维数组的列数，*prt要用括号括起，表示是指针变量；指针数组的定义形式为*p[m]，m为二维数组的行数，*p外不能加括号。

② 占据的存储空间不同：行指针只占用一个指针变量的存储空间（4字节）；指针数组要占据一段连续的存储空间，其中每个元素占据一个指针变量的存储空间。

③ 赋值（含初始化赋值）方式不同：行指针一般要取得二维数组名代表的首地址；而指针数组的每个元素 p[i]要取得二维数组（设为a）各行首列元素地址 a[i]或*(a+i)。

④ 指针移动不同：行指针在二维数组的行间移动，增加1表示指向新的行；指针数组名是指针常量不能移动，其元素在二维数组的列间移动，增加1表示指向新的列。

8.3 指针与函数

指针与函数的关系有以下三个方面的问题：
（1）指向函数的指针
（2）返回指针的函数
（3）指针作为函数参数

8.3.1 指向函数的指针

函数作为程序实体,在程序执行以前其代码也要进入内存,占据内存的一段连续存储区域,因此函数也有内存地址。函数在内存中一段连续的存储区域的首字节编号叫函数的入口地址,又叫函数指针。在 C 语言中,函数指针用函数名表示,它是一个指针常量。C 语言可以通过定义指向函数的指针变量接受函数指针,然后通过指向函数的指针变量访问该函数(间接访问)。

指向函数的指针变量定义的一般形式为:

函数返回值的类型　(*指针变量名)();

注意:定义中第一个圆括号不能少,否则就会变成 8.3.2 节将要介绍的返回指针的函数的定义。指向函数的指针变量在接受某一函数的入口地址以后,即可用来调用该函数(无其他运算)。

指向函数的指针变量调用函数的方法:

(1) 定义指向函数的指针变量。
(2) 给指针变量赋函数入口地址(函数名)。
(3) 调用函数的一般形式如下所示:

(*指针变量)(实参列表)

【例 8.18】用指向函数的指针变量调用求两个数中最大值的函数。

```
#include <stdio.h>
int maxnum(int a, int b)
{
    return((a>b)?a:b);
}
void main(void)
{
    int x,y,max,(*funp)();      // 定义变量的同时定义指向函数的指针变量,函数返回整型值
    funp=maxnum;                // 将函数的入口地址赋给指向函数的指针变量
    printf("输入两个数: ");
    scanf("%d%d",&x, &y);
    max=(*funp)(x, y);          // 用指向函数的指针变量调用函数,返回值赋给 max
    printf("最大数是%d。\n",max);
}
```

程序运行结果如图 8-28 所示。

程序点拨

程序中 funp 是指向函数的指针变量,所以可把函数名 maxnum 赋给 funp 作为 funp 的值(funp=maxnum;),即把 maxnum()的入口地址赋给 funp 以后就可以用 funp 来调用该函数。实际上 funp 和 maxnum 都指向同一个入口地址,不同的是 funp 是一个指针变量,不像直接用函数名调用那样固定,它可以指向任何函数,就看用户想怎么做了。在程序中把哪个函数的地址赋给它,它就指向哪个函数。不过应注意,指向函数的指针变量没有++和--运算,用时要小心。

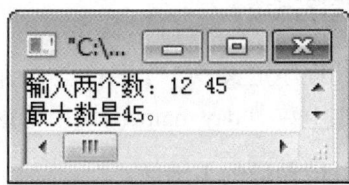

图 8-28　例 8.18 程序运行结果

8.3.2 返回指针的函数

在有些情况下，我们希望通过函数返回一个地址值，这时可以定义一个返回指针的函数。定义返回指针的函数形式为：

```
类型 *函数名(类型 形参1,类型 形参2 …)
{                // 以下为函数体
……
}
```

函数名前面的"*"表示该函数是返回指针的函数，"类型"是函数返回地址值的基类型，即返回指针所指向的数据类型。注意此处定义的返回指针的函数与 8.3.1 节定义的指向函数的指针变量的不同：

指向函数的指针变量的定义形式为：类型 (*p)();。

在没有形参的情况下，返回指针的函数的定义形式为：类型 *p(){函数体}。

形式上前者"*p"外有圆括号，后者"*p"外没有圆括号；最重要的是实质不同，前者"p"是指针变量名，后者"p"是函数名，除了函数首部还有函数体。

返回指针的函数在被调用的时候必须注意：调用该函数给指针变量赋值，该指针变量的基类型必须与该函数返回地址值的基类型相同。

【例 8.19】输入一个 1～7 之间的整数，输出对应的星期名。

源程序如下：

```c
#include <stdio.h>
#include <process.h>
char *day_name(int n)
{
    char *name[]={"Illegalday","Monday","Tuesday","Wednesday","Thursday","Friday",
        "Saturday","Sunday"};   // 字符型指针数组元素存放星期名等字符串首地址
    return((n<1||n>7)?name[0]:name[n]);   // 将指针数组元素存放的地址值返回
}
void main(void)
{
    int i;
    printf("Input Day No.:");
    scanf("%d",&i);
    if(i<0) exit(1);
    printf("Day No.%2d->%s\n",i,day_name(i));// 函数
}
```

程序运行结果如图 8-29 所示。

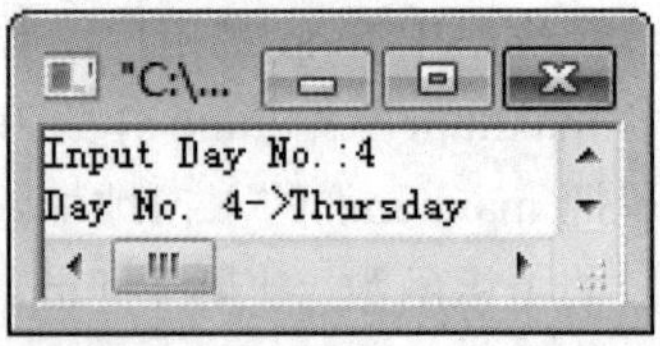

程序点拨

此程序定义了一个字符型子函数 char *day_name(int n)，通过主函数中 day_name(i)调用的返回值决定输出的字符串。

图 8-29 例 8.19 程序运行结果

8.3.3 带参数的主函数

由于 main 函数不被其他函数调用，不需要从其他函数接受数据，因此从函数调用角度来说，main 函数不需要形式参数。但是，C 程序编译连接形成可执行程序（.exe 文件）后，要

在 DOS 提示符的状态下即命令行运行，此时可以接受命令行传来的数据。因此，C 语言规定 main 函数也可以有形式参数，而实参就是命令行输入的字符串。包含形式参数的 main 函数的一般形式为：

```
main(int argc, char *argv[])
{                    // 以下为函数体
……
}
```

说明：

（1）字符型指针数组 argv 的元素指向命令行输入的若干字符串，这些字符串以空格隔开，形如：

C:\>可执行文件名　参数 1　参数 2　…　参数 n↙

第一个字符串就是可执行文件名，由 argv[0]指向，后面还可以有若干字符串（称为命令行参数），分别由 argv[1]、argv[2]…指向。通过这些指针，main 函数可以引用这些字符串。

（2）整型变量 argc 记载命令行字符串的个数，也就是指针数组 argv 的元素个数。

（3）与一般指针数组名不同，由于指针数组 argv[]是形参，其名 argv 是二级指针变量而不是常量，因此可以有 argv++、argv--等运算。

（4）参数名可以不用"argc"和"argv"，但是它们的类型和作用不变，位置也不能颠倒。

【例 8.20】编程显示命令行输入的全部字符串，每行一个字符串。

```
#include <stdio.h>
main(int argc, char *argv[])
{
    while(argc-- >1)
        printf("%s\n",*++argv);
}
```

设该程序编译连接后形成的可执行文件名为 8-20.exe，若把它放到 C 盘下，然后在命令行输入：

C:\>8-20 Computer C Language↙

程序运行结果如图 8-30 所示。

程序点拨

命令行共输入了四个字符串，因此 argc=4，第一次执行 while 循环体时 argc=3，argv=&argv[0]，++argv 使得 argv==&argv[1]，*++argv 即 argv[1]，它指向第二个字符串，故输出"Computer"。以后每次循环 argc 减少 1，argv 向指针数组高端移动 1。由 argc>1 的条件共循环 3 次，输出 3 个字符串，第二次输出"C"，第三次输出"Language"。

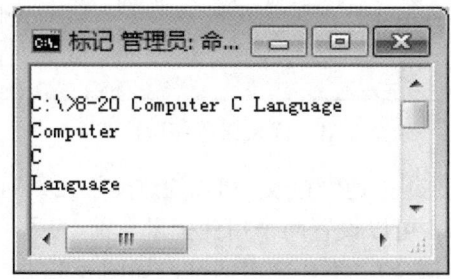

图 8-30　例 8.20 程序运行结果

注意：可执行文件名不能用 DOS 的内部命令名，否则 DOS 执行的是内部命令，而不是程序的可执行文件。例如不能取名为 echo.exe，因为如果命令行输入：

C:\>echo Computer C Language↙

屏幕将显示一行：

Computer C Language

屏幕显示的不是每个字符串一行，原因是上面的命令行执行的是 DOS 的内部命令 echo，它的作用就是在下一行显示命令行输入的 echo 之后的全部字符。

8.4 典型例题精解

【例 8.21】用指针的方法将数组 a 中的 n 个整数按相反的顺序存放。

源程序如下：

```c
#include <stdio.h>
void exchange(int *b, int n)
{
    int *p,*q,temp;
    p=b;q=b+n-1;
    for(;p<q;p++,q--)
    {
        temp=*p;*p=*q;*q=temp;
    }
}
void main(void)
{
    int i,a[10]={1,2,3,4,5,6,7,8,9,10};
    printf("原顺序数组：\n");
    for(i=0; i<10; i++)
        printf("%4d", a[i]);
    printf("\n");
    exchange(a, 10);
    printf("逆序数组：\n");
    for(i=0; i<10; i++)
        printf("%4d", a[i]);
    printf("\n");
}
```

程序运行结果如图 8-31 所示。

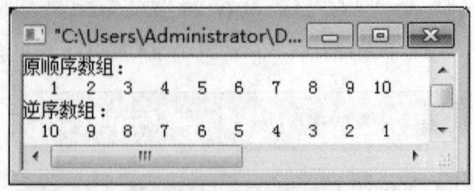

图 8-31 例 8.21 程序运行结果

【解析】由于是在同一个数组中逆序存放，可以通过交换元素的办法实现，即将 a[0]与 a[n-1]交换，a[1]与 a[n-2]交换……。可以设置两个指针变量一前一后，不断往中间移动（每次前面的指针自增 1，后面的指针自减 1），不要交错即可，如图 8-32 所示。

【例8.22】输入3×4整数矩阵并求矩阵中最大值、最小值和所有元素的平均值。

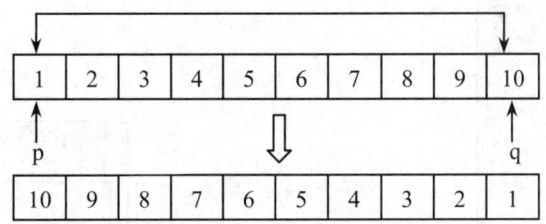

图8-32　数组元素逆序存放

源程序如下：
```c
#include <stdio.h>
void main(void)
{
    int a[3][4],max,min,i,j,*p=a[0];    // 定义一级指针变量，按存储顺序访问二维数组
    float ave=0.0;
    printf("输入3×4数组：\n");
    for(i=0; i<3; i++)
        for(j=0; j<4; j++)
            scanf("%d", p+i*4+j);    // p+i*4+j 是元素 a[i][j]的地址
    max=min=*p;
    for(i=0; i<3; i++)
        for(j=0; j<4; j++)
        {
            if(*(p+i*4+j)>max) max=*(p+i*4+j);    // 若 a[i][j]大于 max 就将其存入 max
            if(*(p+i*4+j)<min) min=*(p+i*4+j);    // 若 a[i][j]小于 min 就将其存入 min
            ave+=*(p+i*4+j);    // 将所有元素求和存入 ave
        }
    printf("最大数是%d\n", max);
    printf("最小数是%d\n", min);
    printf("平均值是%f\n", ave/12.0);
}
```

程序运行结果如图8-33所示。

【解析】本程序采用的方法是：用取得首元素地址的一级指针变量，按存储顺序访问二维数组的全部元素。请读者再用另外两种方法来编写程序：

（1）用指向一维数组的指针变量（行指针变量）访问二维数组的全部元素。

（2）用指针数组访问二维数组的全部元素。

【例8.23】用指针方法统计字符串"this is a bad we are students"中单词的个数。规定单词由小写字母组成，单词之间由空格分隔，字符串开始和结尾没有空格。源程序如下：

```c
#include <stdio.h>
void main(void)
{
    char s[]="this is a bad we are students",*p=s;
    int n=0;
    while(*p!='\0')
    {
        if(*p>='a'&&*p<='z'&&(*(p+1)==' '||*(p+1)=='\0')) n++;
        p++;
    }
    printf("n=%d\n",n);
}
```

程序运行结果如图 8-34 所示。

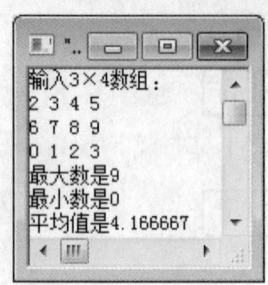

图 8-33　例 8.22 程序运行结果

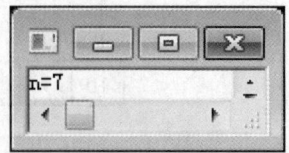

图 8-34　例 8.23 程序运行结果

【解析】在统计单词个数的 while 循环中，增加了单词数的判断条件的写法。本例采用判断单词结束并增加单词计数的方法，即当字符是字母并且下一个字符是空格或到了字符串结束处时需要增加单词计数。请读者考虑另一种增加单词计数的方法：在新单词开始时计数。

本章小结

本章学习了 C 语言中重要的数据类型——指针类型。为使读者对指针类型有一个完整、系统的了解，现将有关知识作一个小结。

1. 指针类型小结（见表 8-4）

表 8-4　C 语言指针类型

名　称	定义（以整型为例）	含　义
一级指针变量	int *p	p 指向整型数据（变量、数组元素）
二级指针变量	int **p	p 指向整型一级指针变量
指向一维数组的指针变量	int (*p)[n]	用于二维数组（有 n 列）的行指针变量
一维指针数组	int *p[n]	元素是整型一级指针变量的一维数组
指向函数的指针变量	int (*p)()	p 指向一个返回整型值的函数
返回指针的函数	int *fun(){函数体}	fun 函数返回一个指向整型数据的指针

2. 指针运算小结

（1）变量的取地址运算&和指针的指向运算*

变量的取地址运算得到变量的内存地址；指针（即地址）的指向运算得到该指针指向的存储单元。设有定义 int x=5, *p;，则：

```
p=&x;              // p 得到 x 的地址，p 指向 x
printf("%d",*p);   // *p 即 p 指向存储单元 x，此处打印 x 的值
```

因此"&"和"*"是一对互逆的运算符：

*(&x)==x　　　&(*p)==p

注意："&"运算符只能作用到变量或数组元素（包括指针变量和指针数组元素）上，因为它们都有存储单元，不能作用到常量或表达式上；"*"运算符只要作用到地址上即可，无论是指针变量、指针数组元素还是地址常量、表达式均可，当然不能作用到普通常量、变量或表达式上。

（2）指针变量的赋值运算

指针变量的赋值运算即是让指针变量存储地址值的运算，指针变量定义以后必须要给它赋值，否则被称作"野指针"，不能使用，如果使用将可能出现意想不到的结果。

给指针变量赋值有定义时初始化赋值和在函数执行部分赋值两种形式。

具体的赋值形式有：

p=&a;	// 将变量 a 的地址赋给 p
p1=p2;	// 将同类型指针变量 p2 存放的地址值赋给 p1
p=array;	// 将数组 array 的首地址赋给 p
p=&array[i];	// 将数组元素 array[i]的地址赋给 p
p=&a[i][j];	// 将二维数组元素 a[i][j]的地址赋给 p，p 是一级指针变量
p=a[0];	// a 是二维数组名，将元素 a[0][0]的地址赋给 p，p 是一级指针变量
p=*a;	// a 是二维数组名，将元素 a[0][0]的地址赋给 p，p 是一级指针变量
p=f(实参表);	// f 是返回指针的函数，将 f 返回的地址值赋给 p
p=fun;	// fun 是函数名，指向函数的指针变量 p 取得函数 fun 的入口地址
p=NULL;	// 将"空"指针赋给 p

给指针变量赋地址值必须注意类型和级别：

类型：不管什么级别的指针变量，包括返回指针的函数返回的地址值，其类型都是指最终指向的数据的类型（基类型）。指向函数的指针变量的类型是所指向的函数的返回值的类型。

级别：C 语言能将地址转换成指针变量可接受的级别，例如有定义 int a[3][4],*p;，赋值语句 p=a;和 p=a[0];效果相同（a 和 a[0]表示的地址值相同），但级别不同，a 是行指针、二级指针常量；a[0]是列指针、一级指针常量。行指针与列指针加上相同的整数后，结果不同。例如 a+2 与 a[0]+2 分别表示 2 行首地址和 0 行 2 列元素地址。强烈建议按级别给指针变量赋值，这对初学者很有好处。

注意：不能试图将整数赋给指针变量，如 p=1000;，或者将指针值赋给普通整型变量，如 x=p;，原因是存储单元的地址是由系统决定的，且只能用指针变量存储。

（3）指针加减整数的运算

指针加减整数的运算只适用于对连续存储单元如数组的地址运算，p+n（或 p-n）的结果是：取得 p 高端（低端）n 个单元的地址值，该地址值与存储单元的类型有关，不同类型每个单元的字节数可能不同。p 一般可为地址表达式。

（4）指针变量的自增、自减和自反算术运算

指针变量的自增、自减和自反算术运算只适用于对连续存储单元如数组的地址运算。p++（或 p--）的结果是：取得 p 高端(低端)1 个单元的地址值存放到 p 中，p 的原值被覆盖。p+=n（或 p-=n）的结果是：取得 p 高端（低端）n 个单元的地址值存放到 p 中，p 的原值被覆盖。注意：在此两种运算中，p 必须是指针变量，不能是常量或表达式。

（5）两个指向同一数组元素的指针相减运算 p-q 的结果为整数 n，表示 p 在 q 的高端 n 个单元，p、q 一般可为地址表达式。

（6）指针的关系运算

指针的关系运算为比较指针（地址）大小的运算，参与运算的两个指针一般可为地址表达式。

习题 8

一、单项选择题

1. 已知 int a,*p;，则正确的赋值表达式是_____。
   A．p=&a B．p=a C．*p=&a D．*p=*a

2. 已知 int *p,a;，则语句"p=&a;"中的运算符"&"的含义是_____。
   A．逻辑与运算 B．位与运算
   C．取指针内容 D．取变量地址

3. 基本类型相同的两个指针变量之间，不能进行的运算是_____。
   A．< B．= C．+ D．-

4. 若已定义 int a[9],*p=a;，并在以后的语句中未改变 p 的值，不能表示 a[1]地址的表达式是_____。
   A．p+1 B．a++ C．a+1 D．++p

5. 设指针 x 指向的整型变量值为 28，则 printf("%d\n",(*x)++);输出的是_____。
   A．27 B．28 C．29 D．30

6. 指针 s 所指的字符串的长度为_____。
   char *s="\t\'Name\\Address\n";
   A．19 B．18 C．15 D．17

7. 如有 int *p, a=5, b;，则以下正确的程序段为_____。
   A．p=&b; scanf("%d",&p); B．p=&b; scanf("%d",*p);
   C．scanf("%d",&b); *p=b; D．p=&b;*p=a;

8. 有以下说明语句 int a[2][3];，则对数组元素 a[i][j]的正确引用是_____。
   A．*(*(a+i)+j) B．(a+i)[j] C．*(a+i+j) D．a[i]+j

9. 若有说明语句 int a[10], *p=a;，对数组元素的正确引用是_____。
   A．a[p] B．*(p+2) C．p[a] D．p+2

10. 若有定义 int aa[8];，则以下表达式中不能代表数组元素 aa[1]的地址的是_____。
    A．&aa[0]+1 B．&aa[1] C．&aa[0]++ D．aa+1

11. 若有以下说明语句，则_____是对 c 数组元素的正确引用。
    int c[4][5], (*p)[5]; p=c;
    A．p+1 B．*(p+3) C．*(p+1)+3 D．*(*p+2)

12. 已知有说明语句 float (*p)();，则该指针为_____。
    A．指向整型的指针 B．指向浮点型的指针
    C．指向整型函数的指针 D．指向浮点型函数的指针

13. 已知 p、p1 为指针变量，a 为数组名，j 为整型变量，下列赋值语句中不正确的是_____。
    A．p=10; B．p=a; C．p=&a[j]; D．p=&j,p=p1;

14. 设有以下语句，则_____不是对 a 数组的正确引用，其中 0≤i<10。
    int a[10]={0, 1, 2, 3, 4, 5, 6, 7, 8, 9}, *p=a;

A．a[p-a]　　　　　　B．*(&a[i])　　　　C．p[i]　　　　　　D．*(*(a+1))
15．设有如下的程序段：
```
char str[]="abcde",*ptr;
ptr=str;
```
执行完上面的程序段后，*(ptr+5)的值为_____。
A．e　　　　　　　　B．0　　　　　　　C．不确定的值　　　D．字符 e 的地址
16．已知 char h,*s=&h;，可将字符 H 通过指针存入变量 h 中的语句是_____。
A．*s=H;　　　　　　B．s=H;　　　　　　C．*s='H';　　　　　D．s='H'
17．已知 char b[5],*p=b;，则正确的赋值语句是_____。
A．b="abcde"　　　　B．*b="abcde"　　　 C．p="abcde"　　　 D．*p="abcde"
18．经过下列的语句 int j,a[10],*p;定义后，下列语句中合法的是_____。
A．p=p+2;　　　　　 B．p=a[5];　　　　　C．p=a[2]+2;　　　 D．p=&(j+2);
19．若有以下定义，则值为 3 的表达式是_____。
int a[ ]={1, 2, 3, 4, 5, 6, 7, 8, 9, 10}, *p=a;
A．p+=2,*(p++)　　　　　　　　　　　　B．p+=2,* ++p
C．p+=3,*p++　　　　　　　　　　　　 D．p+=2, ++*p
20．有说明语句 int a[2][3] ;，则对数组元素 a[i][j]地址的正确引用是_____。
A．*(a[i]+j)　　　　　B．(a+i)　　　　　　C．*(a+j)　　　　　D．a[i]+j

二、填空题

1．对于变量的指针，其含义是指该变量的_____。
2．设 int a[10],*p=a;，则对 a[2]的正确引用是_____。
3．设 int a=2,b=3,c=4,*p1=&b,*p2=&c;，则执行完语句 a*= (*p1+2)+(1+*p2);后，a 的值是_____。
4．执行下列语句后，*(p+1)的值是_____。
```
char s[3]="ab",*p;
p=s;
```
5．设有以下语句：
```
int a[4]={2, 4, 6, 8};
int *p[4]={&a[0], &a[1], &a[2], &a[3]};
int **PP;
pp=p;
```
则**(p+2)的值是_____。
6．若有以下定义，则通过指针 p 引用值为 98 的数组元素的表达式是_____。
int w[10]={23, 54, 10, 33, 47, 98, 72, 80, 61, 102},*p=w;
7．设有 char *a="ABCD";，则 printf("%s", a);输出的是_____。
8．下面程序的输出结果是_____。
```
void main(void)
{
  char a[10]={9,8,7,6,5,4,3,2,1,0},*p=a+5;
  printf("%d",*--p);
}
```
9．下面程序段的输出结果是_____。

```
        char *s1="12345",*s2="abcd";
        printf("%d\n",strlen(strcpy(s1,s2)));
```
10. 设有以下定义的语句：
```
        int a[3][2]={10,20,30,40,50,60}, (*p)[2];
        p=a;
```
则*(*(p+2)+1)值为_____。

三、程序设计题

1. 实现两个整数的交换。
2. 编写一个程序，输入 10 个整数存入一维数组中，按逆序输出。
3. 利用指针找出 10 个数中的最大数及其位置。
4. 将八进制数的字符串换为十进制数（如输入"127"，结果为 87）。
5. 编写将 3×3 矩阵转置的函数，主函数输入一个矩阵，输出转置后的矩阵。
6. 编写函数求字符串的长度，主函数输入字符串，并输出其长度。
7. 删除字符串中的数字字符。
8. 输入一行字符，将其中所有字符从小到大排列后输出。
9. 利用指针实现 2 个字符串的连接。
10. 分别统计字符串中大写字母和小写字母的个数。

9 编译预处理

【内容概述】

通过本章的学习，熟练掌握 C 语言的编译预处理命令。常用的编译预处理命令有三种：宏定义命令、文件包含命令和条件编译命令。正确合理地使用编译预处理命令可以有效地提高程序的开发效率，改善程序的移植性。

【教学目标】

1. 掌握带参数和不带参数的宏定义命令。
2. 掌握文件包含命令。
3. 掌握条件编译命令。

9.1 宏定义

编译预处理命令是 C 语言编译系统的一个组成部分，C 语言源程序可以包含有多种预处理指令，在 C 语言编译系统对程序进行通常的编译前，先对程序中这些预处理指令进行预处理，然后将预处理的结果和源程序一起再进行一般的编译处理，从而得到目标代码（目标程序）。

C 语言中，可以用一个标识符来表示一个字符串，这种词法符号替换机制称为宏，宏定义的作用是用标识符来代表一串字符，相当于给一串字符命名，一旦经#define 对字符串命名，便可在 C 程序中使用宏定义标识符，C 语言编译系统在编译之前将这些标识符替换成所定义的字符串。

被定义为宏的标识符称为"宏名"，在预处理时将宏名替换成字符串的过程称为"宏代换"或"宏展开"，C 语言的宏定义分为无参宏定义和带参的宏定义。

9.1.1 无参宏定义

无参宏定义的一般形式为：

#define 标识符 字符串

例如：

#define E 2.71828

这里 E 就是宏名，它代表字符串 2.71828，该宏名在编译预处理时被替换成宏定义中的字符串 2.71828。

使用宏定义时应注意：

（1）宏定义不是 C 语句，故不用分号";"结尾，如有分号，将会连分号一起作为字符串替换。

（2）宏代换时仅以字符串取代宏名，字符串可以是任何字符，也可以是常数、表达式，预处理程序对它不作检查，如有错误，只能在编译被宏代换后的源程序时才能发现。例如：

```
#define PI 3.14159;
    ……
S=PI*r*r;
```

预处理程序将把 PI 代换成字符串"3.14159;"，则宏代换后语句变成"S=3.14159;*r*r;"，接下来的编译将会出现语法错误。

（3）宏定义允许嵌套，即在宏定义的字符串中可以使用已经定义的宏名。例如：

```
#define PI 3.14159
#define S PI*r*r
    ……
printf ("%f", S);
    ……
```

预处理后，输出函数进行宏代换的过程是：先将宏名"S"替换成"PI*r*r"，再将其中的宏名 PI 替换成"3.14159"，最后替换成：printf ("%f",3.14159*r*r)。

（4）宏名可用大小写字母表示，但为了便于区别变量，习惯上用大写字母。

（5）宏定义也有定义域，它的定义域为从定义开始到源程序结束，所以一般都将宏定义放在源程序的开头，可用预处理命令"#undef"来终止宏的定义域。例如：

```
#define PI 3.14159
    ……
S=PI*r*r;        // 正确的宏引用
#undef
    ……
L=2*PI*r;        // 错误的宏引用
```

编译时最后一句将会提示变量 PI 没有定义的语法错误。

（6）宏定义可以定义运算符、表达式以及一些有关的提示信息。

【例 9.1】用无参宏定义实现求圆面积和圆周长。

```
#include <stdio.h>
#define PI 3.14159
void main(void)
{
    double S,L;
    int r;
    printf("输入圆的半径：");
    scanf("%d",&r);
    S=PI*r*r;
    L=2*PI*r;
    printf("圆的面积=%f\n",S);
```

```
    printf("圆的周长=%f\n",L);
}
```
程序运行结果如图 9-1 所示。

程序点拨

程序中用 PI 作为宏名,在程序编译时,所有出现 PI 的地方全用字符串"3.14159"进行替换。从中可以看出使用宏定义简单方便,便于修改,也符合人们的习惯,而且程序的可读性更强。

【例 9.2】用宏定义输出格式简化源程序的书写。

```
#define P printf
#define D "%d\t"
#define F "%f\n"
#include <stdio.h>
void main (void )
{
    int a=1,c=3,e=5;
    double b=2.6,d=4.6,f=6.8;
    P(D F,a,b);
    P(D F,c,d);
    P(D F,e,f);
}
```

程序运行结果如图 9-2 所示。

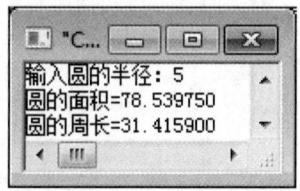

图 9-1　例 9.1 程序运行结果

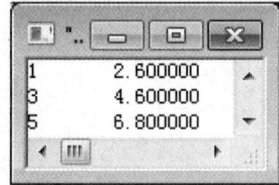

图 9-2　例 9.2 程序运行结果

程序点拨

在本程序中定义了三个宏,分别代表 printf 函数、%d\t 和%f\n 格式描述符,用宏定义输出格式后可以简化源程序的书写。

9.1.2　带参的宏定义

带参宏定义的一般形式为:

`#define 宏名(形参表)字符串`

同函数一样,宏定义中的参数称为形式参数,宏调用中的参数称为实际参数,在调用中不仅要进行宏展开,而且要用实参去代换形参。如:

`#define SUM(a,b) a＋b`

其中 SUM 为带参的宏名,a、b 为形式参数。则:

```
y=SUM (5,5)       // 等价于 y=5＋5
z=SUM (3*2,5/3)   // 等价于 z=3*2＋5/3
```

预处理时,根据带参宏的定义式进行代换,其中的形参用实参代换。关于带参宏,使用规则与无参宏类似,但是由于带参宏含有参数,在使用中,当实参为表达式时,定义形参时要注意括号的使用。

【例 9.3】求一个数的平方值。

源程序如下：

```
#define POW(x) (x*x)
#include <stdio.h>
void main(void)
{
    int a=5,b=3,c;
    c=POW(a+b);
    printf("c=%d\n",c);
}
```

程序运行结果如图 9-3 所示。

程序点拨

很显然结果产生了错误，根据宏定义的公式（或字符串），用形参代换实参，此时 c=POW(a+b)被代换为 c=a+b*a+b=5+3*5+3=23。

若将#define POW(x) (x*x)改为#define POW(x) ((x)*(x))，将会避免上述错误。这时，c=POW(a+b)被代换为 c=(a+b)*(a+b)=(5+3)*(5+3)=64。

【例 9.4】计算 1~10 的平方根的和。

源程序如下：

```
#include <stdio.h>
#include <math.h>
#define fun(x) ((x)*(x))
void main(void)
{
    int i;
    double s=0;
    for(i=1;i<=10;i++)
        s=s+fun(sqrt((double)i));
    printf("s=%f\n",s);
}
```

图 9-3　例 9.3 程序运行结果

图 9-4　例 9.4 程序运行结果

程序点拨

在带参的宏定义中，特别是实参是表达式时，括号的使用非常重要，原因是宏代换是用实参简单地代换形参，而不是像函数调用一样，先计算值，再去用值进行代换。

（1）带参的宏定义中，宏名和形参表之间不能有空格。

例如：#define AREA (r) 3.14159*r*r 将会被认为是无参宏定义，宏名 AREA 被代换成字符串(r) 3.14159*r*r。

（2）带参的宏与函数的区别。带参的宏的使用形式与函数相似，功能也有类似之处，但它们本质上是完全不同的。

① 在程序控制上，函数调用需要进行控制的转移（即程序从主调函数转到被调函数去执行），而带参的宏则仅是表达式的运算。

② 带参的宏的实参可以是任意数据类型。带参的宏一般是运算表达式，故它不像函数的实参有一定的数据类型限制（与形参一致）。宏的数据类型是表达式运算结果的类型，实参类型不同，结果类型就不同。例如：

#define MAX(x,y) ((x＞y?(x):(y))

若在程序中出现"a=MAX(3,5)"，结果为整型；若出现"a=MAX(3.8,4.2)"，则结果为实型。

③ 宏代换是在编译前预处理时进行的，并不给形参分配内存单元，不进行值的传递（仅是字符串代换），也无返回值，不会占用运行时间。而函数调用则是在编译后程序运行时进行的，它给形参分配临时的内存单元，并进行值的传递，故占用运行时间（带参的宏占用的是编译时间）。

9.2 文件包含

"文件包含"是指一个 C 源文件可以将另一个 C 源文件全部内容包含进来，这一过程是通过一个文件包含命令#include 来实现的。

文件包含的一般形式为：

#include <文件名> 或 #include "文件名"

程序中的一条#include 命令就相当于将 include 后的文件名中的内容全部嵌入该位置一样，从而将指定的文件和当前的源程序文件连成一个源文件。这一过程由编译系统完成。其过程如图 9-5 所示。

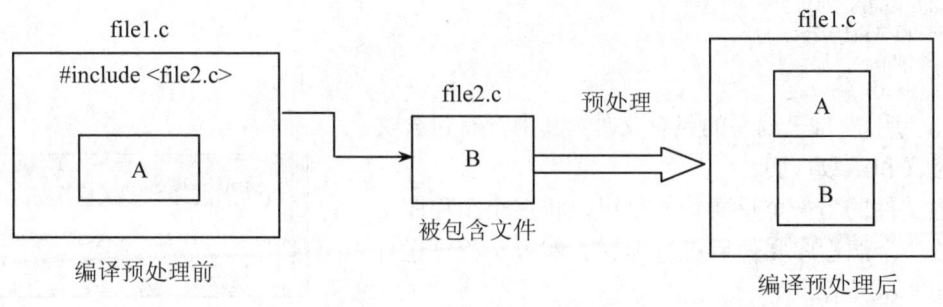

图 9-5 文件包含示意图

两种格式都能使编译系统将指定的被包含文件嵌入到带有#include 的源文件中，区别是搜索路径不同。

对于尖括号格式，系统到存放 C 语言库函数头文件所在目录（该目录是由用户在设置环境时设定的，一般是编译系统下的 include 子目录）中搜索要包含的文件，例如 stdio.h、math.h 等，这些文件都是文本文件，其中包含了库函数的说明语句和有关符号常量、宏定义等。由于这些文件常在源文件的开头被包含，故称为头文件，常以".h"为扩展名（h 为头 head 的首字母）以示其性质。对于双引号格式，系统先在用户当前目录中搜索包含文件，若找不到，再到系统存放头文件的目录中去搜索。

在编写较大的程序时，文件包含的用处更为明显。一般大程序分模块由多个程序员分别编程，可把一些公用的符号常量或宏定义单独组成一个文件，各个编程员在自己文件的开头用包含命令包含该文件即可使用，从而避免了编程员的重复劳动，另外，如果要修改某些常数，只需修改包含文件即可，而不必去修改每个程序。

使用文件包含时应注意：

① include 命令必须以#开头；include 命令不是 C 语句，因此不能在最后加分号。

② 一个#include 命令只能指定一个被包含文件，若有多个被包含文件，则需要多个#include 命令。

③ 文件包含允许嵌套，即在一个被包含文件中又可以包含另一个文件。

【例 9.5】分析下列程序，写出运行结果。

```c
#include "my.h"
void main(void)
{
    float r, fArea, fLen;
    scanf("%f",&r);
    fArea=S(r);
    fLen=L(r);
    printf("Area=%f, Len=%f\n", fArea, fLen);
}
float S(float r)
{
    return PI*r*r;
}
float L(float r)
{
    return 2*PI*r;
}
```

my.h 文件：

```c
#include <stdio.h>
#define PI 3.1415926
float S(float);
float L(float);
```

my.h 为用户自己编写的包含文件，其中含有包含文件、宏定义和函数声明。

包含文件的另一个重要功能是可以将多个源程序文件合并成一个源程序文件后进行编译。例 9.5 程序运行结果如图 9-6 所示。

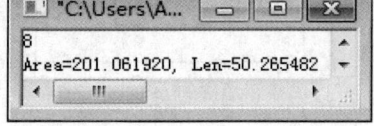

图 9-6　例 9.5 程序运行结果

【例 9.6】多个源文件处理实例。

假定有三个源文件 fa1.c、fa2.c、fa3.c：

```c
// fa1.c 程序
float max1(float x,float y)
{
    if (x>y) return(x);
    else return(y);
}
// fa2.c 程序
float max(float x,float y,float z)
{
    float m;        // 求三个数中的最大值
    m=max1(max1 (x,y),z);
```

```
        return(m);
}
// fa3.c 程序
#include <stdio.h>
void main(void)        // 主函数
{
        float a,b,c,max;
        scanf("%f,%f,%f",&a,&b,&c);
        max=max2(a,b,c);
        printf("max(%f,%f,%f)=%f\n",a,b,c,max);
}
```

程序点拨

例 9.6 中，单独编译 fa1.c 时会出现无主函数错误，单独编译 fa2.c 时会出现无主函数和无 max1()函数错误，单独编译 fa3.c 时会出现 max2()无定义错误。

如果在 fa3.c 的程序开头用#include 将 fa1.c 和 fa2.c 文件包含进去：

```
#include "fa1.c"
#include "fa2.c"
```

再重新编译运行程序，就能正确执行，因为在编译预处理时程序已经用包含文件 fa1.c 和 fa2.c 的内容替代了两个文件包含命令，并将其合并成一个文件一起编译。此时程序运行结果如图 9-7 所示。

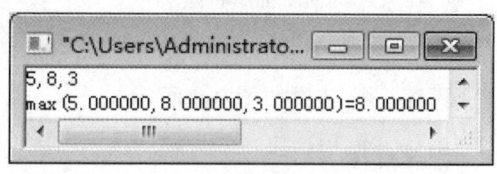

图 9-7　例 9.6 程序运行结果

9.3　条件编译

通常情况下，源程序中的所有语句都参加编译，但是有时根据需要，对其中一部分语句在满足某种条件的情况下进行编译，否则就不进行编译，这就是"条件编译"，这也是在编译预处理时要完成的工作，条件编译减少了编译的语句，简化程序调试工作，精练了目标代码，改善了程序的可移植性。

C 语言提供的条件编译命令有三种格式：

格式 1	格式 2	格式 3
#if 条件	#ifdef 宏名	#ifndef 宏名
程序段 1	程序段 1	程序段 1
[#else	[#else	[#else
程序段 2]	程序段 2]	程序段 2]
#endif	#endif	#endif

三种格式的功能：

格式 1：若条件成立，则编译程序段 1，否则编译程序段 2，其中条件由常量表达式构成。

格式 2：如果宏名在此之前已经由#define 定义过，则编译程序段 1，否则编译程序段 2。

格式 3：如果宏名在此之前未经#define 定义过，则编译程序段 1，否则编译程序段 2，与格式 2 的逻辑关系正好相反。

以上三种格式中的#else 程序段均为可选项。

【例9.7】输入n个数，利用条件编译使程序可以求最大值，也可以求最小值。
源程序如下：

```
#define N 5
#define DEBUG YES
#include <stdio.h>
void main(void)
{
    int a[N], m, *p=a;
    while(p<a+N)
        scanf("%d",p++);
    p=a;
    #if DEBUG==YES
        m=*p;                          // 求最大值程序段
        while(++p<a+N)   if(m<*p) m=*p;
        printf(" max=%d\n", m);
    #else
        m=*p;                          // 求最小值程序段
        while(++p<a+N)   if(m>*p) m=*p;
        printf(" min=%d\n", a);
    #endif
}
```

程序运行结果如图9-8所示。

程序点拨

程序假定n值为5，用宏名加以定义。采用条件编译#if DEBUG==YES，由于符号常数 DEBUG 用#define DEBUG YES 定义成了 YES，#if 条件成立，故求最大值一段程序被编译，要想求最小值，可用#define DEBUG NO 把符号常数 DEBUG 定义成 NO，这一部分就不会再成为编译对象，则去编译最小值一段程序。

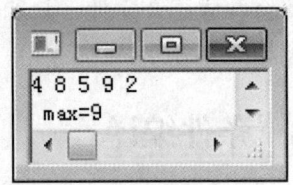

图9-8　例9.7程序运行结果

9.4　典型例题精解

【例9.8】求1到10平方之和。
源程序如下：

```
#include <stdio.h>
#define FUN(a) a*a
void main(void)
{
    int k=1;
    while(k<=10)
    printf("%d",FUN(k++));
}
```

程序运行结果如图9-9所示。

【解析】此程序定义了一个带参数的宏，通过循环不断的替换，求出求1到10平方之和。宏代换的执行是在程序运行之前完成的，不占用运行时间，程序的执行效率高。

【例9.9】分析以下程序的结果。

```
#include <stdio.h>
#define PI 3.1415926
#define S(r) PI*r*r
void main(void)
{
    float a,area;
    scanf("%f",&a);
    area=S(a);
    printf("r=%f\narea=%f\n",a,area);
}
```

程序运行结果如图 9-10 所示。

图 9-9　例 9.8 程序运行结果

图 9-10　例 9.9 程序运行结果

【解析】此程序定义了两个宏名：一个为不带参数的宏定义，一个为带参数的宏定义，在带参数的宏定义中使用了已经定义的过的宏名。当程序运行时输入半径后，赋值语句 area=S(a);经宏展开后为 area=3.1415926*a*a;再计算，将表达式的值赋给变量 area。

【例 9.10】输入一行字母字符，根据需要设置条件编译，使之能将字母全改为大写输出，或全改为小写字母输出。

```
#define LETTER 1
void main()
{
    #include <stdio.h>
    char str[20]="C Language",c;
    int i;
    i=0;
    while((c=str[i])!='\0')
    {
        i++;
        #if LETTER
            if(c>='a'&&c<= 'z') c=c-32;
        #else
            if(c>='A'&&c<='Z')    c=c+32;
        #endif
        printf("%c",c);
    }
    printf("\n");
}
```

程序运行结果如图 9-11 所示。

【解析】此程序通过条件编译的方法，将数组中存放的字符串小写改为大写，或大写改为小写。本程序根据给定的宏定义，是将字母 C Language 全改为大写字母输出。

图 9-11　例 9.10 程序运行结果

思考：如果将程序第一行改为#define LETTER 0，运行结果是什么？

本章小结

预处理是 C 语言特有的功能，它优化了程序设计环境，简化了程序开发过程。它属于 C 语言编译系统的一部分，它在 C 语言编译系统对源程序进行编译之前，先对程序中的命令进行"预处理"。预处理功能主要包括宏定义、文件包含、条件编译三部分。

（1）宏定义是用一个标识符来表示一个字符串，宏调用时用字符串替换宏名。宏定义可以不带参数，也可以带参数。带参数的宏定义在预处理时是以实参替换形参，而不是"值传送"。

（2）文件包含用于把多个文件连接成一个源文件进行编译。

（3）条件编译可以根据程序员的设置，只编译程序中满足条件的程序段，从而使生成的目标代码较短，减少了内存开销，方便了程序的调试和移植。

习题 9

一、单项选择题

1. 下列形式中，不属于编译预处理命令的是_____。
   A．#ifdef M   B．#undef M   C．#if (M>1)   D．while (M>1)
2. 下列说法中正确的是_____。
   A．C 程序必须在开头用预处理命令#include
   B．预处理命令必须位于 C 程序的首部
   C．在 C 语言中，预处理命令都以 "#" 开头
   D．C 语言的预处理命令只能实现宏定义和条件编译的功能
3. 在宏定义#define PI 3.14 中用宏名 PI 代替一个_____。
   A．单精度数   B．双精度数   C．字符串   D．常量
4. 以下叙述中正确的是_____。
   A．预处理命令行必须位于源文件的开头
   B．宏替换不占用程序的运行时间
   C．宏名必须用大写字母表示
   D．在源文件的一行上可以有多条预处理命令
5. 下列预处理命令正确的是_____。
   A．#include <stdio.h>;   B．define M
   C．#define M 3   D．define M 3+5;
6. 设有宏定义命令#define MUL 2+3，则表达式 "5+MUL*5.0" 的值为_____。
   A．50.0   B．30.0   C．22.0   D．20.0
7. 有以下宏定义：
   #define N 2
   #define Y(n) ((N+1)*n)
   则表达式 z=2*(N+Y(5))值为_____。

    A．34   B．70.0   C．已无定值   D．表达式有误
8．以下在任何情况下计算平方数时都不会引起二义性的宏定义是_____。
    A．#define POWER(x) x*x   B．#define POWER(x) (x)*(x)
    C．#define POWER(x) (x*x)   D．#define POWER(x) ((x)*(x))
9．下面定义数组的四种方式中，正确的是_____。
    A．int n=10;   B．#define N 10
       int array[n];   int array[N];
    C．int array(10);   D．int array[0];
10．#define 能做简单的代换，用宏代换计算多项式 5*x*x+4*x+3 之值的函数 f()正确的定义是_____。
    A．#define f(x)   5*x*x+4*x+3   B．#define f 5*x*x+4*x+3
    C．#define f(x)   (5*(x)*(x)+4*(x)+3)   D．#define (5*x*x+4*x+3) f(x)
11．程序输出结果为_____。
```
#include <stdio.h>
#define MOD(x,y) x%y
void main()
{   int z,a=15,b=100;
    z=MOD(b,a);
    printf("%d\n",z++);
}
```
    A．11   B．10   C．0   D．宏定义不合法
12．执行下面的程序后 a 的值是_____。
```
#include <stdio.h>
#define SQR(X) X*X
void main()
{
    int a=10,k=2,m=1;
    a/=SQR(k+m);
        printf("%d\n",a);
}
```
    A．10   B．2   C．9   D．0
13．执行下面的程序后 x、y 的值是_____。
```
#include <stdio.h>
#define M1(a,b) a*b
#define M2(a,b) (a)*(b)
void main(void)
{
    int x,y;
    x=M1(3+2,5+8);
    y=M2(3+2,5+8);
    printf("x=%d, y=%d",x,y);
}
```
    A．x=21,y=65   B．x=18,y=65   C．x=21,y=48   D．x=18,y=48
14．C 程序中的宏展开是在_____。
    A．编译时进行的   B．程序执行时进行的
    C．编译前预处理时进行的   D．编辑时进行的

二、填空题

1. C语言提供_____有利于程序的可移植性，增加程序的灵活性，其命令以符号_____开头。
2. 使用宏名代替一个_____可以减少程序中重复书写某些字符串的工作量，提高程序的可读性和可移植性。
3. 在预处理宏定义时，不做_____检查，只有在编译已被宏展开后的源程序时才报错。
4. 宏名的有效范围为_____之后到本源文件结束。
5. 带参数的宏定义在展开时，不仅进行字符串的替换，还要进行_____的替换。
6. 若宏定义为#define y(x) 2*x，则表达式 a=4*3+y(2)的值为_____。
7. 若宏定义为#define y(x) x%2，则表达式 a=3*y(4)的值为_____。
8. 一般情况下，源程序中所有的行都参加编译。如果希望其中一部分内容只在满足一定条件时才进行编译，这就是_____。
9. 设有宏定义#define H 5+2，则语句 printf("H/H=%d",H/H);输出的是_____。
10. "文件包含"处理是指将另外的文件包含到_____之中，它可以减少程序设计人员的重复劳动，可通过_____命令来实现。

三、程序设计题

1. 定义一个带参数的宏，使两个参数的值互换，并写出程序，输入两个数作为使用宏时的参数，输出已交换后的两个值。
2. 三角形的面积公式为

$$area=\sqrt{s(s-a)(s-b)(s-c)}$$

其中 $s=\frac{1}{2}(a+b+c)$，a、b、c 为三角形的三边。定义两个带参数的宏，一个用来求 s，另一个宏用来求 area。编写程序，在程序中用带实参的宏名来求面积 area。

3. 分别用函数和带参数的宏，从三个数中找出最大数。
4. 采用条件编译，将给定的字符串按小写字母输出或按大写字母输出。
5. 用条件编译方法实现以下功能：

输入一行电报文字，可以任选两种输出：一为原文输出；一为将字母变成其下一字母（如'a'变成'b'，'b'变成'c'……'z'变成'a'，其他字符不变）输出。用#define 命令来控制是否要译成密码。例如：若有#define CHANGE 1，则输出密码。若有#define CHANGE 0，则不译成密码，按原码输出。

10 结构体与共用体

【内容概述】

根据数据的表示方法,前面几章介绍了 C 语言提供的基本数据类型和由基本数据类型构造的数组类型以及指针类型。但是,仅有这些类型是不够的。本章主要介绍 C 语言中的用户定义类型,包括结构体、共用体、枚举类型和已有类型的替代类型等。本章在重点介绍结构体类型的基础上,还介绍了链表这一重要的数据结构。

【学习目标】

1. 掌握结构体类型的定义。
2. 掌握结构体变量、数组和指针的定义和初始化,以及结构体变量成员的引用。
3. 掌握结构体数据在函数间的传递。
4. 用结构体和指针处理单向链表。
5. 掌握共用体类型和共用体变量的定义、初始化和引用。
6. 掌握枚举类型和枚举类型变量的定义、初始化和引用。
7. 使用 typedef 说明新的类型标识符。

10.1 结构体

在处理大量有序数据时,使用数组是很方便的。但是,由于数组是由同一种类型数据组成的,这就带来很大的局限性。例如,我们不能指望利用普通数组存放一个班同学的全部资料,每个同学的资料包括姓名、年龄、性别、身份证号等,因为这些数据的类型都不相同,如图 10-1 所示。然而利用用户定义的结构体类型就能很好地解决这个问题。

姓名 (字符数组)	年龄 (整型)	性别 (字符)	身份证号 (长整型)	民族 (字符)	住址 (字符数组)	电话号码 (长整型)

图 10-1 结构体类型数据中可以包含各种类型数据

10.1.1 结构体类型的定义

结构体类型定义的一般形式为：
```
struct 类型名
{
    成员项列表
};
```
例如，包含图 10-1 中全部类型数据的结构体类型的定义如下：
```
struct person                // 结构体类型名
{
    char name[20];           // 以下定义成员项的类型和名字
    int age;
    char sex;
    long num;
    char nation;
    char address[20];
    long tel;
};
```

从上面的定义中可以看出，结构体类型定义中的成员项都有确定的类型和名字，称作结构体类型的"域"，每个域的定义后面都要有"；"号。由于结构体类型由用户定义，可以有各种不同的结构体类型。甚至同样结构的结构体类型定义两次，系统也认为是不同的结构体类型，这一点务请注意。

注意结构体类型与基本数据类型和数组类型的不同。因为基本数据类型（字符型、整型和实型）由系统提供，我们可以直接使用基本类型标识符说明变量或数组。而要使用结构体类型的数据，必须经过两个步骤：先由关键字 struct 和用户定义的类型名（合在一起叫"结构体类型名"）来说明类型，然后再由它们说明变量名。因此，仅定义了结构体类型，系统并未分配存储单元，直到定义了结构体变量以后才分配存储单元，才能存放和使用结构体类型数据。

重点

定义了结构体类型之后，只是规定了该结构体类型的内存分配模式，并没有开辟内存空间，只有定义了结构体变量或结构体数组以后，才按照该结构体类型的内存分配模式开辟存储空间，存放结构体变量或结构体数组元素的各个成员。结构体变量的成员将占用连续的内存区域，各成员按照定义的先后次序依次占用内存单元。一个结构体变量需要的内存单元总字节数等于其各个成员需要的存储单元字节数之和。

10.1.2 结构体变量的说明

结构体变量的说明有三种方法：

1. 用已定义的结构体类型名定义变量

例如：
struct person student,worker;   // 定义了两个结构体变量 student 和 worker
用上面的结构体类型名还可再定义变量：
struct person men,women;

2. 在定义结构体类型的同时定义结构体变量

一般形式为：

```
struct 类型名
{
    成员项列表
}变量名列表;
```

例如：

```
struct person
{
    char name[20];
    int age;
    char sex;
    long num;
    char nation;
    char address[20];
    long tel;
}student,worker;
```

这样定义的结构体类型名也还可多次使用，如：

```
struct person men,women;
```

3. 不定义类型名，直接定义结构体变量

一般形式为：

```
struct
{
    成员项列表
}变量名列表;
```

以这种形式一次定义了若干结构体变量后，因无类型名可用，也就无法定义这一结构体类型的其他变量了。由此可以看出，结构体类型的定义是定义了类型的形式（数据结构）和类型名，其中类型的形式是结构体类型的主体。

定义了结构体变量后，结构体变量就具有了结构体类型的数据结构，即具有了结构体类型的成员结构。一个结构体变量在内存中占据一片连续的存储单元，该存储单元由各成员的存储单元排列组成，例如变量 student 占据的内存单元，如图 10-2 所示。

name	age	sex	num	nation	address	tel
20B	4B	1B	4B	1B	20B	4B

图 10-2　结构体存储单元示意图

可以用 sizeof 运算符测试结构体类型数据占据的字节数，一般形式为：

```
sizeof(结构体类型名) 或者 sizeof(变量名)
```

如：sizeof(struct person) 或者 sizeof(student)的结果为 54。

如果用结构体类型定义另一个结构体类型的成员，就形成了结构体类型的嵌套。例如有定义：

```
struct date
{
    int month;
    int day;
    int year;
};
```

利用此结构体类型定义下面的结构体类型的成员 birthday 就构成下面的嵌套定义：
```
struct person
{
    char name[20];
    struct date birthday;    // 嵌套的结构体类型成员
    char sex;
    long num;
    char nation;
    char address[20];
    long tel;
};
```
也可以在定义成员 birthday 时直接使用 struct date 的形式，而不必先定义 struct date 类型：
```
struct person
{
    char name[20];
    struct date
    {
        int month;int day;int year;
    }birthday;
    char sex;
    long num;
    char nation;
    char address[20];
    long tel;
};
```
用上述嵌套的结构体类型定义的变量所占内存字节数是总字节数，为 62 字节，其数据结构如图 10-3 所示。

name	birthday			sex	num	nation	address	tel
	month	day	year					
20B	4B	4B	4B	1B	4B	1B	20B	4B

图 10-3　嵌套的结构体类型数据结构

10.1.3　结构体变量的初始化

在以上结构体变量的三种定义的同时都可以进行初始化赋值，例如：
```
struct person stud1={"Wang Li",18,'M',34011,'h',"13 Bejing Road",2098877},
             stud2={"Yu Ping",19,'F',34082,'h', "25 Hefei Road",5531678};
```
注意：初始化数据应与类型中的各个成员在位置上一一对应。对于嵌套的结构体类型变量，初始化是对各个基本类型的成员赋初值，例如：
```
struct person student={"Wang Li",12,15,1974,'M',340201,'h', "13 Bejing Road",2098877};
```

10.1.4　结构体变量的引用

1. 引用结构体变量成员

由于结构体变量中各个成员的类型不同，一般情况下只能引用结构体变量的成员，而不能整体引用结构体变量（类似于只能引用数组的元素，而不能整体引用数组。引用数组元素可以使用循环，但引用结构体变量成员不能利用循环）。

在无嵌套的情况下，引用结构体变量成员的一般形式为：
结构体变量名.成员名

其中的"."叫"结构体成员运算符"，这样引用的结构体变量成员相当于一个普通变量，例如：

    student.num　　// 结构体变量 student 的成员 num，相当于一个长整型变量
    student.name　　// 结构体变量 student 的成员 name，相当于一个字符数组

由于 C 语言库函数可以用首地址直接访问字符数组（字符串），上面的引用是合法的。但如果结构体变量成员是其他数组，就只能引用数组元素了。例如在上述结构体类型定义中增加一个成员 float score[5];，引用该成员数组元素的形式为：

    student.score[i]

它相当于一个 float 型的变量。

在有嵌套的情况下，访问的应是结构体变量的基本成员，因为只有基本成员直接存放数据，且数据是基本类型或上面介绍的数组类型，引用的一般形式为：

结构体变量名.结构体成员名……结构体成员名.基本成员名

即从结构体变量开始，用结构体成员运算符"."逐级向下连接嵌套的成员，直至基本成员，中间不能省略，例如：

    student.birthday.year　　// 基本成员 year，相当于一个整型变量

由于结构体变量的成员或基本成员存放数据，相当于一个普通变量（或数组），因此，引用结构体变量的一个成员，可参与该成员所属数据类型的一切运算。由于结构体成员运算符"."的优先级最高，在表达式中的结构体变量成员不需加括号。例如：

    student.num++;相当于(student.num)++;
    n=student1.num-student2.num;

从引用结构体变量成员的层次形式可以看出：在同一个函数中，只要不引起引用的不确定，结构体变量或其他类型的变量、嵌套的结构体类型成员、结构体类型基本成员可以使用同名的标识符。例如变量 num、结构体变量成员 student.num、结构体变量基本成员 student.num.num，它们中的 num 处在不同的层次，因此可以同时存在于一个函数中。

2. 结构体变量的赋值、输入和输出

同样，由于结构体变量各个成员的类型不同，对结构体变量赋值也只能对其成员进行。这不同于初始化赋值可以一次对所有的成员赋值。另外，结构体变量的输入和输出也都只能对其成员进行。不允许对结构体变量整体赋常数值、输入和输出。这些与数组的情况是相似的。只要把结构体变量成员看成一个普通变量，对结构体变量成员的赋值、输入和输出都是容易理解的。在成员嵌套的情况下，赋值、输入和输出都是对结构体变量的基本成员进行的。例如：

    student.num=1234567;
    scanf("%c",&student.sex);
    gets(student.name);
    printf("year=%d\n", student.birthday.year);

3. 同一类型的结构体变量可相互赋值

为了提高编程效率，C 语言规定：同类型的两个结构体变量之间可以整体赋值。例如：

    stud1=stud2;　　// 将有值的结构体变量 stud2 的值整体赋给同类型变量 stud1

对于结构体变量内嵌的结构体类型成员，情况也相同。例如：

    student2.birthday=student1.birthday;

【例 10.1】输出结构体数据。
    #include <stdio.h>

```c
void main(void)
{
    struct person
    {
        char name[20];
        struct
        {
            int month;
            int day;
            int year;
        }bd;
        char sex;
        long num;
    }st={"Wang Li",12,15,1974,'M',340201};
    printf("%s,%d,%d,%d,",st.name,st.bd.year,st.bd.month,st.bd.day);
    printf("%c,%ld\n",st.sex,st.num);
}
```

程序运行结果如图 10-4 所示。

10.1.5 结构体数组

从前面章节的例子我们可以看出，结构体变量 student 只能存储一个学生的信息，如果要存一个班学生的信息就必须用到结构体数组。

图 10-4 例 10.1 程序运行结果

1. 结构体数组的定义

我们知道，基本类型数组可以单独定义，也可以与同类型变量一道定义。定义结构体数组与其类似，只是结构体类型也要定义。因此结构体数组与结构体变量定义形式相同，只需加上方括号和元素个数即可，因此也有三种方法。

① 先定义结构体类型，用结构体类型名定义结构体数组。例如：

```c
struct stud_type
{
    char name[20];
    long num;
    int age;
    char sex;
    float score;
};
struct stud_type student[50];
```

② 定义结构体类型的同时定义结构体数组。例如：

```c
struct stud_type
{
    ......
}student[50];
```

③ 不定义类型名，直接定义结构体数组。例如：

```c
struct
{
    ......
}student[50];
```

2. 结构体数组的初始化

结构体数组的一个元素相当于一个结构体变量，结构体数组初始化即顺序对数组元素初始化。上面三种定义结构体数组方法中都可以进行初始化，如：

```
struct stud_type student[3]={ {"Wang li",80101,18,'M',89.5},
                              {"Zhang Fun",89102,19,'M',90.5},
                              {"Li Ling",89103,20,'F',98}};
```

与以前学过的数组初始化一样，对全部数组元素初始化可省略元素个数，但是，若初始化数据的个数少于元素个数则元素个数不能省略。每个元素的初值可以部分缺少，待以后赋值。

3. 结构体数组的引用

与一般数组的引用一样，对结构体数组的引用就是引用结构体数组元素。由于结构体数组的一个元素即是一个结构体变量，因此上面介绍的结构体变量的引用完全适合结构体数组。

① 除初始化外，对结构体数组赋常数值、输入和输出、各种运算均是对结构体数组元素的成员（相当于普通变量）进行的。结构体数组元素的成员表示为：

结构体数组名[下标].成员名

在嵌套的情况下为：

结构体数组名[下标].结构体成员名……结构体成员名.基本成员名

例如：

```
student[i].num          // 下标为 i 的结构体数组元素的成员 num
student[2].birthday.day // 下标为 2 的结构体数组元素成员 birthday 的基本成员 day
```

同样，当结构体数组元素的成员是数组时，若是字符数组则可以直接引用，如：

```
student[i].name         // 结构体数组元素 student[i]的成员 name，相当于一个字符数组
```

若结构体数组元素的成员是一般数组，只能引用其元素，例如：

student[i].score[j]

此即结构体数组元素 student[i]的数组成员 score 中下标为 j 的元素，它是基本类型（例如 float 型）数组元素，相当于一个普通变量。

② 结构体数组元素可相互赋值，例如：

student[1]=student[2];

对于结构体数组元素内嵌的结构体类型成员，情况也相同。例如：

student[2].birthday=student[1].birthday;

③ 不允许对结构体数组元素或结构体数组元素内嵌的结构体类型成员整体赋值；不允许对结构体数组元素或结构体数组元素内嵌的结构体类型成员整体进行输入和输出等。

技巧

由于 scanf()函数用%s 输入字符串时遇空格终止，因此可改用 gets 函数。

在输入字符类型数据时往往得到的是空白符（空格、回车符等），甚至运行终止，因此常作相应处理，即在适当的地方增加 getchar();空输入语句，以消除缓冲区中的空白符。

【例 10.2】输入 3 个学生的信息然后输出。每个学生的信息包括学号、姓名和 4 门课程的成绩。

```
#include <stdio.h>
void main(void)
{
    struct stu_type
    {
        long num;
        char name[20];
```

```
            float score[4];
        }st[3];
        int i, j;
        float t;
        printf("输入学生数据：\n");
        for(i=0; i<3; i++)
        {
            scanf("%ld",&st[i].num);
            scanf("%s",st[i].name);
            for(j=0; j<4; j++)
            {
                scanf("%f",&t);
                st[i].score[j]=t;
            }
        }
        printf("\n 学号        姓名\t 成绩 1\t 成绩 2\t 成绩 3\t 成绩 4\n");
        for(i=0; i<3; i++)
        {
            printf("%ld    %s\t",st[i].num, st[i].name);
            for(j=0; j<4; j++)
                printf("%.1f\t",st[i].score[j]);
            printf("\n");
        }
}
```

程序运行结果如图 10-5 所示。

程序点拨

程序中定义的结构数组 st 含有 3 个元素，分别为 st[0]、st[1]、st[2]，用来存放 3 名学生的相关信息，然后输出每个元素所对应的成员项。

10.1.6 结构体指针

1. 指向结构体变量的指针变量

（1）指向结构体变量的指针和指向结构体变量的指针变量的定义

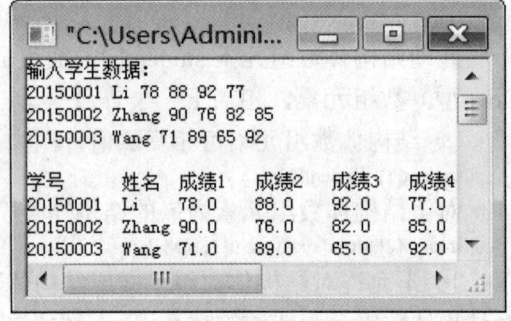

图 10-5 例 10.2 程序运行结果

指向结构体变量的指针是结构体变量所占内存单元的首地址，如定义：

```
struct stu_type
{
    long num;
    char name[20];
    float score[4];
}student,*p;
p=&student;
```

p 即指向结构体变量的指针变量。

（2）用指向结构体变量的指针变量表示结构体变量的成员

如果像上面那样定义了指向结构体变量的指针变量 p 以后，*p 即表示 p 所指向的结构体变量 student，其成员 student.num 可表示为：

(*p).num 或者 p->num

第二种表示与第一种表示等价，运算符"->"与"."优先级相同，都具有最高的优先级。

【例 10.3】利用结构体变量的指针变量输出结构体数据。

```c
#include <stdio.h>
void main(void)
{
    struct stu_type
    {
        long num;
        char name[20];
        float score[2];
    }student={20080101,"wang",89,77.5},*p;
    p=&student;
    printf("%ld   %s%6.1f%6.1f\n",p->num,p->name,p->score[0],p->score[1]);
}
```

程序运行结果如图 10-6 所示。

程序点拨

结构体变量成员相当于普通变量，因此也可以定义指向结构体变量成员的指针变量，如：
long *pt;
pt=&student.num;

但是，由于结构体变量成员的数据类型各不相同，指向结构体变量成员的指针变量不能在各成员之间移动，因此意义不大（不同于指向数组元素的指针变量可在元素之间移动）。

2. 结构体数组与结构体指针变量

数组名代表数组的首地址，结构体数组也一样，因而可以将结构体数组名赋给指向结构体变量的指针变量，该指针变量将指向下标为 0 的元素，它可以在结构体数组元素之间移动。

【例 10.4】用指向结构体变量的指针输出结构体数组。

```c
#include <stdio.h>
void main(void)
{
    struct stu_type
    {
        long num;
        char name[20];
        int age;
    }st[3]={{1001,"wang",19},{1002,"li",18},{1003,"zhang",20}},*p;
    printf("学号\t 姓名\t 年龄\n");
    for(p=st; p<st+3; p++)
        printf("%ld\t%s\t%d\n",p->num, p->name, p->age);
}
```

程序运行结果如图 10-7 所示。

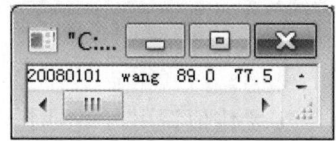

图 10-6　例 10.3 程序运行结果

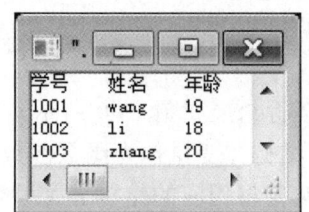

图 10-7　例 10.4 程序运行结果

注意：指向结构体变量的指针和结构体数组中使用的指针相同，都是指向结构体单元的。而指向结构体成员的指针，其基类型是基本类型，不能与指向结构体变量的指针相混淆，它们的基类型不同。

【例 10.5】输出例 10.4 中全部学生的 name 信息。

```
#include <stdio.h>
void main(void)
{
    struct stu_type
    {
        long num;
        char name[20];
        int age;
    }st[3]={{1001,"wang",19},{1002,"li",18},{1003,"zhang",20}},*p,*q;
    q=(struct stu_type *)st[0].name;
    for(p=q; p<q+3; p++)
        printf("%s\t", p);
    printf("\n");
}
```

程序运行结果如图 10-8 所示。

10.1.7 结构体与函数

1. 结构体变量成员和结构体变量作为函数参数

（1）结构体变量成员作为函数的实参

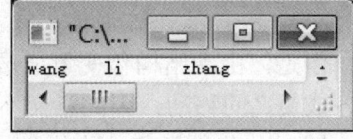

图 10-8　例 10.5 程序运行结果

由于结构体变量成员存放基本类型数据，因此这种情况类似于基本类型有值变量做实参，实现值传递。要注意实参与形参类型的一致。

【例 10.6】打印学号为 20080102 学生的年龄。

```
#include <stdio.h>
#define N 3
void PRINT(int age)
{
    printf("年龄：%d\n", age);
}
void main(void)
{
    struct stu_type
    {
        long num;
        char name[20];
        int age;
    }st[N]={{20080101,"wang",19},{20080102,"li",18},{20080103,"zhao",20}};
    int i;
    for(i=0;i<N;i++)
        if(st[i].num==20080102) PRINT(st[i].age); // 结构体成员作为函数实参
}
```

程序运行结果如图 10-9 所示。

（2）结构体变量作为函数参数

通过实参将相应的结构体类型数据传给对应的形参，实现传值调用，不同于数组作参数的传址调用！

注意：在结构体类型数据作为函数参数时，为了在虚实结合时保持形参与实参类型的一致，应将结构体类型定义成外部的，即在所有函数之前定义结构体类型。

【例 10.7】打印学号为 20080102 学生的全部信息。

```
#include <stdio.h>
#define N 3
struct stu_type
{
    long num;
    char name[20];
    int age;
};
void PRINT(struct stu_type stu)    // 结构体变量作函数形参
{
    printf("学号\t\t 姓名\t 年龄\n");
    printf("%-16ld%s\t%d\n",stu.num,stu.name,stu.age);
}
void main(void)
{
    struct stu_type st[N]= {{20150101,"wang",19},{20150102,"li",18},{20150103,"zhao",20}};
    int i;
    for(i=0;i<N;i++)
        if(st[i].num==20150102) PRINT(st[i]); // 结构体数组元素作函数实参
}
```

程序运行结果如图 10-10 所示。

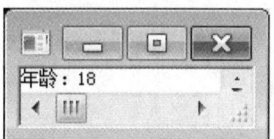

图 10-9 例 10.6 程序运行结果

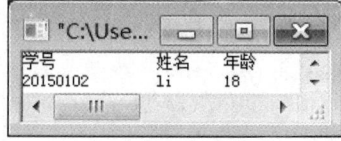

图 10-10 例 10.7 程序运行结果

2. 结构体指针作为函数参数

此用法一般用于结构体数组问题，与基本类型一维数组的情况相同，实现传址调用。

【例 10.8】同例 10.7，输出全部学生的信息。

```
#include <stdio.h>
#define N 3
struct stu_type
{
    long num;
    char name[20];
    int age;
};
void PRINT(struct stu_type *p)    // 结构体指针变量作函数形参
{
    int i;
    printf("学号\t\t 姓名\t 年龄\n");
    for(i=0;i<N;i++)
        printf("%-16ld%s\t%d\n",(p+i)->num,(p+i)->name,(p+i)->age);
}
void main(void)
{
```

```
        struct stu_type st[N]=
            {{20150101,"wang",19},{20150102,"li",18},{20150103,"zhao",20}};
        PRINT(st);     // 结构体数组名作函数实参
}
```

程序运行结果如图 10-11 所示。

3. 返回结构体类型数据的函数

函数返回值可以是结构体类型的值，也可以是指向结构体变量（或数组元素）的指针。当函数返回值是结构体类型的值时，称该函数为结构体类型函数；当函数返回值是指向结构体类型存储单元的指针时，称该函数为结构体类型指针函数。

【例 10.9】打印学号为 20150102 学生的全部信息，查找用结构体类型函数实现。

```
#include <stdio.h>
#define N 3
struct stu_type
{
    long num;
    char name[20];
    int age;
};
struct stu_type fun(struct stu_type st[])    // 结构体类型函数的定义
{
    int i;
    for(i=0;i<N;i++)
        if(st[i].num==20150102) return(st[i]);    // 将结构体数组元素作为函数值返回
}
void main(void)
{
    struct stu_type st[N]=
        {{20150101,"wang",19},{20150102,"li",18},{20150103,"zhao",20}};
    struct stu_type stu;
    stu=fun(st);    // 调用返回结构体类型值的函数 fun
    printf("学号\t 姓名\t 年龄\n");
    printf("%-16ld%s\t%d\n",stu.num,stu.name,stu.age);
}
```

程序运行结果如图 10-12 所示。

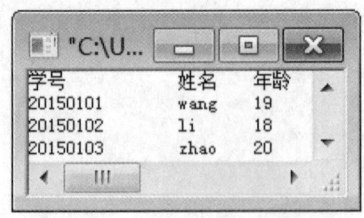

图 10-11　例 10.8 程序运行结果

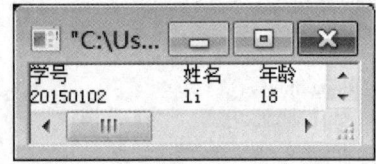

图 10-12　例 10.9 程序运行结果

10.1.8　链表

1. 链表的概念

（1）固定内存分配与动态内存分配的概念

① 固定内存分配。在 C 语言程序中用说明语句定义的各种存储类型（外部、静态、寄存器、自动）的变量或数组，均由系统分配存储单元，程序员无法在函数的执行部分干预存储单

元的开辟和回收。这样的存储分配叫固定内存分配，又叫系统存储分配。

② 动态内存分配。C 语言允许程序员在函数执行部分的任何地方使用动态存储分配函数开辟或回收存储单元，这样的存储分配叫动态内存分配。动态内存分配使用自由、节约内存。利用动态内存分配建立的链表是一种十分重要的数据结构。

（2）链表的概念

① 结点。

组成链表的基本存储单元叫结点，该存储单元存有若干数据和指针，由于存放了不同数据类型的数据，它的数据类型应该是结构体类型。在结点的结构体存储单元中，存放数据的域叫数据域，存放指针的域叫指针域，简单结点的形式为：

| 数据域 | 指针域 |

结点类型定义的一般形式为：

```
struct 类型名
{
    数据域定义;
    struct 类型名 *指针域名;
};
```

其中的数据域和指针域都可以不止一个，当指针域不止一个时，将构成比较复杂的链表。本书只介绍有一个指针域的结点类型，例如有如下结点类型的定义：

```
struct student
{
    int num;
    float score;
    struct student *next;
};
```

可以看出结点类型的特殊性：指针域的基类型就是结点类型，这种循环定义的形式是结点类型的重要特征。由于有了此特性，才能由结点构成链表。

② 链表。

若有一些结点，每一个结点的指针域存放下一个结点的地址，指向下一个结点，这样就首尾衔接形成一个链状结构，称为链表。用上面的结构体类型建立有 4 个结点的链表，如图 10-13 所示。

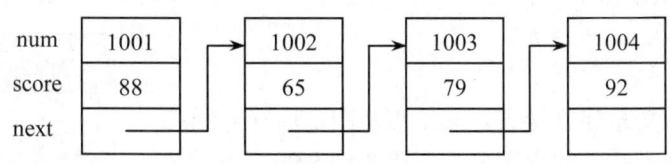

图 10-13　链表示意图

头结点：指向链表中第一个包含有用数据的结点，本身不包含有用数据，用于对链表的访问。

尾结点：不指向其他结点的结点。尾结点的指针域存放的地址为 NULL（或 0，或'\0'）。具有头结点的链表如图 10-14 所示。

下面将链表与数组作一下比较。

链表与数组的相同点为：它们均由同类型的存储单元组成。

链表与数组的不同点为：数组由固定分配的连续的存储单元组成，定义后存储单元不可增加或减少，对数组元素的访问为随机访问。链表可由不连续的存储单元（结点）组成，结点一般为动态分配存储单元，可随时增、删。只能顺序访问链表中的结点。

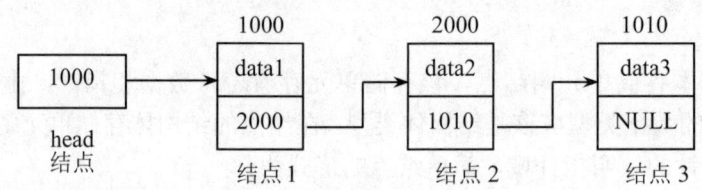

图 10-14　带头结点的链表示意图

（3）建立简单链表

【例 10.10】以三个结构体变量为结点建立一个简单的链表并输出。

```
#include <stdio.h>
struct node
{
    int data;
    struct node *next;
};
void main(void)
{
    struct node a,b,c,*head,*p;
    head=&a;                    // 头结点指向 a 结点
    a.data=5; a.next=&b;        // a 结点指向 b 结点
    b.data=10;b.next=&c;        // b 结点指向 c 结点
    c.data=15;c.next=NULL;      // c 结点是尾结点
    p=head;
    while(p!=NULL)              // 输出链表，p 作为工作指针
    {
        printf("%d-->",p->data);
        p=p->next;              // 工作指针后移
    }
    printf("NULL\n");
}
```

程序运行结果如图 10-15 所示。

程序点拨

本程序用结构体变量建立链表，其结点是固定内存分配的。一般情况下，链表结点的内存分配应该是动态的。为了用动态分配内存的结点建立链表，必须先学习 C 语言中用于动态存储分配的函数。

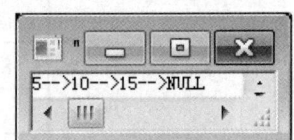

图 10-15　例 10.10 程序运行结果

2. 链表的基本操作

由包含一个指针域的结点组成的链表为单向链表。单向动态存储分配链表（以下简称"单向链表"）的各结点由动态存储分配函数分配存储单元，结点无变量名，靠指针访问，因此要注意不能形成死结点，即无指针指向的结点。

每个单向链表都有一个头指针变量（或头节点的指针成员）指向，对链表的访问总是从头指针开始。每个链表的最后一个结点不指向其他结点，因为它的指针成员值为 NULL。这种链表只能从头到尾单向访问，所以叫"单向链表"。

单向链表的基本操作主要包括：建立并初始化链表；遍历访问链表（包括查找结点、输出结点等）；删除链表中的结点；在链表中插入结点。

（1）建立单向链表

建立单向链表的步骤如下：

① 建立头结点（或定义头指针变量）。

② 读取数据。

③ 生成新结点。

④ 将数据存入结点的数据域中。

⑤ 将新结点连接到链表中（将新结点地址赋给上一个结点的指针域）。

⑥ 重复步骤②~⑤，直至输入结束。

【例 10.11】建立带有头结点的单向链表，以-1 表示输入结束。

```
#include <stdio.h>
#include <stdlib.h>
struct node
{
    int data;
    struct node *next;
};
void main(void)
{
    int x;
    struct node *h,*s,*r;   // 定义头指针、开辟新结点指针、连接新结点指针
    h=(struct node *)malloc(sizeof(struct node));         // 生成头结点
    r=h;
    scanf("%d",&x);
    while(x!=-1)
    {
        s=(struct node *)malloc(sizeof(struct node));    // 开辟新结点
        s->data=x;      // 读入的数据存入新结点
        r->next=s;      // 新结点连到表尾
        r=s;            // 连接指针下移
        scanf("%d",&x);
    }
    r->next='\0';       // 定义尾结点
}
```

作为练习，读者可将以上建立单向链表的程序改写成一个无参函数，函数返回头结点指针，以便其他有关链表的程序调用。

（2）遍历链表

遍历链表即顺序访问链表中各结点的数据域，方法是：从头结点开始，依次读取数据并后移指针变量，直至尾结点结束。

【例 10.12】编写单向链表的输出函数。

```
void print_slist(struct node *h)
{
    struct node *p;     // 定义工作指针变量 p
    p=h->next;          // p 指向头结点后的第一个结点
```

```
        if(p=='\0')            // 链表为空（只有头结点）
            printf("Linklist is null!\n");
        else
        {
            printf("head");
            while(p!='\0')
            {
                pintf("->%d",p->data);    // 输出数据
                p=p->next;                // 指针下移
            }
            printf("->end\n");
        }
    }
```

（3）删除结点

删除单向链表中一个结点的步骤如图 10-16 所示。

① 找到要删除的结点的前驱结点。

② 将要删除的结点的后继结点的地址赋给前驱结点的指针域。

③ 释放待删除的结点的存储空间。

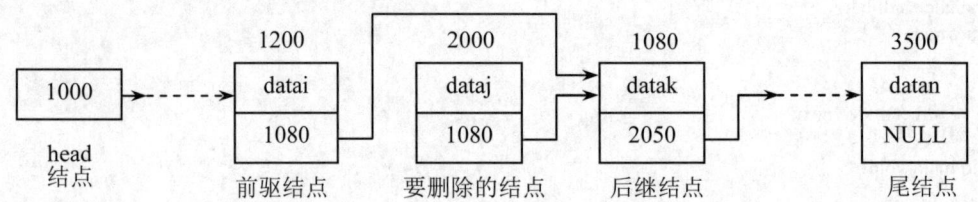

图 10-16　删除单向链表的一个结点

【例 10.13】编写函数，在单向链表中删除值为 x 的结点。

```
void delete_node(struct node *h, int x)
{
    struct node *p,*q;
    q=h;p=h->next;     // 工作指针初始化，q 在前，p 在后并指向第一个结点
    if(p!='\0')        // 表非空
    {
        while((p!='\0')&&(p->data!=x))  // 未到表尾，查找 x 的位置
        {
            q=p;p=p->next;
        }                              // p、q 下移，q 指向 p 的前驱结点
        if(p->data==x)
        {
            q->next=p->next; free(p);
        }                              // 删除值为 x 的结点
    }
}
```

（4）插入结点

在单向链表的某结点前插入一个结点的步骤如下：

① 开辟一个新结点，将数据存入该结点的数据域。

② 找到插入点结点。

③ 将新结点插入到链表中：将新结点的地址赋给插入点的前驱结点的指针域，并将待插入结点的地址存入新结点的指针域，如图 10-17 所示。

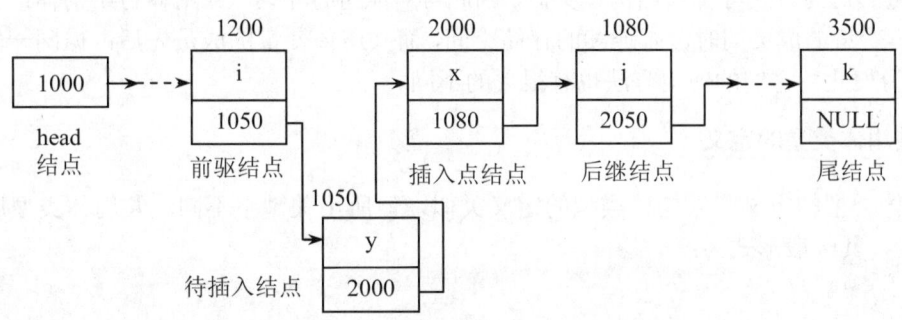

图 10-17　在单向链表中插入一个结点

【例 10.14】编写函数，在单向链表中值为 x 的结点前插入值为 y 的结点，若值为 x 的结点不存在，则插在表尾。函数编写如下：

```
void insert_node(struct node *h, int x, int y)
{
    struct node *s,*p,*q;    // 定义 3 个指针，分别为开辟新结点指针、查找插入点指针、连接新结点指针
    s=(struct node *)malloc(sizeof(struct node));  // 开辟新结点
    s->data=y;               // 向新结点存入数据
    q=h;p=h->next;           // 工作指针初始化，p 指向第一个结点
    while((p!='\0')&&(p->data!=x))  // 表非空且未到表尾，查找 x 的位置
    {
        q=p;p=p->next;
    }                        // p、q 下移，q 指向 p 的前驱结点
    q->next=s; s->next=p;    // 连接新结点，几种情况都适用，请读者分析
}
```

程序点拨

本例结合了查找和插入两种功能，可能遇到三种情况：
① 链表非空，值为 x 的结点存在，则插在值为 x 的结点之前。
② 链表非空，值为 x 的结点不存在，则插在表尾。
③ 链表为空，相当于值为 x 的结点不存在，则插在表尾。

上面介绍了单向链表的建立、遍历、删除结点、插入结点等操作的函数编写。其中删除结点和插入结点都包含对结点的查找。将这几种操作结合起来，即可对单向链表进行各种复杂的操作。

结构体和指针结合的应用领域很广，除链表之外，还用于队列、栈、树、图等数据结构。链表除了单向链表，还包括双向链表、环形链表等。

10.2　共用体

为了节约内存并便于对数据进行处理，C 语言允许在一个存储单元中存放不同类型的数据，或者以不同于存储单元中存入数据的类型来访问该数据，这种存储单元的特殊数据类型就

叫做"共用体"类型，有的书中称为"联合体"类型。

由于共用体存储单元存放不同类型的数据，因此它与结构体类似。共用体类型和变量的定义、变量的访问方式等都与结构体类似，因此可对照进行学习。共用体与结构体最大的区别是：结构体变量的成员同时占有连续的存储空间，而共用体变量的成员先后占据同一段存储空间。正因为如此，它们的使用方法也有很大的不同。

10.2.1 共用体类型的定义

共用体类型的定义与结构体类型的定义类似，但所用关键字不同，共用体类型用关键字 union 定义，其一般形式为：

```
union 类型名
{
    成员项列表
};
```

例如：

```
union exam
{
    int a;
    float b;
    char c;
};
```

以上语句定义了共用体类型 union exam，它有三个成员，分别为 int 型、float 型和 char 型。与结构体相同，定义的类型系统还没有开辟存储单元，必须定义变量后才有存储单元。

10.2.2 共用体变量的说明

与结构体变量的说明类似，共用体变量的说明也有三种方式：

（1）先定义共用体类型，再用共用体类型名定义共用体变量：

```
union 类型名
{
    成员项列表
};
union 类型名 变量名表;
```

例如，用 union exam 定义共用体变量 x、y：

```
union exam x,y;
```

（2）定义共用体类型的同时定义共用体变量：

```
union 类型名
{
    成员项列表
}变量名表;
```

例如：

```
union exam
{
    int a;
    double b;
    char c;
}x,y;
```

（3）不定义类型名，直接定义共用体变量：

```
union
```

```
{
    成员项列表
}变量名表;
```

定义了共用体变量后,系统为共用体变量开辟一定的存储单元。由于共用体变量先后存放不同类型的成员,系统开辟的共用体变量的存储单元的字节数即为最长的成员需要的字节数。例如对上面定义的共用体类型 union exam 或变量 x,表达式 sizeof(union exam) 和 sizeof(x) 的值均为 8。

另外,先后存放的各成员的首地址都相同,即共用体变量、共用体变量的所有成员的首地址都相同。上述共用体变量 x 的存储单元如图 10-18 所示。

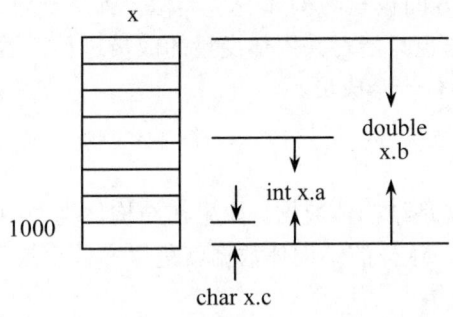

图 10-18　共用体变量存储单元示意图

有趣的是,C 语言允许结构体、共用体和数组相互嵌套。例如共用体嵌套结构体,有如下定义:

```
union un
{
    int a;
    struct
    {
        float b;
        char c;
    }s;
}u;
```

注意共用体变量 u 存储单元的字节数。由于结构体成员是同时存放的,因此内嵌的结构体成员 s 的字节数为 5。对共用体变量 u 来说,成员 s 与 a 相比,s 占用的字节数多,故共用体变量 u 存储单元的字节数即为 s 占用的字节数,也为 5。共用体嵌套数组的情况也类似。

反过来,结构体嵌套共用体解决了变体记录的使用问题(见后面的例子);而数组嵌套共用体即共用体数组的情况则比较少见。

10.2.3　共用体变量的引用

1. 共用体变量的引用

引用共用体变量的形式以及注意事项均与引用结构体变量相似,其要点如下:

① 一般只能引用共用体变量的成员而不能整体引用共用体变量,尽管它同时只能有一个成员有值。共用体变量的一个基本类型成员相当于一个普通变量,可参与该成员所属数据类型的一切运算。例如对上面定义的共用体变量 x 可以引用的成员有:

```
x.a    // 共用体整型成员,相当于普通整型变量
```

x.b　　// 共用体单精度实型成员，相当于普通双精度实型变量
x.c　　// 共用体字符型成员，相当于普通字符型变量

注意：因为共用存储单元，共用体变量的所有成员中，同时只有一个成员有值！例如有以下三条赋值语句：

x.a=3;　 x.b=4.5;　 x.c='A';

赋值以后，只有 x.c 有值'A'，成员 x.a 和 x.b 的值已相继被覆盖（部分被覆盖，结合图 10-18 理解）。

② 与结构体变量类似，同一类型的共用体变量可相互赋值。例如有赋值语句 x.a=3;，共用体变量 x 有值，即可使用赋值语句"y=x;"给 y 赋值，这样 y.a 的值也为 3。

③ 在赋值和输入/输出方面也与结构体变量类似，即不允许对共用体变量整体赋值（常数）；共用体变量的输入/输出也只能对共用体变量的成员进行，不允许直接对共用体变量进行输入/输出，尽管它同时只存有一个成员。

2. 共用体的应用

（1）变体记录问题

在 C 语言中，"记录"就是结构体数据。如果在结构体类型中嵌套共用体成员，由于该成员可以存放不同类型的数据，这样的结构体数据就是"变体记录"。因此变体记录问题是用结构体嵌套共用体的方法解决的。

【例 10.15】输入 N 个人的信息，共同的信息有：姓名、性别，另外，职业（job）为教师（'t'）则登记其单位（group），职业为学生（'s'）则登记其班级（class），最后将信息输出。

```
#include <stdio.h>
#define N 2
void main(void)
{
    struct
    {
        char name[20];
        char sex;
        char job;
        union    // 嵌套的共用体
        {
            int class;
            char group[20];
        }category;   }person[N];
    int i;
    printf("输入%d 个人的信息：\n",N);
    for(i=0;i<N;i++)
    {
        gets(person[i].name);
        scanf("%c",&person[i].sex);
        scanf("%c",&person[i].job);
        getchar();
        if(person[i].job=='s')
            scanf("%d", &person[i].category.class);
        else if(person[i].job=='t')
            scanf ("%s",person[i].category.group);
        getchar();
    }
    printf("姓名\t 性别\t 职业\t 单位/班级\n");
```

```
            for(i=0;i<N;i++)
                if(person[i].job=='s')
                    printf("%-8s%c\t%c\t%d\n", person[i].name, person[i].sex, person[i].job,
                        person[i].category.class);
                else if(person[i].job=='t')
                    printf("%-8s%c\t%c\t%s\n", person[i].name, person[i].sex, person[i].job,
                        person[i].category.group);
}
```

程序运行结果如图 10-19 所示。

（2）将内存空间的内容拆分使用

【例 10.16】运行下面的程序，分析运行结果。

```
#include    <stdio.h>
void main(void)
{
    union data
    {
        short int a;
        char c[2];
    }u;
    printf("用十六进制输入 u.a：\n");
    scanf("%hx",&u.a);
    printf("u.c[0]=%c,u.c[1]=%c\n",u.c[0], u.c[1]);
}
```

程序运行结果如图 10-20 所示。

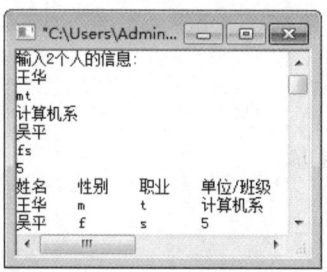

图 10-19　例 10.15 程序运行结果

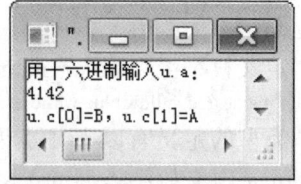

图 10-20　例 10.16 程序运行结果

程序点拨

共用体变量 u 有两个成员：short int 型成员 a 和字符数组 c，它们都占用 2 字节，因此共用体变量 u 占用 2 字节。程序以 short int 型成员 a 输入数据，然后将该数据的两个字节用字符数组 c 分别输出，低位字节 u.c[0]为十六进制数 42，即字符'B'；高位字节 u.c[1]为十六进制数 41，即字符'A'。

重点

（1）共用体与结构体的相同之处

① 定义方式相同。除了将关键字 struct 换成 union 以外，结构体的各种定义方式都适用于共用体的定义。

② 引用成员的方式相同。即可用 "." 运算符来访问共用体成员项，也可以定义指向共用

体变量的指针变量，用"->"运算符来访问共用体成员项。

③ 赋值方式相同。不能对共用体变量整体赋常数值、输入和输出，但相同类型的共用体变量可以相互赋值，即把一个共用体变量的值整体赋给另一个相同类型的共用体变量。

④ 共用体和结构体可以互相嵌套。

（2）共用体与结构体的不同之处

① 存储方式不同。结构体的各个成员各自占用自己的存储单元，具有自己的地址；而共用体的各个成员占用共同的存储单元，各个成员的地址都是同一的地址。

② 初始化获取的值不同。初始化时，结构体的各个成员都可以获得值，而共用体只有第一个成员获得值。

③ 结构体数据可以通过返回值或函数参数在函数间传递，而共用体数据不能作为返回值或函数参数在函数间传递，只能使用指向共用体变量的指针进行传递。

10.3 枚举类型

在实际应用中，有的变量只有少数几种可能的取值。如一个星期只有 7 天，一年只有 12 个月，还有物体的颜色也只有有限的几种等。这些如果用数来表示不如用名称表示来得自然。为此，C 语言提供用户定义的枚举类型解决这个问题。简单地说，枚举类型的数据就是用户定义的一组标识符的序列，例如星期和月份的英文名称序列、颜色的英文单词序列等。

10.3.1 枚举类型的定义

枚举类型定义的一般形式为：

enum 类型名{标识符序列};

例如，定义枚举类型 color_name，它由 5 个枚举值组成：

enum color_name{red,yellow,blue,white,black};

对枚举类型的定义有以下几点说明：

① enum 是定义枚举类型的关键字。

② 枚举值标识符是常量不是变量，系统自动给予它们 0、1、2、3…值，因此枚举类型是基本数据类型。

③ 枚举值只能是一些标识符（字母开头，字母、数字和下划线组合），不能是基本类型常量。虽然它们有值 0、1、2、3…，但如果这样定义类型 enum color_name{0,1,2,3,4};是错误的。

④ 可以在定义枚举类型时对枚举常量重新定义值，如：

enum color_name{red=3,yellow,blue,whitw=8,black};

此时 yellow 为 4，blue 为 5，black 为 9，即系统自动往后延续。

10.3.2 枚举变量的说明及引用

1. 枚举变量的说明

① 可以用定义过的枚举类型来定义枚举变量，其一般形式为：

enum 类型名 变量名表;

例如，定义枚举类型 color_name 的变量 color：

```
enum color_name color;
```

② 也可以在定义枚举类型的同时定义变量，其一般形式为：

```
enum 类型名{标识符序列} 变量名表；
```

例如，定义枚举类型 color_name 的变量 color：

```
enum color_name{red,yellow,blue,white,black} color;
```

③ 或者省略类型名直接定义变量，其一般形式为：

```
enum {标识符序列} 变量名表；
```

例如，定义枚举类型变量 color：

```
enum {red,yellow,blue,white,black} color;
```

显然，以上三种定义枚举变量的方法与结构体变量、共用体变量的定义方法是很相似的。注意区分枚举常量与枚举变量，不能把枚举常量当变量使用。

2. 枚举变量的引用

① 枚举变量定义以后就可以对它赋枚举常量值或者其对应的整数值，例如变量 color 可以赋 5 个枚举值之一：

color=red;或 color=0;
color=blue;或 color=2;

但 color=green;或 color=10;均不合法，因为 green 不是枚举值，而 10 已超过枚举常量对应的内存值。

② 因枚举常量对应整数值，因此枚举变量、枚举常量和枚举常量间可以比较大小，如：

if(color==red) printf("red");或 if(color==0) printf("red");
if(color!=black) printf("The color is not block!");
if(color>white) printf("It is block.");

③ 枚举变量还可以进行++、--等运算。

④ 枚举变量不能通过 scanf()或 gets()函数输入枚举常量，只能通过赋值取得枚举常量值。但是枚举变量可以通过 scanf("%d",&枚举变量);输入枚举常量对应的整数值。

⑤ 枚举变量和枚举常量可以用 printf("%d",…);输出对应的整数值，若想输出枚举字符串，则只能间接进行，如：

color=red;
if(color==red) printf("red");

由于枚举变量可以作为循环变量，因此可以利用循环和 switch 语句打印全部的枚举字符串。

【例 10.17】输出全部的枚举字符串。

```
#include <stdio.h>
void main(void)
{
    enum {red,yellow,blue,white,black}color;
    printf("全部枚举字符串是：\n");
    for(color=red;color<=black;color++)
        switch(color)
        {
            case red: printf("red\n");break;
            case yellow: printf("yellow\n");break;
            case blue: printf("blue\n");break;
            case white: printf("white\n");break;
            case black: printf("black\n");break;
        }
}
```

程序运行结果如图 10-21 所示。

10.3.3 枚举类型的应用

【例 10.18】输入星期几的整数，输出"工作日"或"休息日"的信息。

```
#include <stdio.h>
void main(void)
{
    enum day{mon=1,tue,wed,thu,fri,sat,sun}x;
    printf("输入一个整数：");
    scanf("%d",&x);//以整型方式输入枚举变量 x
    switch(x)
    {
        case mon:
        case tue:
        case wed:
        case thu:
        case fri:printf("工作日\n");break;
        case sat:
        case sun:printf("休息日\n");break;
        default :printf("输入错误!\n");
    }
}
```

程序运行结果如图 10-22 所示。

图 10-21　例 10.17 程序运行结果

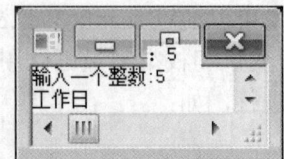

图 10-22　例 10.18 程序运行结果

程序点拨

由例 10.18 可见，存储的枚举值即是整数值。那么为什么不直接用整数来代替枚举值呢？原因有两个：一是枚举值直观，见词知意；二是枚举值有一定的范围，便于编译系统检查错误。

10.4　用户自定义类型名

有时我们感到使用本章前面几节介绍的用户定义类型的名字比较复杂，例如结构体、共用体和枚举类型都要用两个单词表示；对于基本数据类型的名字又觉得太简单，如"int""char"等不能表现出类型的意思。C 语言针对这些情况允许用户定义替代的类型名，以满足上述需求，下面分别加以介绍。

1. 定义"替代"类型名

定义的一般形式为：

typedef 类型名 标识符;

注意："类型名"必须是系统提供的数据类型或用户已定义的数据类型。定义"替代"类型名的作用是：给已有的类型起个别名标识符，例如：

typedef int INTEGER;

给已有的类型"int"起了个别名"INTEGER"。又例如：

typedef struct student ST;

给已有的类型"struct student"起了个别名"ST"。

2. 定义"构造"类型名

定义的一般形式为：

typedef 类型名"构造"类型名标识符;

注意："类型名"必须是系统提供的数据类型或用户已定义的数据类型。定义"构造"类型名的作用是：自己定义新"构造"类型名标识符。

（1）定义字符型指针类型名 CHARP

typedef char *CHARP;

以后可用 CHARP 来定义指针变量，例如：CHARP p, q;即等价于 Char *p,*q;。

（2）定义具有 3 个元素的整型数组名 NUM

typedef int NUM[3];

以后可用 NUM 来定义有三个元素的 int 型数组，例如：NUM a, b, c;就相当于 int a[3],b[3],c[3];。

（3）定义某结构体类型名 STUDENT

```
typedef struct
{
    nt num;
    char name[10];
    char sex;
    float score[3];
}STUDENT;
```

以后可用 STUDENT 来定义该种结构体类型的变量、指针变量等，例如：STUDENT stu1, stu2, *st;就定义了该结构体类型的变量和指针变量。

3. 定义新类型名的一般步骤及说明

下面的步骤对定义"替代"类型名和定义"构造"类型名都适用，不过定义"替代"类型名相对比较简单且容易理解，所以以下步骤主要用于定义"构造"类型名。

① 先按定义变量或数组的方法写出定义（如 char a[10];）。

② 将定义的名字换成新类型名（如 char NAME[10];）。

③ 在前面加上 typedef（如 typedef char NAME[10];）。

④ 然后可以用新类型名定义变量（如 NAME c,d;，c、d 即是有 10 个元素的字符数组）。

请读者用此步骤自行练习。

说明：

① 上面在定义新类型名时用的都是大写的标识符，这是为便于区别的习惯写法，并不是必须的。

② 用 typedef 定义类型只是定义新的类型名而不是创造新的类型，如果没有已知的类型是无法定义类型名的，例如 typedef NAME;是毫无意义的。

③ 注意定义新类型名与宏代换的区别。例如：

typedef int INTEGER;
#define INTEGER int

上述两条语句的作用都是用标识符 INTEGER 代替 int，但实质不同。typedef 是用标识符 INTEGER 代替类型"int"，而#define 是用标识符 INTEGER 代替字符串"int"；typedef 在编译时解释 INTEGER，而#define 是在编译之前将 INTEGER 替换成字符串"int"；typedef 并不是做简单替换，例如：typedef int NUM[3];不是简单地将 NUM[3]替换成 int，因为 NUM a;相当于 int a[3];，而不是 int a;。

④ 使用 typedef 有利于程序在不同的计算机系统间进行移植。例如在一般微机中使用标准 C 或 Turbo C 等编译系统，int 型单元是 2 个字节（Visual C++编译系统是 4 个字节），而在中型机、大型机中的标准 C 或 Turbo C 等编译系统中 int 型是 4 个字节。如果有 typedef int INTEGER;，即程序中用 INTEGER 代替 int，当系统由微机改变成中型机、大型机时，只要将语句 typedef int INTEGER;改成 typedef long INTEGER;，原来程序中用 INTEGER 定义的所有变量就变成 long 型 4 个字节了。

10.5　典型例题精解

【例 10.19】有 5 个学生，每个学生的信息有学号、姓名和三门课的成绩，求每个学生的平均成绩，并按平均成绩从大到小对所有学生的信息进行排序然后输出。

程序如下：

```
#include <stdio.h>
void main(void)
{
    struct student
    {
        long num;
        char name[10];
        int score[3];
        float evr;
    }t, st[5]={{1001,"wang",67,75,88},{1002,"li",83,92,95},{1003,"zhao",56,82,79},
              {1004,"han",78,87,79},{1005,"qian",69,79,81}};
    int i,j;
    for(i=0;i<5;i++)
    {
        st[i].evr=0;
        for(j=0;j<3;j++)
            st[i].evr+=st[i].score[j];
        st[i].evr/=3;
    }
    for(i=0;i<4;i++)
        for(j=i+1;j<5;j++)
            if(st[i].evr<st[j].evr){t=st[i];st[i]=st[j];st[j]=t;}
    printf("学号    姓名    成绩1    成绩2    成绩3    平均成绩\n");
    for(i=0;i<5;i++)
    {
```

```
            printf("%ld%8s",st[i].num,st[i].name);
            for(j=0;j<3;j++)
                    printf("%8d",st[i].score[j]);
            printf("%10.1f\n",st[i].evr);
    }
}
```

【解析】在定义结构体类型时可以设计一个存放平均成绩的成员，排序交换位置时应将结构体数组元素整体交换。程序运行结果如图10-23所示。

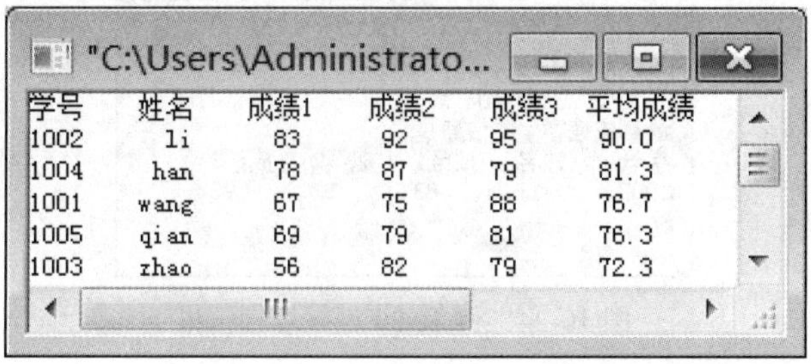

```
学号    姓名    成绩1   成绩2   成绩3   平均成绩
1002     li      83      92      95      90.0
1004     han     78      87      79      81.3
1001     wang    67      75      88      76.7
1005     qian    69      79      81      76.3
1003     zhao    56      82      79      72.3
```

图 10-23　例 10.19 程序运行结果

【例 10.20】有 5 个学生，每个学生的信息有学号、姓名和三门课的成绩，输出三门课的总平均分以及所有成绩中最高成绩所对应的学生的全部信息。

程序如下：

```c
#include <stdio.h>
void main(void)
{
    struct student
    {
        long num; char name[10]; int score[3];
    }
    st[5]={{1001,"wang",67,75,88},{1002,"li",83,92,95},{1003,"zhao",56,82,79},
            {1004,"han",78,87,79},{1005,"qian",69,79,81}};
    int i,j,max,maxi;
    float aver[3]={0};
    for(j=0;j<3;j++)
    {
        for(i=0;i<5;i++)
            aver[j]+=st[i].score[j];
        aver[j]/=5;
    }
    max=st[0].score[0];
    for(i=0;i<5;i++)
        for(j=0;j<3;j++)
            if(st[i].score[j]>max)
            {
                max=st[i].score[j];maxi=i;
            }
    printf("三门课的平均分是：\n");
    for(i=0;i<3;i++)
        printf("%6.1f",aver[i]);printf("\n");
    printf("最高成绩学生的信息是：\n");
    printf("学号     姓名    成绩1    成绩2    成绩3\n");
```

```
            printf("%ld%8s",st[maxi].num,st[maxi].name);
            for(j=0;j<3;j++)
                    printf("%8d",st[maxi].score[j]);
            printf("\n");
}
```

【解析】本例中将三门课的总平均分定义一个数组,找出最高成绩时,记录是哪个学生然后输出该学生的全部信息。程序运行结果如图 10-24 所示。

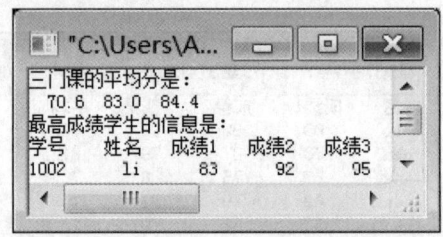

图 10-24 例 10.20 程序运行结果

【例 10.21】已知单向链表的结点类型为 struct node,头指针为 head,编写一个释放链表的函数。函数如下:

```
void fun(struct node *head)
{
    struct node *p;
    while(head!=NULL)
    {
        p=head;
        head=head->next;
        free(p);
    }
}
```

【解析】链表由头指针代表,要释放链表可以定义一个工作指针得到头指针,然后头指针和工作指针均不断下移,同时释放结点。

【例 10.22】已知一个无符号的整数占用了 4 个字节的内存空间,现欲从低位存储地址开始,将其每个字节作为单独的一个 ASCII 码字符输出,试用共用体实现上述转换。

程序如下:

```
#include <stdio.h>
void main(void)
{
    union
    {
        unsigned int a; char c[4];
    }x;
    int i;
    printf("请输入一个 4 字节无符号整数:\n");
    scanf("%x",&x.a);
    for(i=0;i<4;i++)
            printf("%c ",x.c[i]);printf("\n");
}
```

【解析】本程序中利用共用体的特性:以一个成员输入(本题为无符号整型成员),以另外的成员(本题为有 4 个元素的字符数组)输出。若输入 41424344↙,程序运行结果如图 10-25 所示。

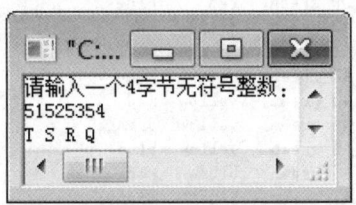

图 10-25　例 10.22 程序运行结果

【例 10.23】口袋中有红、橙、黄、绿、蓝颜色的球各一些,现从口袋中每次摸出 3 个球,要求颜色均不同,考虑摸出的顺序,输出所有可能的取法及取法的数量。

程序如下:

```c
#include <stdio.h>
void main(void)
{
    enum color{red,orange,yellow,green,blue}c,x,y,z;
    int i,n=0;
    for(x=red;x<=blue;x++)
        for(y=red;y<=blue;y++) if(x!=y)
            for(z=red;z<=blue;z++)
                if(z!=x && z!=y)
                {
                    n++;printf("%-3d",n);
                    for(i=1;i<=3;i++)
                    {// 轮流对 x、y、z 打印颜色
                        switch(i)
                        {
                            case 1:c=x;break;
                            case 2:c=y;break;
                            case 3:c=z;
                        }
                        switch(c)
                        {
                            case red :printf("%-8s","red");break;
                            case orange:printf("%-8s","orange");break;
                            case yellow:printf("%-8s","yellow");break;
                            case green :printf("%-8s","green");break;
                            case blue :printf("%-8s","blue");
                        }
                    }printf("\n");
                }printf("n=%d\n",n);
}
```

【解析】本题可利用穷举法,摸 3 个球用 3 重循环,要考虑不能重复。为了直观地看出颜色排列,所以使用枚举类型。由于屏幕行数限制,只能显示最后的 10 行。程序运行结果如图 10-26 所示。

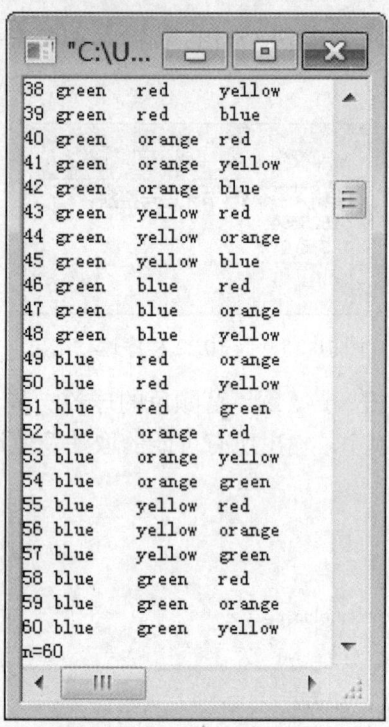

图 10-26　例 10.23 程序运行结果

本章小结

本章学习了 C 语言的用户定义类型，包括结构体、共用体和枚举类型三种。其中结构体和共用体是构造类型，枚举类型是基本数据类型。本章还学习了用户自定义类型名的方法。本章学习的重点是结构体类型，在学习了结构体类型后，知道了共用体类型与之相似和区别之处，掌握共用体类型也就比较容易了。

对于结构体类型，要掌握该类型的定义、变量的说明和引用、数组和指针的使用，以及结合结构体和指针知识学习的链表的概念及其操作等。

对于共用体类型，从它与结构体的相似与区别着手，要掌握该类型的定义、变量的说明和引用，以及共用体的主要用途等。

对于枚举类型，要掌握该类型的定义、变量的说明，它的常量与变量的区别，数据与整数的区别与联系，以及它的用途等。

对于用户自定义的类型名，要了解它的实质、定义方法和主要用途等。

特别提示：定义了结构体类型之后，只是规定了该结构体类型的内存分配模式，并没有开辟存储单元，只有定义了结构体变量或结构体数组后，才按照该结构体类型的内存分配模式开辟存储空间。

共用体与结构体最大的差别是存储方式不同。结构体变量的各个成员占用各自独立的存储空间，而共用体变量的各个成员占用共同的存储空间。

习题 10

一、单项选择题

1. 当定义一个结构体变量时，系统为它分配的内存空间是_____。
   A．结构体中一个成员所需的内存容量
   B．结构体中第一个成员所需的内存容量
   C．结构体中占内存容量最大者所需的容量
   D．结构体中各成员所需内存容量之和

2. 下面对结构体变量的叙述中错误的是_____。
   A．结构体变量与简单变量间可以赋值
   B．通过结构体变量，可以任意引用它的成员
   C．结构体变量中某个成员和与这个成员类型相同的简单变量间可相互赋值
   D．相同类型的结构体变量间可以相互赋值

3. 已知：
   ```
   struct
   {
     int i; char c; float a;
   }ex;
   ```
   则 sizeof(ex);的值是_____。
   A．7　　　　　　　B．9　　　　　　　C．5　　　　　　　D．3

4. 已知：
   ```
   union
   {
     int i;char c;float a;
   }ex;
   ```
   则 sizeof(ex);的值是_____。
   A．4　　　　　　　B．5　　　　　　　C．7　　　　　　　D．9

5. 设有以下说明语句：
   ```
   struct ex
   {
     int x;float y;char z;
   }example;
   ```
   则下面的叙述中不正确的是_____。
   A．struct 是结构体类型的关键字　　　　B．example 是结构体类型名
   C．x、y、z 都是结构体成员名　　　　　　D．struct ex 是结构体类型

6. 以下对 C 语言中共用体类型数据的叙述，正确的是_____。
   A．可以对共用体变量直接赋值
   B．一个共用体变量中可以同时存放其所有成员
   C．一个共用体变量中不能同时存放其所有成员
   D．共用体类型定义中不能出现结构体类型的成员

7. 定义以下结构体类型：
   ```
   struct s
   {
       int x; float f;
   }a[3];
   ```
   语句 printf("%d",sizeof(a))的输出结果为_____。
   A．24　　　　　　B．18　　　　　　C．12　　　　　　D．4

8. 若有如下定义：
   ```
   struct person{char name[9];int age;};
   struct person class[10]={"John", 17, "Paul", 19, "Mary", 18, "Adam", 16};
   ```
   根据上述定义，能输出字母 M 的语句是_____。
   A．printf("%c\n", class[3].name);　　　　B．printf("%c\n", class[3].name[1]);
   C．printf("%c\n", class[2].name[1]);　　　D．printf("%c\n", class[2].name[0]);

9. 定义以下结构体数组：
   ```
   struct c
   {
       int x; int y;
   }s[2]={1,3,2,7};
   ```
   语句 printf("%d",s[0].x*s[1].x)的输出结果为_____。
   A．14　　　　　　B．6　　　　　　　C．2　　　　　　　D．21

10. C 语言共用体类型在任何给定的时刻_____。
    A．所有成员一直驻留在结构中　　　　B．只能有一个成员驻留在结构中
    C．部分成员驻留在结构中　　　　　　D．没有成员驻留在结构中

11. 以下结构体类型变量的定义中，不正确的是_____。
    A．typedef struct aa
    　　{　int n;
    　　　　float m;
    　　}AA;

    B．#define AA struct aa
    　　AA{　int n;
    　　　　float m;
    　　} td1;

    C．struct aa
    　　{　int n;
    　　　　float m;
    　　};
    　　Struct aa td1;

    D．struct
    　　{　int n;
    　　　　float m;
    　　}td1;

12. 下面对 typedef 的叙述中不正确的是_____。
    A．用 typedef 可以定义多种类型名，但不能用来定义变量
    B．用 typedef 可以增加新类型
    C．用 typedef 只是将已存在的类型用一个新的标识符来代表
    D．使用 typedef 有利于程序的通用和移植

13. 设有定义语句：
    ```
    enum team{my, your=4, his, her=his+10};
    ```
    则 printf("%d, %d, %d, %d\n", my, your, his, her);输出的是_____。
    A．0、1、2、3　　　　　　　　　　　B．0、4、0、10

C. 0、4、5、15　　　　　　　　　D. 1、4、5、15

14. 若有以下结构体变量的定义：
    struct example { int x;int y; } v2;
    则_____是正确的引用或定义。
    A. example.x=10;　　　　　　　B. struct v2;v2.x=10;
    C. example v2;v2.x=10;　　　　D. struct example v2={10,3};

15. 若有如下定义，则 printf("%d\n", sizeof(them));输出的是_____。
    typedef union{long x[2]; int y[4]; char z[8];}MYTYPE;
    MYTYPE them;
    A. 32　　　　B. 16　　　　C. 8　　　　D. 24

16. 设有如下说明：
    typedef struct ST
    {long a;int b;char c[2];}NEW;
    则下面叙述中正确的是_____。
    A. 以上的说明形式非法　　　　B. ST 是一个结构体类型
    C. NEW 是一个结构体类型　　　D. NEW 是一个结构体变量

17. 若有如下定义，则对 data 中 a 成员的正确引用是_____。
    struct sk{int a; float b;}data, *p=&data;
    A. (*p).a　　B. *(p).data.a　　C. p->data.a　　D. p.data.a

18. 若程序中有以下说明和定义，则会发生的情况是_____。
    struct xyz{int a,char b;}
    struct xyz v1,v2;
    A. 编译出错　　　　　　　　　B. 程序顺利编译、连接、执行
    C. 能顺利编译、连接，但不能执行　　D. 能顺利编译，但连接出错

19. 以下关于枚举的叙述不正确的是_____。
    A. 枚举变量只能取对应枚举类型的枚举元素表中的元素
    B. 可以在定义枚举类型时对枚举元素进行初始化
    C. 枚举元素表中的元素有先后次序，可以进行比较
    D. 枚举元素的值可以是整数或字符串

20. 若有以下说明和语句：
    struct students
    {
        int no;
        char *name;
    }st,*p=&st;
    则以下引用方式不正确的是_____。
    A. st.no　　B. (*p).no　　C. p->no　　D. st->no

二、填空题

1. 数组是表示类型相同的数据，而结构体则是若干_____数据项的集合。
2. "."称为_____运算符。
3. "->"称为_____运算符。
4. 共用体变量所占的内存长度等于_____。

5．结构体是不同数据类型的数据集合，作为数据类型，必须先说明结构体_____，再说明结构体变量。

6．若有如下定义语句，则变量 w 在内存中所占的字节数是_____。
```
union aa{float x; char c[6];};
struct st{union aa v; float w[5]; double ave;}w;
```

7．在 C 编译中，对枚举元素按常量处理，故称之为枚举常量，不能对它们_____。

8．设有以下结构体类型定义和变量说明，则变量 a 在内存所占字节数是_____。
```
struct stud
{
    char num[6];int s[4];double ave;
}a, *p;
```

9．以下语句要使指针变量指向一个整型的动态存储单元，请填空。
```
int *p;
p=_____malloc(sizeof(int));
```

10．下面程序的输出是_____。
```
#include <stdio.h>
void main(void)
{
    enum em{em1=3, em2=1, em3};
    char *aa[]={"AA", "BB", "CC", "DD"};
    printf("%s%s%s\n", aa[em1], aa[em2], aa[em3]);
}
```

三、程序设计题

1．定义一个结构体，成员项包括一个字符型、一个整型。编程实现结构体变量成员项的输入、输出，并通过说明指针引用该变量。

2．利用结构体类型，编程计算一名同学 5 门课的平均分。

3．建立一个结构体，其中包含学生的姓名、性别、年龄和一门课程的成绩。输出考分最高的同学的姓名、性别、年龄和课程的成绩。

4．定义一个表示日期的结构体，含有年、月、日，输入一个日期，计算此日期是该年中的第几天。

5．输入一字符串，用链表形式存储，每个结点的数据域存放一个字符，最后输出链表中的全部字符。

6．设有一个单向链表（设表长大于 2），现欲将其倒置排列，试编写一函数实现此功能。

7．已知无符号整数占用 4 个字节的内存空间，而字符数组一个元素占用 1 字节内存空间。编程输入 4 个字符后，将该 4 个字节的内容按无符号整数输出，试用共用体实现上述转换。

8．已知一长度为 2 个字节的整数，现欲将其高位字节与低位字节相互交换后输出，试用共用体类型实现这一功能。

9．请定义枚举类型 score，用枚举元素代表成绩的等级，如：90 分以上为优（excellent），80 分到 89 分之间为良（good），60 分到 79 分之间为中（general），60 分以下为差（fail），通过键盘输入一个学生的成绩，输出该生成绩的等级。

10．建立一个链表，每个结点包含学生的学号、姓名、性别、年龄和一门课程的成绩。要求输入一个学号，在链表中查找，显示结果后，如果该结点存在，则删除该结点。

11 位运算

【内容概述】

本章主要介绍有关位运算的两类运算符、运算对象、运算规则、运算优先级及数据在计算机内的表示方法。本章重点是数据在计算机内的表示方法，本章难点是通过位运算实现对某些位的操作。

【教学目标】

1. 掌握数据在机器中的存放形式。
2. 掌握位运算符的含义和使用。
3. 掌握位运算符的优先级。
4. 了解位域的概念。

11.1 位运算的基本概念

前面所介绍的 C 语言各种运算，其数据都作为整体参加运算。但有时也需要对数据的某一位或某几位进行处理，即对数据进行按位操作。例如，将一个存储单元中的二进制数左移或右移若干位；或对两个存储单元里的二进制数进行按位加运算等，这些都是在软件设计中常常要处理的问题。C 语言提供了位运算功能，这使得 C 语言如同低级语言一样可用来编写系统程序。

由于位运算是对二进制数位进行操作，因此其运算对象只能是整型数据和字符型数据。

11.2 计算机内的数据表示

计算机中处理的数据都是以二进制形式表示的，以字节的形式存放的。每一个字节有一个地址，一个字节由 8 位（bit）二进制数组成，规定最高（最左边）位为符号位（通常 0 表示是正数，1 表示是负数），其余为数值位，这种存储在计算机里且符号被数值化的数称为机器数。

机器数的编码（即机器数的表示）有三种形式：原码、反码和补码。

1. 正数的三种编码

正数的三种编码与该数的二进制形式一致，例如，对于正数6，其三种编码表示形式：原码为00000110，反码为00000110，补码为00000110。

2. 负数的三种编码

负数的三种编码的最高位都是1，数值位若是原码则与该数（无符号）的二进制形式一致，若是反码则将该数的二进制形式按位取反（即0变1，1变0），若是补码则将该数的二进制形式按位取反后加1。例如，对于负数-2，其三种编码表示形式：原码为10000010，反码为11111101，补码为11111110。

当计算机处理减法运算时，把减号连同其后的数一起作为负数，用补码"做加法"运算。例如：十进制运算6-2=6+(-2)=4，使用补码运算时，由于6的补码为00000110，-2的补码为11111110，所以运算式为：

```
  00000110
+ 11111110
─────────
1 00000100
```

运算结果超过8位，产生溢出，忽略不记，字节中有效数码为00000100，由于最高位是0，所以是正数，因此运算结果为+4。

从上例可看出使用补码的好处：

（1）变减法为加法，使计算机的运算简单且易实现。

（2）符号位可以作为数值参与运算，当产生进位时忽略进位，这样就简化了运算。

在使用补码时要注意：

（1）补码的补码等于原码。

（2）补码与补码进行运算，其结果是补码。

-2的补码是11111110，而11111110的补码是：将后七位按位取反得10000001，再加上1得10000010，这正是-2的原码。

补码运算时，其结果仍是补码，因此需要先将补码转化成原码，然后再将其转化成十进制数。例如：计算2-6=2+(-6)，2的补码是00000010，-6的补码是11111010，运算式为：

```
  00000010
+ 11111010
─────────
  11111100
```

最高位（即最左边一位）是1，表示该数是负数，且该数是用补码表示的，因此，要先转化成原码10000100，再转化成十进制数-4。

11.3 位运算

位运算是指对字节或字节内部的二进制数进行测试、设置、移位或逻辑位运算。C语言提供了两类位运算，一类是逻辑位运算，另一类是移位运算。

11.3.1 逻辑位运算

逻辑位运算共有 4 个运算符，如表 11-1 所示。

表 11-1　逻辑位运算符

运算符	含义	说明
~	取反运算	一元（目）运算符
&	按位与运算	二元（目）运算符
|	按位或运算	二元（目）运算符
^	按位异或运算	二元（目）运算符

逻辑位运算的运算对象只能是整型或字符型数据，不能为实型数据。

1．"取反"运算符（~）

~是一个单元（目）运算符，其功能是对一个二进制数按位取反，即将 0 变成 1，将 1 变成 0。例如二进制数 00010101，取反后变成 11101010。再如~023 是对八进制数 23（即二进制数 0000000000010011）按位取反（~），例如：

$$0000000000010011 \longrightarrow 1111111111101100$$

即~023 的值为八进制数 177754，千万不要以为~023 的值是-023。

【例 11.1】分析下列程序，写出运行结果。

```
#include <stdio.h>
void main(void)
{
    int a=45,b;
    b=~a;
    printf("%o,%o\n",a,b);
}
```

程序运行结果如图 11-1 所示。

思考：若将最后一条语句改为 printf("%d,%d\n",a,b);，则结果是什么？为什么会有这样的结果？

【例 11.2】分析下列程序，写出运行结果。

```
#include <stdio.h>
void main(void)
{
    int a=-32,b;
    b=~a;
    printf("%o,%o\n",a,b);
}
```

程序运行结果如图 11-2 所示。

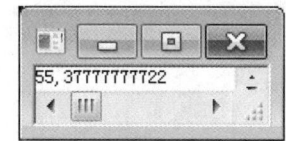

图 11-1　例 11.1 程序运行结果

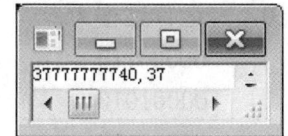

图 11-2　例 11.2 程序运行结果

2. "按位与"运算符（&）

"按位与"运算是二元（目）运算，其功能是对参与运算的两个数据，按二进制位进行"与"运算，其运算规则是：0&0=0，1&0=0，0&1=0，1&1=1。

例如5&10，其运算过程为：

```
    00000101    （十进制5）
  & 00001010    （十进制10）
    --------
    00000000
```

因此 5&10 的值是 0。

按位与运算有一些特殊的用途：

（1）清零。若想将一个单元 8 位全部置为 0，只要将该单元中的数据 a 与 0 做"与"运算即可。

（2）取一个数据中指定的字节。如有一个整数 a（2 个字节），要取其低字节中的数据，则将 a 与十六进制数 00ff 按位与即可；若要取高字节中的数据，则将 a 与十六进制数 ff00 按位与即可。

（3）保留一个数据中某些位上的数值。假设有一个整数 a 为 00110110，若要保留该数中从左往右第 3、5、6、7 位上的数值，则构造一个数 b，该数在第 3、5、6、7 位上数值是 1，其他位上的数值均为 0，即 b 为 00101110。将 a 与 b 进行按位与运算，则可保留 a 中第 3、5、6、7 位上的数。

【例 11.3】将整型变量 a 的高字节清 0，保留低字节数据。

源程序如下：

```c
#include <stdio.h>
void main()
{
    int a=14728;
    a=a&0x00ff;
    printf("%d\n",a);
}
```

程序运行结果如图 11-3 所示。

其运算过程为：

```
    0011100110001000      （14728 的补码表示）
  & 0000000011111111      （十六进制数 00ff）
    ----------------
    0000000010001000      （136 的补码表示）
```

3. "按位或"运算符（|）

"按位或"运算是二元（目）运算，其功能是对参与运算的两个数据，按二进制位进行"或"运算，其运算规则是：0|0=0，1|0=1，0|1=1，1|1=1。

例如6|10，其运算过程为：

```
    00000110    （十进制6）
  | 00001010    （十进制10）
    --------
    00001110
```

因此 6|10 的值是 14（十进制）。

若想让一个字节的低 4 位全部置为 1,则只需将该字节与十六进制数 0f 进行按位或运算即可。如想将 01100010 的低 4 位（后 4 位）置 1,则将其与 0f 做按位或运算：

```
      01100010
    | 00001111
      01101111
```

这样就将 01100010 的低 4 位置 1 了。

按位或运算常用来将一个数的某些位置 1。

【例 11.4】将整型变量 a 的低字节置 1,保留高字节上的数据。

源程序如下：

```
#include <stdio.h>
void main(void)
{
    int a=14728;
    a=a|0x00ff;
    printf("%o\n",a);
}
```

程序运行结果如图 11-4 所示。

图 11-3　例 11.3 程序运行结果

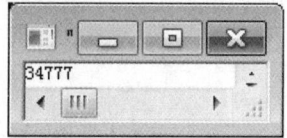
图 11-4　例 11.4 程序运行结果

其运算过程为：

```
      0011100110001000     （14728 的补码表示）
    | 0000000011111111     （十六进制数 00ff）
      0011100111111111     （八进制数 034777）
```

4. "按位异或"运算符（^）

"按位异或"运算符（^）也称 XOR 运算符,它是二元（目）运算,其功能是对参与运算的两个数据,按二进制位进行"异或"运算,其运算规则是：0^0=0,1^0=1,0^1=1,1^1=0。

例如 6^10,其运算过程为：

```
      00000110     （十进制 6）
    | 00001010     （十进制 10）
      00001100
```

因此 6|10 的值是 12（十进制）。按位异或运算有一些特殊的用途：

（1）使特定位翻转

所谓翻转,即将 1 变成 0,0 变成 1。例如想使 00101100 的低 4 位翻转,则只需将该数与 00001111 做按位异或（^）运算：

```
      00101100
    ^ 00001111
      00100011
```

所得结果恰好是原数低 4 位翻转。若想使上述数据中，第 3、5、7、8 位中的数据翻转，只需将该数与 00101011 做按位异或（^）运算：

```
  00101100
^ 00101011
  00000111
```

所得结果正好是原数的第 3、5、7、8 位数据翻转。

一般地，要使数中哪几位翻转就将与其进行^运算的哪几位置为 1 即可。

（2）与 0 做按位异或，保留原值

【例 11.5】分析下列程序，写出运行结果。

```
#include <stdio.h>
void main(void)
{
    int a=037,b=025;
    printf("a=%o,b=%o\n",a,b);
    a=a^b;
    b=b^a;
    a=a^b;
    printf("a=%o,b=%o\n",a,b);
}
```

程序运行结果如图 11-5 所示。
运算过程为：

```
  a=00011111    （八进制数 037）
^ b=00010101    （八进制数 025）
  a=00001010    （八进制数 012）
^ b=00010101
  b=00011111    （八进制数 037）
^ a=00001010
  b=00010101    （八进制数 025）
```

图 11-5 例 11.5 程序运行结果

从例 11.5 我们可以看出：a、b 之间的数据交换可以不用临时变量，直接通过按位异或运算就可以实现两个变量之间的数据交换。

11.3.2 移位运算

C 语言中提供两种移位运算符：左移运算符（<<）、右移运算符（>>）。所谓的移位运算就是将二进制数整体向左或向右移动，其运算是二元（目）运算。

1. 左移运算符（<<）

左移运算就是将一个二进制数的所有位全部左移若干位，右边（后面）补 0。例如 a=00011011，则 a<<2 的值是 01101100。

一般地，左移 1 位相当于该数乘以 2，左移 2 位相当于该数乘以 2^2=4。左移 n 位相当于该数乘以 2^n。如上例 a<<2=00011011<<2=$(2^4+2^3+2^1+1)\times 4$=108=01101100（二进制）。

注意：当左移舍去位中含有 1 时，结果并不遵循上述规则，如表 11-2 所示。

表 11-2 当左移舍去位中含有 1 时情况

a 的值	a 的二进制表示	a<<1	a<<2
64	01000000	0¦10000000	01¦00000000
127	01111111	0¦11111110	01¦11111100

从表 11-2 可以看出：当 a 等于 64 时，左移 1 位后相当于乘以 2，左移 2 位后，值却等于 0。当 a 等于 127 时，左移 1 位后相当于乘以 2，但左移 2 位后，值为 252，并不相当于原值乘以 4。

【例 11.6】分析下列程序，写出运行结果。

```
#include <stdio.h>
void main(void)
{
    int a=013,b;
    b=a<<2;
    b=b/a;
    printf("b=%d\n",b);
}
```

程序运行结果如图 11-6 所示。

2. 右移运算符（>>）

右移运算就是将一个二进制数的所有位全部右移若干位，移到右端的低位被舍弃，对无符号数来说，右边（高位）补 0。

例如 a=00011011，则 a>>2 的值是 00000110¦11。

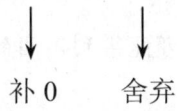

补 0   舍弃

右移 1 位相当于除以 2，右移 n 位相当于除以 2^n。

注意：右移时符号位问题。对无符号数，右移时左边高位补 0；对有符号数，若原来符号位为 0（即该数是正数），则右移时左边高位也补 0，若原来符号位为 1（即该数是负数），则右移时左边高位补 0 还是补 1，要取决于所用的计算机系统。有的系统左边高位补 0，有的系统高位补 1。补 0 的称为"逻辑右移"，补 1 的称为"算术右移"。Turbo C 和其他一些编译系统采用的是算术右移，即对有符号数右移时，若符号位原来为 1，则左边高位补 1。

【例 11.7】分析下列程序，写出运行结果。

```
#include <stdio.h>
void main(void)
{
    int a=026,b;
    b=a>>2;
    b=b/(b>>2);
    printf("b=%d\n",b);
}
```

程序运行结果如图 11-7 所示。

3. 位运算赋值运算符

同算术运算符与赋值运算符在一起可以组成复合赋值运算符一样,位运算符与赋值运算符

也可以组成复合赋值运算符，如&=，|=，>>=，<<=，^=。

图11-6　例11.6程序运行结果

图11-7　例11.7程序运行结果

例如：a&=b 相当于 a=a&b，a>>=2 相当于 a=a>>，a^=b 相当于 a=a^b。

在使用位运算时注意以下几点：

（1）取反运算符的优先级别比算术运算符、关系运算符、逻辑运算符和其他位运算符都高，例如~a|b，则先进行~a运算，然后再进行|运算。

（2）移位运算符的优先级比算术运算符低，这就是为什么在例11.7中，语句b=b/(b>>2);中分母b>>2要加括号。具体优先级请看附录2。

（3）当不同长度的数据进行位运算时，系统会自动将两个数右对齐。例如a为长整型，b为基本整型，当做运算a&b时：若b为正数，则左边两个字节16位全补0；若b为负数，则左边两个字节16位全补1；若b为无符号整数，则左边16位全补0。

重点

- 逻辑位运算与逻辑运算不同。

（1）两个整数进行逻辑运算，其结果只有1和0两种可能；逻辑运算符连接的运算量可以是各种基本类型。

（2）两个整数进行逻辑位运算，则可能得到不同的整数值；逻辑位运算符连接的运算量只能是int型和char型。

- 左移位相当于乘2运算。对非0的无符号数，每左移1位相当于该数乘2。对于补码表示的正数，当左移出的是0且移位后的最高位仍是0时，或对于补码表示的负数，当左移出的是1且移位后的最高位是1时，左移位相当于乘2运算，否则不能用简单的乘2来计算。例如：有符号的char型数64，左移一位得-128，左移两位得0。

- 右移位运算时，移出右端之外的位被舍弃，左端空出的位补0或者补1，这一方面与数的符号有关，另一方面与机器硬件特性有关。当对无符号数进行右移时，左端空出的位一律补0；当对用补码表示的有符号数进行右移时，有的机器采取逻辑右移，有的机器采取算术右移。

① 逻辑右移：即不管是正数还是负数，左端空位一律补0。

② 算术右移：即正数右移时，左端的空位全部补0；负数右移时，左端的空位全部补1（即符号位），Turbo C采用的是算术右移。

11.4　位域

我们曾介绍过计算机对内存信息的处理，通常以字节为单位。实际上，有时存储一个信息不需要用一个或多个字节。例如，"真"或"假"用1或0表示，只需1位即可；表示开关的"开"与"闭",也可用 1 或 0 表示,此时也只需 1 位即可。通常用计算机进行过程控制时,控制信息往往只占一个字节中的某一位或某几位。为了节省存储空间,C 语言提供了一种特殊的数据结构。即定义一个结构体,把其中成员在内存所占的长度用二进制位来表示,这种以位为单位的成员称为"位域"(bit field)或"位段"。

通俗地讲,所谓位域,就是把一个字节中的二进制位划分成几个不同的区域,并说明每个区域所占的位数,这样就能用较少的位数存储数据。

11.4.1 位域的定义及位域变量的说明

位域的定义与结构体的定义类似,其一般形式为:
```
struct 位域类型名
{
    type 位域名1:长度 1;
    type 位域名2:长度 2;
    ……
    type 位域名n:长度 n;
};
```
其中 type 表示位域的类型,它可以是 int、unsigned 中的任何一种。例如:
```
struct ex1
{
    int x:4;      // x 占 4 位
    int y:4;      // y 占 4 位
    int z:8;      // z 占 8 位
    int a;        // a 占 16 位
};
```
其存储如图 11-8 所示。

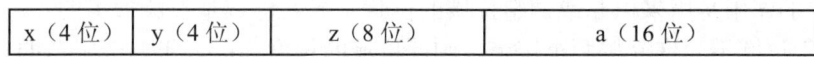

图 11-8 位域存储示意图

位域变量的说明与结构体变量的说明方式类似,可采用先定义类型后说明、定义的同时说明或直接说明三种方式。例如:
```
struct ex2
{
   int x:4;
   int y:4;
   int z:8;
}x1;
```
变量 x1 为 ex2 类型变量,共占 2 个字节:x 占 4 位,y 占 4 位,z 占 8 位。

11.4.2 位域变量的使用

位域变量的使用和结构体成员的使用相同,其一般形式为:
位域变量名.引用的位域名
如上面定义的变量 x1:
x1.x=3;
x1.y=2;
x1.z=45;
注意:位域所允许的最大值范围。如果上面第一个语句写成 x1.x=20;就错了。因为 x1.x

只占 4 位，其最大值是 15。此时，计算机会自动取数的低位进行赋值，即 20 的二进制形式是 10100，取低 4 位 0100，则 x1.x 的值是 4。

关于位域的定义和引用，有几点说明：

（1）位域成员的类型必须是 int 或 unsigned 类型。

（2）一个位域必须存储在一个存储单元中，不能跨两个单元。如果一个单元空间放不下一个位域，则该空间不用，而是从下一个存储单元开始存放该位域。如：

```
struct ex3
{
    int a:4;
    int b:3;
    int c:5;
    int x;
};
```

其存储如图 11-9 所示。

| a（4 位） | b(3 位) | 多余 1 位 | c（5 位） | 多余 3 位 | x（16 位） |

图 11-9　位域存储示意图

（3）可以定义无名位域。例如：

```
struct ex4
{
    int a:1;
    int  :2;    //a 后 2 位不用，该位域称为无名位域
    int b:3;
    int c:4;
};
```

无名位域的作用是用来填充或调整位域的位置。无名位域是不能使用的。

（4）由于位域不允许跨越两个字节，因此位域的长度不能大于一个字节的长度，即不能超过 8 位二进制数位，也不能定义位域数组。

（5）如果某一位域想从另一个字节开始存放，则可进行如下定义：

```
struct ex5
{
    int a:1;
    int b:2;
    int  :0;    // 无名位域
    int c:3;
};
```

本来 a、b、c 应连续存放在一个存储单元中，由于用了长度为 0 的无名位域，使得 c 存储在下一个存储单元中。即 a 占第一个字节中的第 1 位，b 占第一个字节中的 2、3 两位，后 5 位不用，c 占第二个字节中的前 3 位。

【例 11.8】位域实例。

```
#include <stdio.h>
void main(void)
{
    struct ex6
    {
        int x:2;
        int y:3;
```

```
        int z:4;
    }a,*p;
    a.x=1;
    a.y=3;
    a.z=a.x+a.y;
    printf("%d,%d,%d\n",a.x,a.y,a.z);
    p=&a;          // 指针 p 指向 a
    p->x=0;        // 通过指针 p，将 a 的位域 x 赋值为 0
    p->y|=2;       // 通过指针 p，将 a 的位域 y 与 2 进行按位或运算后再赋给位域 y
    p->z&=12;      // 通过指针 p，将 a 的位域 z 与 12 进行按位与运算后再赋给位域 z
    printf("%d,%d,%d\n",p->x,p->y,p->z);
}
```

程序运行结果如图 11-10 所示。

注意：若 a.x=3;，则二进制表示为 11，因为 a.x 占 2 位，此时表示是负数。

当数据是负数时，则在计算机中用补码形式表示。由于 1 的补码是 1，所以 a.x=3;表示的数据是负数 1，因此输出 a.x 的值为-1。

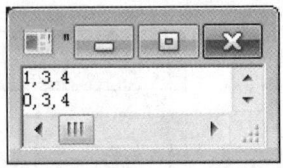

图 11-10　例 11.8 程序运行结果

思考：若 a.y=5;，则输出什么？为什么会有这样的结果？

11.5　典型例题精解

【例 11.9】编程，输出一个 16 位二进制数的低 4 位数。

源程序如下：

```
#include <stdio.h>
void main(void)
{
    int a;
    scanf("%o",&a);
    a=a&0x000f;         // 取整数 a 的低 4 位
    printf("\n%o\n",a); // 以八进制形式输出
}
```

当输入-2✓（-2 的二进制形式为 1111111111111110，是补码）时，程序运行结果如图 11-11 所示。

再运行一次，若输入 253✓（253 的二进制形式为 0000000010101011），程序运行结果如图 11-12 所示。

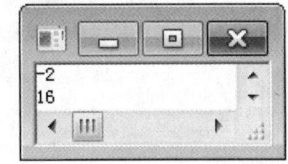

图 11-11　例 11.9 程序运行结果

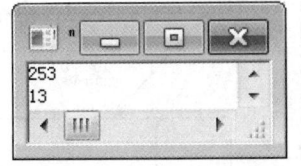

图 11-12　例 11.9 程序运行结果

【例 11.10】取一个整数 x 从右边开始的 3～6 位数。

源程序如下：
```
#include <stdio.h>
void main(void)
{
    int x,y;
    scanf("%o",&x);
    y=x>>3;    // 右移 3 位，使 x 中的 3～6 位变成 0～4 位
        y=y&0x000f;
    printf("%o\n",y);
}
```

当输入 426✓（426 的二进制形式为 0000000100010110）时，程序运行结果如图 11-13 所示。

再运行一次，若输入-231✓（-231 的二进制表示为 1111111101100111），程序运行结果如图 11-14 所示。

图 11-13 例 11.10 程序运行结果

图 11-14 例 11.10 程序运行结果

【例 11.11】编写程序将整数 a 进行循环右移 n 位，如图 11-15 所示。即将 a 中原来所有数位全部右移 n 位，使得最右边的 n 位数据依次移入最左边的 n 位。

假设：a=1011001000110111，n=3，则循环右移 3 位后，a=1111011001000110。

源程序如下：
```
#include <stdio.h>
void main(void)
{
    short int a,b,c,n;
    scanf("%o",&a);
    printf("input n:\n");
    scanf("%d",&n);
    b=a<<16-n;    // 将 a 中最右边的 n 位放入 b 中最左边 n 位
    c=a>>n;       // 将 a 中数据右移 n 位，左边补 0
    b=b|c;        // 将 b 与 c 进行按位或运算
    printf("\n%d\n",b);
}
```

程序运行结果如图 11-16 所示。

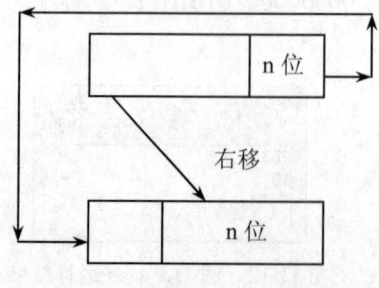

图 11-15 循环右移意图

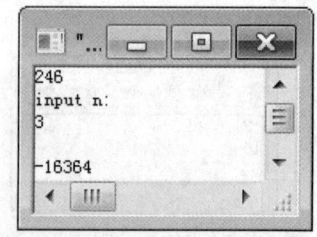

图 11-16 例 11.11 程序运行结果

重点：利用位运算能够完成某些汇编语言的功能。

技巧：当需要对某个数据的某些数位进行移位、清零、置 1 等操作时，通常采用位运算来实现。位运算符同样可以与赋值符一起组成复合赋值符，使得程序更加简练。

本章小结

本章主要介绍了有关位运算的运算符、位域的定义及使用。位运算符可以与赋值符在一起组成复合赋值符，如|=，&=，^=，～=，<<=，>>=等。

利用位运算可以完成汇编语言的某些功能，如移位、清零、置 1 等。位域在本质上也是结构体类型，只不过其成员按二进制位分配内存，它的定义、说明、使用都与结构体类型相似。位域的使用，实现了数据的压缩，节省了空间，提高了程序的效率。

习题 11

一、单项选择题

1. 设 a=5，b=3，则表达式 a^b<<2 的值（二进制表示形式）是_____。
   A．00011000　　B．00001101　　C．00000100　　D．00001001
2. 以下运算符优先级最低的是 |，优先级最高的是_____。
   A．^　　　　　　B．&　　　　　　C．|　　　　　　D．～
3. 表达式 a<b||c&d 的运算顺序为_____。
   A．&,<,||　　　　B．&,||,<　　　　C．<,||,&　　　　D．<,&,||
4. 在 C 语言中，要求运算数必须是整型或字符型的运算符是_____。
   A．&&　　　　　B．&　　　　　　C．!　　　　　　D．||
5. 表达式 0x2a&0x3f 的值是_____。
   A．0x2a　　　　B．0x3f　　　　　C．0x15　　　　　D．0xaf
6. 在位运算中，操作数每右移一位，其结果相当于_____。
   A．操作数乘以 2　　　　　　　　B．操作数除以 2
   C．操作数除以 4　　　　　　　　D．操作数乘以 4
7. 若 x=2，y=3，则 x&y 的结果是_____。
   A．0　　　　　　B．2　　　　　　C．3　　　　　　D．5
8. 位字段数据的单位是_____位。
   A．十六进制　　　B．八进制　　　　C．二进制　　　　D．十进制
9. 有如下程序段，则输出结果是_____。
   int x=20; printf(("%d\n",～x);
   A．02　　　　　　B．-20　　　　　C．-21　　　　　D．-11
10. 在位运算中，操作数每左移一位，其结果相当于_____。
    A．操作数乘以 2　　　　　　　　B．操作数除以 2
    C．操作数除以 4　　　　　　　　D．操作数乘以 4

11. 设有以下语句，则 z 的二进制值是_____。
    char x=3,y=6; z=x^y<<2;
    A．00010100   B．00011011   C．00011100   D．00011000
12. 以下程序的输出结果是_____。
    ```
    main()
    { char x=040;
      printf("%o ",x<<1);
    }
    ```
    A．100   B．80   C．64   D．32
13. 语句 printf("%d ",12 &012);的输出结果是_____。
    A．12   B．8   C．6   D．012
14. 执行下面的程序段后，B 的值为_____。
    ```
    int x=35;
    char z=A;
    int b;
    B=((x&15)&&(z<a));
    ```
    A．0   B．1   C．2   D．3
15. 有以下程序：
    ```
    #include<stdio.h>
    void main(void)
    {
        short a,b;
        a=5;b=a>>1/a>>2;
        printf("%d, %d\n",a,b);
    }
    ```
    此程序运行结果为_____。
    A．5,3   B．5,1   C．5,2   D．5,0

二、填空题

1．测试短整型变量 a 是否是正数的表达式为_____。
2．在 C 语言中，&的含义有_____和_____。
3．位运算符按优先级从高到低的次序是_____。
4．位运算 0x1a2c & 0x1a79 的运算结果是（用八进制形式写出）_____。
5．位运算 0x27a1 | 0x1a54<<2 的运算结果是（用八进制形式写出）_____。
6．设二进制数 x 的值是 11001101。若想通过 x&y 运算使 x 中的低度 4 位不变，高 4 位清零，则 y 的二进制数是_____。
7．设 x=10100011，若要通过 x^y 使权 x 的高 4 位取反，低 4 位不变，则 y 的二进制数是_____。
8．以下程序片段的输出结果是_____。
    ```
    int m=20,n=025;
    if(m^n) printf("mmm\n");
    else printf("nnn\n");
    ```
9．设 x 是一个整数（16bit），若要通过 x|y 使 x 低 8 位置都为 1，高 8 位不变，则 y 的二进制数是_____。

10. 有程序段：
    ```
    int a=1,b=2;
    if(a&b) printf("***\n");
    else printf("$$$\n",n);
    ```
   输出结果是_____。

三、程序设计题

1．将一个正整数 n 的各位向左循环移动 4 位。

2．编写程序，判断一个整数 n 的最高位是 0 还是 1，若是 0 则输出 "-"，否则输出 "+"。

3．输入两个无符号整数存入 a、b 中，再由 a、b 两个数生成新的数 c，具体要求如下：
   （1）将 a 的低位字节作为 c 的高位字节，将 b 的高位字节作为 c 的低位字节。
   （2）数据 a、b 从键盘键入，用十进制和十六进制两种形式输出 a、b、c 的值。

4．编写一个函数，对一个 16 位的二进制数取出它的偶数位，即取出从左边起第 2、4…16 位上的数字，将取出的八位数用八进制形式输出。

12 文件

【内容概述】

本章主要介绍文件的概念、文件的分类；文件指针；文件操作的基本方法；文件的读写操作；文件的定位操作以及文件操作在程序设计中的应用。

【教学目标】

1. 掌握文件的概念和存取方法。
2. 掌握文件的打开和关闭操作。
3. 掌握文件的读写函数操作。
4. 掌握文件指针的定位操作。

12.1 概述

12.1.1 文件的基本概念

1. 文件

文件是一组存储在外部介质上的相关数据的集合。文件可以分为磁盘文件和设备文件：磁盘文件是永久存储信息的重要方式，是指存储在外存（如磁盘）上的相关数据集合，可以是程序文件（包括源文件、目标程序文件、可执行程序等），也可以是数据文件（包括输入/输出数据、文本文件、图像文件、声音文件等）；设备文件是指各种外部设备，如显示器、打印机、键盘等。使用文件的优点：

（1）输入和保存大容量数据（可超过内存容量）。
（2）数据永久保存在外存中成为共享数据。

每个文件都有一个文件名，文件名是引用文件的唯一标志：I/O 设备的文件名是由系统命名的，例如 CON 控制台（输入时代表键盘，输出时代表打印机）、LPT1 打印机、COM1、COM2

串行端口等。在文件使用中，又提供了一些标准的专用名称，如打印机用 **stdprn** 加以标识。

磁盘文件名则要由用户自己命名。用户根据实际的内容，按照文件命名的规则，采用"见名知意"的原则，给相关的信息（可以是一个程序、一个或几个函数）起一个名字保存在磁盘中，这称为磁盘程序文件。若仅仅是只含数据的文件，则称为磁盘数据文件。

磁盘文件的操作通常要有三个步骤，如图 12-1 所示：

（1）打开文件：建立一个以文件名标识的磁盘文件与文件指针的联系，建立相应的缓冲区等以及文件基本信息结构体变量。

（2）读写文件：在内存中的程序与介质中的文件之间进行信息传递。读是指从文件输入数据到程序的数据区；写是指将程序数据区中的数据输出到文件。

（3）关闭文件：切断文件与内存程序之间的联系，释放文件打开时所占用的资源。

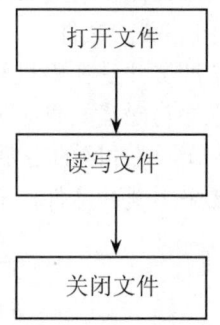

图 12-1　文件处理过程

对于文件的打开、读写、关闭，C 语言定义一簇标准的函数，函数的原型声明在头文件 stdio.h 当中。对于文件的操作，主要就是掌握文件操作的各类函数的基本使用方法。

2．数据流

流是程序和文件之间通信的通道，每个流都是一种与设备相联系的对象。流具有方向性：输入流是与输入设备相联系的流；输出流是与输出设备相联系的流；输入/输出流是与输入/输出设备相联系的流。系统把控制台作为标准流。

数据流是对数据输入/输出行为的一种抽象。各种各样的终端设备或磁盘文件的细节是非常复杂多样的，直接对它们编程将会非常繁琐，引入数据流的概念有效地解决了这一难题。只要建立了输入/输出数据流，编程者在应用程序中就不需要关心底层输入/输出设备或是任何磁盘文件的具体细节差异。程序中要输入数据，只需从输入数据流中读入，输出数据只需向输出数据流中写出即可，这样就使程序完全与具体硬件资源脱离了关系，也就是说数据流使 C 程序与具体系统完全不相关，使 C 程序可以非常方便地移植。

12.1.2　文件的分类

按文件的存储形式、处理方式以及读写方式的不同。文件可以分成如下几类：

1．存储形式

从文件存储的形式来看，文件可分为文本文件和二进制文件。文本文件中的数据以字符为单位，按其 ASCII 码存放，每个字符占一个字节；二进制文件中的数据以字节为单位，按数据在内存中的存储形式存放，不同类型的数据占用的字节数不等。前者占空间多，需要转换，后者节省空间和转换时间，但一个字节不对应一个字符，不能直接输出字符形式。例如，整型数 195 的存储形式为：

ASCII 码　　00110001 00111001 00110101
符　号　　　　1　　　　　9　　　　　5

由于文本文件的内容是字符，可以显示和编辑，便于维护和查看。

二进制文件是按二进制的编码方式来存放数据。例如，同样整型数 195 的二进制存储形式为：

00000000 11000011（两个字节表示的 195 的二进制补码）

2. 处理方式

根据文件读写时的处理方式，可以将文件分为：缓冲文件和非缓冲文件。

（1）缓冲文件

缓冲文件是在磁盘和程序之间插入的一段称为缓冲区（buffer）的内存区域，如图 12-2 所示。程序与磁盘文件之间不是直接读写，而是通过缓冲区进行读写的，缓冲区的大小一般为 512 字节。缓冲区的主要作用是匹配主机与外设的速度，提高数据的传送效率。现在的文件系统主要采用缓冲文件，非缓冲文件在文件与程序之间没有缓冲区，效率较低。

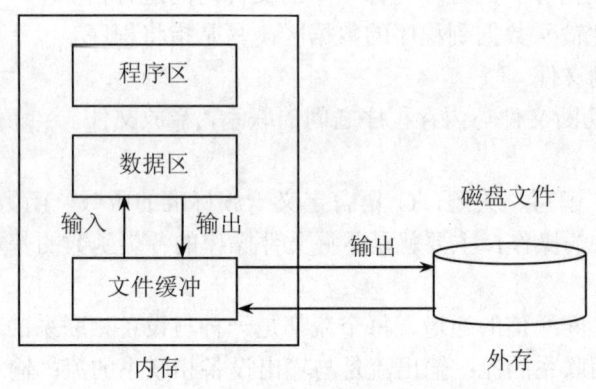

图 12-2　缓冲文件

一般缓冲文件操作有三个必需的步骤：

① 在使用文件前要调用打开函数将文件打开：若打开失败，则返回一个空指针；若打开正常，可以得到一个文件指针，并利用它继续对文件操作。

② 可调用各种有关函数，利用文件指针对文件进行具体处理，一般要对文件进行读或写操作。

③ 在文件用完时，应及时调用关闭函数来关闭文件，切断数据流，防止数据遗失或误操作破坏文件内容。

（2）非缓冲文件

利用非缓冲文件系统处理的文件称为非缓冲文件。系统处理非缓冲文件时，不为文件开辟缓冲区，需要程序员自行设计并管理缓冲区。

1983 年以后 ANSI C 标准中取消了非缓冲文件系统，对文本文件和二进制文件均采用缓冲文件系统进行处理。

3. 读写方式

按文件的读写方式可以将文件分为顺序读写文件、随机读写文件。顺序读写文件的读写按照数据在文件中的存储顺序进行，读写完当前数据后，下次读写自然是下一组数据，因此，无需在文件读写时定位。随机读写文件可以读写文件任意位置的数据，但必须在读写前定位到数据在文件的位置处。

重点

- 在 C 语言中通常采用缓冲文件系统处理文件，其文件内容由字符序列而不是记录组成，一般称之为流式文件。
- C 文件按存储方式分为二进制文件和文本文件。二进制方式将内存中的数据完全对应地写入文件（反之读出），而文本方式则有转换，主要应注意字符'\n'在写入文件时被转换为两个字符'\r'和'\n'。

12.2 文件指针

在 C 语言的缓冲文件系统中，"文件指针"是贯穿于输入/输出系统的主线。文件指针是文件读写的位置标志，要使用一个缓冲文件，必须知道文件的必要信息：如文件的名字、文件缓冲区地址、缓冲区中剩余的字节数、文件的读写方式等，这些信息保存在一个结构体类型的变量中。每个打开的文件都在内存中开辟一段区域，这个区域被一个系统定义的结构体变量用于存放文件的有关信息。该结构体类型由系统定义，取名为 FILE，通过文件指针就可对它所指的文件进行各种操作。FILE 文件类型的说明为：

```
typedef struct
{   int _fd;            // 文件号
    int _cleft;         // 缓冲区剩下的字符
    int _mode;          // 文件操作模式
    char *_nextc;       // 下一个字符位置
    char *_buff;        // 文件缓冲区位置
}FILE;
```

有了 FILE 类型之后，可以用它来定义若干个 FILE 类型的变量，以便存放若干个文件的信息。当打开一个缓冲文件的时候，系统为文件建立一块内存区域，用于保存反映文件信息的结构体变量，并返回该结构体变量的地址。

用户要为打开的每个文件说明一个指向文件信息结构体变量的指针，打开文件时将结构体变量的地址赋给指针。文件指针在文件的读写过程中逻辑上代表了文件。

定义文件指针的一般形式为：

FILE *fp1,*fp2…*fpn;   // fp1、fp2…fpn 是说明的文件指针变量

fp1、fp2…fpn 是指向 FILE 类型结构体的指针变量。可以使 fp1、fp2…fpn 分别指向某个文件的结构体变量，从而通过该结构体变量中的文件信息访问文件。也就是说，通过文件指针变量能够找到与它相关的文件，实现对文件的访问。

【例 12.1】将字符串"Student"写入到磁盘文件 s1.txt 文件中。

```
#include <stdio.h>
void main(void)
{
    FILE *fp;                      // 定义一个文件指针
    fp=fopen("s1.txt","w");        // 以写的方式打开文本文件 s1.txt
    fprintf(fp,"%s","Student");    // 将字符串 Student 输出到文件中
    fclose(fp);                    // 关闭文件
}
```

程序运行结果如图 12-3 所示。

 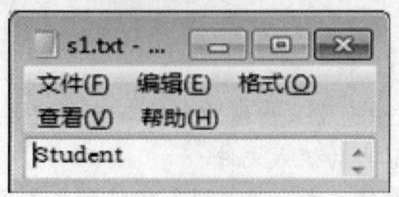

　　　　（a）生成的文件　　　　　　（b）s1.txt 文件中的内容

图 12-3　例 12.1 程序运行结果

程序点拨

此程序的功能是实现将字符串"Student"写入到磁盘文件 s1.txt 文件中去。

（1）程序运行后，在应用程序指定目录下，创建一个 s1.txt 文本文件，该文件的内容可以通过 Windows 记事本查看，如图 12-3（b）所示。

（2）程序中"FILE *fp;"的作用是定义文件指针 fp，在程序中打开的文件必须由文件指针指向后，才能做读写操作。

（3）语句"fp=fopen("s1.txt","w");"的作用是以"W"（写）的方式打开一个名为 s1.txt 的文本文件，并将该文件与文件指针 fp 建立联系。

（4）语句"fprintf(fp,"%s","Student");"的作用是将字符串"Student"输出到文件指针 fp 所指文件 s1.txt 中。

（5）语句"fclose(fp);"的作用是关闭 fp 所指文件 s1.txt，这时该文件与文件指针 fp 脱离联系。

特别提示

- 通常一个文件指针指向一个文件。因而有几个文件就要有几个文件指针，不允许使一个文件指针同时指向多个文件，也不允许多个文件指针同时指向同一文件。

12.3　文件的打开与关闭

C 语言中可利用高级 I/O 库函数来存取文件，存取文件的过程与其他语言中的处理过程类似，其顺序如图 12-1 所示。这个处理顺序表明：一个文件被存取之前首先要打开它，打开的含义是将文件指针与磁盘上的文件建立联系，只有文件被打开后才能进行读/写操作。当文件操作完成后，应及时关闭。结束文件指针的联系之前进行善后处理（如把缓冲区中的剩余数据写入文件），切断文件指针与文件名之间的联系，释放文件指针。

12.3.1　文件的打开

ANSI C 规定了标准/输出函数库，用 fopen 函数来实现打开文件。fopen 函数的原型定义在头文件 stdio.h 中，其一般形式为：

FILE *fp ;
fp=fopen(filename, mode);

fopen 函数有两个参数：第一个参数 filename 是一个指向字符的指针，可以用字符数组名或字符串常量表示打开文件的文件名（包含盘符及路径）；第二个参数 mode 也是一个指向字符的指针，是系统规定的字符串，用来表示文件的操作属性。

　　fopen 函数返回包含文件信息的结构体变量的地址，将此地址赋给一个文件指针，文件指针在文件操作的整个过程中就表示打开文件的文件名所对应的文件。例如：

```
FILE *fp ;
fp=fopen("d:\\user\\new.doc","r");
```

　　上述语句表示用"只读"方式打开 d:\user 路径下的名为 new.doc 的文件。参数 mode 表示文件打开后读写文件的基本操作方式，参数 mode 是系统定义好的字符串，每个不同的字符串表示一种特定操作模式，表 12-1 给出了各字符串对应的操作模式。r（read）模式总是打开一个已经存在的文件，如果文件不存在打开时将出错。w（write）建立一个新文件，如果文件已经存在，那么先删除存在的文件，然后建立新文件。a（append）打开一个存在的文件，在文件的尾部追加数据。b 表示二进制文件，t（或缺省）表示文本文件。+表示将模式扩展为可读、可写。

表 12-1　mode 字符串对应的操作模式

读写方式	文件类型	含义	读写方式	文件类型	含义
r	文本文件	打开文本文件，只读	rb+	二进制文件	打开二进制文件，读，覆盖写
w		建立文本文件，只写	wb+		打开二进制文件，先写后读
a		打开文本文件，追加	ab+		打开二进制文件，读，追加
rb	二进制文件	打开二进制文件，只读	rt	文本文件	打开文本文件，只读
wb		建立二进制文件，只写	wt		建立文本文件，只写
ab		打开二进制文件，读，追加	at		打开文本文件，追加
r+	文本文件	打开文本文件，读，覆盖写	rt+	文本文件	打开文本文件，读，覆盖写
w+		打开文本文件，先写后读	wt+		打开文本文件，先写后读
a+		打开文本文件，读，追加	at+		打开文本文件，读，追加

　　fopen 函数把文件正常打开后，将返回文件在内存中的起始地址，并把该地址赋给文件指针，从而建立起文件和文件指针之间的联系。

　　fopen 函数打开文件有可能失败，比如用 r 模式打开一个不存在的文件。若打开文件失败，fopen 函数将返回一个空指针 NULL。由于文件打开错误时，程序无法正确输入/输出数据，也就是说程序无法继续执行，必须在打开文件时，判断是否出错，如果出错，输出错误信息，并终止程序运行。因此，一般用如下方式打开文件：

```
FILE *fp;
if((fp=fopen( filename , mode ))= =NULL)
{
    printf("打开文件错误!\n");
    exit(1);      // 由 exit 函数终止程序运行，退回操作系统
}
```

打开文件后,如果判断文件指针是 NULL,则表示打开文件失败,输出提示信息并终止程序运行。

重点

(1)打开文件将通知编译系统三个信息:
① 使用的文件指针。
② 需要打开的文件名。
③ 使用文件的方式(读或写)。

(2)fopen 函数用于打开文本文件或二进制文件,使用的方式分别可以用 r、w、a 模式。若打开文件正常,返回文件在内存中的起始地址;若失败,则返回 NULL。

12.3.2 文件的关闭

文件打开的目的是为了读写,当文件使用完毕后,应关闭文件。关闭文件主要有三个目的:第一,保证文件的数据不丢失,将缓冲区中的数据回写文件;第二,释放缓冲区;第三,断开文件指针与文件的联系,使关闭后的文件指针可以被用于打开其他文件。

C 语言定义了关闭文件的标准函数 fclose。函数的原型定义在头文件 stdio.h 中,其一般形式为:

fclose (文件指针);

例如:

fclose(fp);   // fp 是文件指针

fclose 函数在关闭文件正确时返回整型值 0;关闭失败返回非 0。

【例 12.2】 从键盘输入若干学生的成绩,按指定格式写入到文件中。

```
#include <stdio.h>
#include <stdlib.h>
void main(void)
{
    FILE *fp;   // 定义文件指针
    int x;
    if((fp=fopen("f:\\bak\\score.txt","w"))==NULL)  // 打开指定路经的 score.txt
    {
        printf("Can't open file!\n");
        exit(1);
    }
    scanf("%d",&x);
    while(x!=-1)                    // 当输入的成绩不等于-1 时,继续循环
    {
        fprintf(fp,"%4d",x);        // 将成绩按指定格式写到 fp 所指的文件中
        scanf("%d",&x);
    }
    fclose(fp);   // 关闭文件
}
```

程序运行结果如图 12-4 所示。

程序点拨

(1)程序运行时,通过键盘输入如图 12-4(a)所示的内容;程序运行后,在磁盘上建

立 f:\\bak\\score.txt 文件，如图 12-4（b）所示，其内容如图 12-4（c）所示。

（2）函数"fp=fopen("f:\\bak\\score.txt","w");"的作用是以写的方式打开指定路经的 score.txt 的文本文件，并将该文件与文件指针 fp 建立联系。

（3）语句"fprintf(fp,"%4d",x);"的作用是输入顺序按指定格式将 x 中的值写到 fp 所指文件中。当写操作结束后，系统自动在文件尾部加文件结束标志，此标志可以作为读取操作是否完成的判断依据。

（4）语句"fclose(fp);"的作用是关闭 fp 所指文件 score.txt。

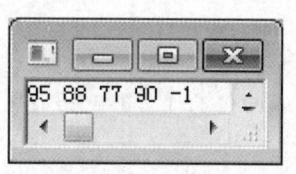  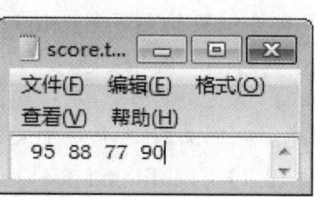

（a）键盘输入的内容　　　　（b）生成的文件　　　　（c）score.txt 文件中的内容

图 12-4　例 12.2 程序运行结果

12.4　文件的读写

文件打开后，可以通过系统定义的一系列标准函数实现对文件的读写操作，这些函数的原型都声明在头文件 stdio.h 中。读写函数针对不同的数据对象，采用不同的数据格式。

12.4.1　字符输入/输出函数

1. 字符输出函数 fputc

字符输出函数 fputc 把一个字符写到磁盘文件上，其一般形式为：

fputc(ch,fp);　　// ch 是输出的字符，　fp 是文件指针

功能：写一个字符（或一个字节的数据）到 fp 对应文件的当前位置上。如果调用函数成功，则返回 ch 的值；如果失败，则返回 EOF（系统定义的宏，值为-1）。

例如：从键盘输入一行字符，写入一个文件中。

```
ch=getchar();
while(ch!='\n')
{
    fputc(ch,fp);
    ch=getchar();
}
```

2. 字符输入函数 fgetc

字符输入函数 fgetc 从指定文件读入一个字符，该文件必须以读或写方式打开。其一般形式为：

ch=fgetc(fp);　　// fp 是可读文件的文件指针

功能：从 fp 对应文件的当前位置读一个字符。如果调用成功返回读到的字符(赋值给 ch)；如果读到文件结束，返回 EOF（-1）。

例如：从文件中逐个读取字符，在屏幕上显示。

```
ch=fgetc(fp);
while(ch!=EOF)
{
    putchar(ch);
    ch=fgetc(fp);
}
```

注意：EOF 为文件结束标志，本身不是可输出字符，因此在屏幕上不能显示。由于 ASCII 没有负值，故将 EOF 的十进制定义为-1，十六进制定义为 0xff。EOF 作为一个字符存放在文件末尾，占 1 个字节。因此，在文本文件建立结束时，可以将 EOF 写到文件末尾。

3. 文件结束检测函数 feof

feof 函数的一般形式为：

feof(fp); // fp 是文件指针

功能：判断文件是否处于文件结束位置。如文件结束，则返回值为 1，否则为 0。

【例 12.3】将 infile.txt 文件内容复制到 outfile.txt 文件中。

```
#include <stdio.h>
void main (void )
{
    FILE *in,*out;   // 定义文件指针
    char ch;
    if(( in=fopen("infile.txt","r"))==NULL)     // 以读方式打开源文件
    {
        printf("Cannot open the infile\n");
        exit(1);
    }
    if((out=fopen("outfile.txt","w"))==NULL)    // 以写方式打开目标文件
    {
        printf("Cannot open the outfile\n");
        exit(1);
    }
    while(!feof(in))  // 当源文件没有结束时，从 infile.txt 文件中读取字符写入 outfile.txt 文件中
    {
        ch= fgetc(in);
        fputc(ch,out);
    }
    fclose(in);
    fclose(out);   // 关闭文件
}
```

程序运行结果如图 12-5 所示。

程序点拨

此程序的功能将 infile.txt 文件内容复制到 outfile.txt 文件中。

（1）通过 FILE 定义 2 个文件指针。

（2）通过 fopen 函数，以只读方式打开 infile.txt 文件。

（3）通过 fopen 函数，以写方式打开 outfile.txt 目标文件。

（4）在 while 循环中，只要 in 指针没有指向尾，就反复从文件 infile.txt 中读取字符写入文件 outfile.txt，实现文件复制。

（5）fclose 函数用于关闭 infile.txt 和 outfile.txt 文件。

（a）源文件

（b）源文件内容

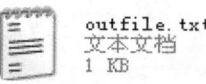
（c）生成的文件

（d）生成文件的内容

图 12-5　例 12.3 程序运行结果

12.4.2　字符串输入/输出函数

1. 字符串输入函数 fgets

fgets 函数表示从指定文件读入一个字符串。其一般形式为：

```
fgets(str,n,fp);
```

fgets 函数共使用三个参数：str 是字符指针或数组名，指明输入的字符串存放在内存中的首地址；n 是整型量，说明输入字符串的最大长度；fp 是文件指针，对应输入的文件。

功能：从 fp 对应文件的当前位置，最多输入 n-1 个字符，在最后加'\0'后存放在 str 为首地址的内存中。

由于输入的是字符串，在文件输入的过程中，如果遇到换行符或 EOF，输入即结束。函数正常调用时，返回 str 的首地址，当出错或遇到文件结束标志时，返回 NULL。

2. 字符串输出函数 fputs

fputs 函数表示向指定的文件输出一个字符串。其一般形式为：

```
fputs(str,fp);
```

函数参数 str 是字符指针或数组名，fp 是对应输出文件的文件指针。

功能：将首地址是 str 的字符串，输出到 fp 对应文件的当前位置，自动丢弃 str 后的'\0'。函数调用成功时，返回值是 0，函数调用失败则返回值是 EOF。

在文件使用中，可以采用标准的设备文件，系统为每一个设备指定了一个标准的文件指针名称。在程序当中 fp 指向了标准的打印设备，stdprn 是打印机的标准文件指针名称。如表 12-2 所示。

表 12-2　常见的标准设备文件

文件号	文件指针	标准文件
0	stdin	标准输入设备（键盘）
1	stdout	标准输出设备（显示器）
2	stderr	标准错误设备（显示器）
3	stdaux	标准辅助设备（辅助设备端口）
4	stdprn	标准打印（打印机）

当需要通过文件的读写函数使用标准设备时，可以在文件指针的位置，用标准设备的指针名代替。

例如：

```
fputs("Hello!",stdout);    // 在屏幕上显示"Hello!"
```

【例12.4】从键盘输入若干行字符串,把它们输出到磁盘文件上保存。

```
#include <stdio.h>
#include <string.h>
#include <stdlib.h>
void main( void)
{
    FILE *fp;
    char string[80];
    if((fp=fopen("output.txt","w"))==NULL)
    {
        printf("can not open file.\n");
        exit(1);
    }
    while(strlen(gets(string))>0)    // 测试字符串的长度是否大于 0
    {
        fputs(string,fp);    // 将得到的字符串输出到文件 output.txt 中
        fputc('\n',fp);
    }
    fclose(fp);
}
```

程序运行结果如图 12-6 所示。

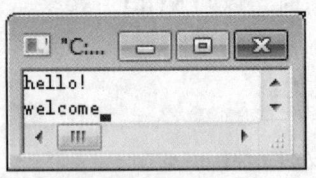 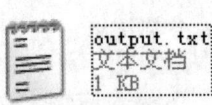 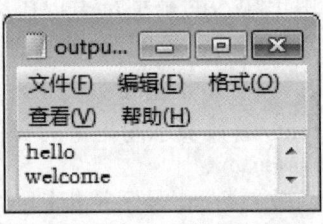

(a) 键盘输入的内容　　　　(b) 生成的文件　　　　(c) 生成的文件内容

图 12-6　例 12.4 程序运行结果

程序点拨

此程序的功能是从键盘输入若干行字符串,保存到"output.txt"文件中。

(1) gets(string)用于输入若干行字符串。

(2) strlen 函数用于测试字符串的长度。

(3) fputs(string,fp);将得到的字符输出到文件 output.txt 中。

(4) 在 while 循环中,只要字符串的长度大于 0,就反复从键盘输入并写入文件 output.txt 中,若要退出循环,在最后一行字符串输入完后,按回车键即可。

(5) fclose 函数用于关闭 output.txt 文件。

12.4.3　格式化输入/输出函数

1. 格式化输入函数 fscanf

fscanf 函数的作用与 scanf 函数的作用相似,其一般形式为:

fscanf(fp,format,&arg1,&arg2……&argn);

函数有三个参数:

（1）fp 是输入文件的文件指针。

（2）format 是格式说明字符串，与 scanf 函数的使用方法相同。

（3）&arg1……&arg n 为输入变量的地址列表。

功能：从 fp 指向的文件的当前位置，顺序读取 ASCII 码值，按照 format 规定的格式，转化成各个变量对应的值，送入指定变量。

2. 格式化输出函数 fprintf

fprintf 函数的作用与 printf 函数的作用相似，其一般形式为：

fprintf(fp,format,arg1……argn);

参数说明：

（1）fp 是输出文件的文件指针。

（2）format 是格式说明字符串，与 printf 函数的使用方法相同。

（3）arg1，arg2……argn，输出参数表。

功能：按指定的格式（format）将输出列表 arg1，arg2……argn 的值转换成对应的 ASCII 码表示形式，写入 fp 文件的当前位置。例如：

fprint(fp, "%d,%x,%u",123,145,12);

【例 12.5】已知 textin.txt 文件保存了 5 个学生的学号、姓名和成绩，现将成绩高于 90 分的学生信息输出到 textout.txt 文件中。

```c
#include <stdio.h>
#include <stdlib.h>
void main(void)
{
    FILE *fin,*fout;
    long num;
    char stuname[20];
    int score;
    if((fin=fopen("textin.txt","r"))==NULL)   // 以读方式打开文件
    {
        printf("Can not open file");
        exit(1);
    }
    if((fout=fopen("textout.txt","w"))==NULL)  // 以写方式打开文件
    {
        printf("Can not open file");
        exit(1);
    }
    while(!feof(fin))
    {
        fscanf(fin,"%ld%s%d", &num,stuname,&score); // 从文件中按指定格式读入
        if(score>=90)
            fprintf(fout,"%ld,%s,%d\n", num,stuname,score); // 按指定格式写入
    }
    fclose(fin);
    fclose(fout);
}
```

程序运行结果如图 12-7 所示。

程序点拨

此程序的功能是将"textin.txt"文件中成绩高于 90 分的学生信息按指定格式写到 textout.txt 文件中。

（1）fscanf 函数将文件中的数据读入到变量 num、stuname、score 中。
（2）fprintf 函数按指定格式将内容写到 textout.txt 文件中。
（3）在 while 循环中，只要 fin 指针没有指向尾，就反复从文件 textin.txt 中读入数据。
（4）fclose 函数用于关闭 textin.txt 和 textout.txt 文件。

 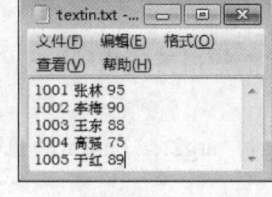  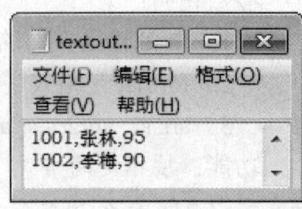

（a）源文件　　　（b）源文件的内容　　　（c）生成的文件　　　（d）生成的文件内容

图 12-7　例 12.5 程序运行结果

重点

- 用于文本文件读写的函数都具有移动文件指针的功能。例如，fgetc() 每读出一个，文件指针自动移向下一个字符。
- 写文本文件时，对数值型数组不允许进行整体输入和输出。例如，对一个数值型数组，只能逐个元素写入或读出；对结构体变量，也只能逐个输入/输出其每一个成员。
- 用 fscanf() 和 fprintf() 函数存取文本文件时，可以一次读写一批数据。这时，必须正确设计输入/输出格式，以防止出现错误。
- fgets() 从文件读出一串字符后，会自动在末尾增加一个 '\0' 字符，以形成字符串；在 fputs() 向文件写入一个字符串时，字符串末尾的 '\0' 不会写入文件。
- 判别文件指针是否移到文件尾可以有两种方法：
  ① 当从文件中读出的字符为 EOF 时，文件内容已读完，此方式用于文本文件判定。
  ② 使用 feof 函数，若 feof(fp) 非 0，文件指针已移到文件尾。此方法适合任何一种文件。

特别提示

在进行文本文件输入/输出时，最好配对使用文件读写函数，以避免引起输入/输出的混乱。例如用 fprintf() 建立的文件就用 fscanf() 读入。

12.4.4　数据块输入/输出函数

数据块输入/输出函数可用来读写一组数据，如一个数组元素，一个结构变量的值等，通常用于二进制文件的读写。

1. 数据块输入函数 fread

fread 函数表示从文件中读入数据到内存缓冲区。其一般形式为：

fread(buf,size,count,fp);

参数说明：

（1）buf：类型为 void 指针，内存中存放数据的首地址，通常是数组名或数组指针。

（2）size：类型为无符号整型，一次读取的字节数。

（3）count：类型为无符号整型，表示读取的由 size 表示的大小的块的次数。

（4）fp：文件指针。

功能：从 fp 指向的文件的当前位置，读取 size 个字节，共 count 次，总字节数为 size × count，存放到首地址为 buf 的内存中。函数调用正确时返回读取项数的值。

2. 数据块输出函数 fwrite

fwrite 函数表示从内存输出数据块到文件中。其一般形式为：

fwrite(buf,size,count,fp);

参数说明：

（1）buf：类型为 void 指针，内存中存放数据的数据区的首地址。

（2）size：类型为无符号整型，写文件块的字节数。

（3）count：类型为无符号整型，写大小为 size 块的次数。

（4）fp：文件指针。

功能：从 buf 开始，分 count 次，每次 size 个字节，向 fp 指向的文件的当前位置写数据，共 count × size 字节。正确调用时返回 count。

显然，fread 函数和 fwrite 函数读写的最小单位是字节，而 fscanf 函数和 fprintf 函数的读写数据基本单位是以类型为单位的数据对象。因此，fread 函数和 fwrite 函数更适合处理二进制文件，而 fscanf 函数和 fprintf 处理的都是文本文件。

注意：在读取二进制文件时，不能用 EOF 作为文件的标志，要用 feof 函数判断文件是否结束。因为在二进制文件中，-1 可能是一个有效数据。

例如：

while(!feof(fp)) fgetc(fp);

如果已读到文件末尾，feof 函数返回非 0 值；否则返回 0 值。

【例 12.6】调用 fwrite()函数，将 5 名学生的姓名和学号写入二进制文件 strw.dat 中，然后调用 fread()函数，按数据块方式从二进制文件 strw.dat 中读取数据，显示在屏幕上。

```
#include <stdio.h>
#include <stdlib.h>
struct student{
    long lNum;
    char Name[20];
};
void main(void)
{
    struct student stu[5]={{1111,"gao"},{2222,"wang"},
                           {3333,"zhao"},{4444,"li"},{5555,"yan"}};
    FILE *fout,*fin;
    int i;
    if((fout=fopen("strw.dat","wb"))==NULL) // 打开文件
    {
        printf("Can't open!\n");
        exit(1);
```

```
        }
        if((fin=fopen("strw.dat", "rb"))==NULL)
        {
             printf("Can't open!\n");
             exit(1);
        }
     for(i=0;i<5;i++)
        {
             fwrite(stu+i,sizeof(struct student),1,fout);
             fread(stu+i, sizeof(struct student),1,fin);
             printf("%d      %s\n",stu[i].INum,stu[i].Name);
        }
     fclose(fin);
     fclosc(fout);
}
```

程序运行结果如图 12-8 所示。

（a）生成的文件

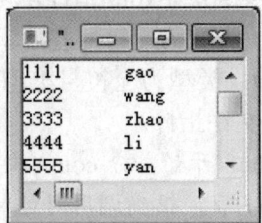

（b）输出到屏幕的内容

图 12-8　例 12.6 程序运行结果

程序点拨

此程序的功能调用 fwrite()和 fread()函数将数据块写入和读出。

（1）fwrite()函数将数据块写入二进制文件 strw.dat 中。

（2）fread()函数按数据块方式从二进制 strw.dat 文件中读取数据，显示在屏幕上。

（3）fclose 函数分别关闭 fin 和 fout 指向的文件。

重点

fread()和 fwrite()主要用于二进制文件的读写。它们用于读写一个或多个数据块。数据块可以是一个数值数据，也可以是一个数组、结构体变量或结构体数组。

12.4.5　整数输入/输出函数

1. getw 函数

getw 函数表示整数输入。其一般形式为：

```
int a;
a=getw(fp);
```

功能：从 fp 指向的文件中读一个整数（2 字节），整数由函数返回。该函数只适用于二进制文件。

2. putw 函数

putw 函数表示整数输出。其一般形式为：

putw(i,fp);

功能：将整数 i 输出到文件 fp 之中。该函数适用于二进制文件。

【例 12.7】将一个整数通过 putw 函数写入文件，关闭文件后再次打开，通过 getw 函数读一个整数在屏幕上显示。

```
#include <stdio.h>
#include <stdlib.h>
void main(void)
{
    FILE *fp;
    int word;
    scanf("%d",&word);
    if((fp=fopen("text.dat","wb"))==NULL)
    {
        printf("Error opening file\n");
        exit(1);
    }
    putw(word,fp);    // 将整型变量 word 写入文件
    fclose(fp);
    if((fp=fopen("text.dat", "rb"))==NULL) // 打开 text.dat，用于读
    {
        printf("Error opening file");
        exit(1);
    }
    word=getw(fp);    // 从文件中读一个整数
    printf("%d\n\n",word); // 在屏幕上显示
    fclose(fp);
}
```

程序运行结果如图 12-9 所示。

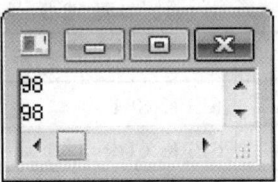

（a）生成的文件 　　　　　　　　　　（b）输入/输出的内容

图 12-9　例 12.7 程序运行结果

程序点拨

此程序的功能是通过 putw()和 getw()函数写入和读出数据。

（1）putw()函数将键盘输入的整数写入 text.dat 文件中。

（2）getw()函数将整数从二进制 text.dat 文件中读出，显示在屏幕上。

（3）fclose(fp)用于关闭文件。

12.5　文件的定位操作

对于顺序读写文件,每次完成一次读或写操作后,文件的当前位置会自动移动到下一位置。前面所介绍的对文件的读写方式都是顺序读写。C 语言也允许在文件的任意位置读写数据,这种读写方式称为随机读写方式。随机读写方式是指随机读/写完一个字符(字节)后,不一定读/写其后续的字符(字节),而可以读/写文件中任意所需字符(字节)。完成文件的随机读写,必须确定及修改文件读写的当前位置,C 语言定义了一系列函数,可以实现文件读写的定位以及修改。

1. ftell 函数

ftell 函数用来取文件当前位置。其一般形式为:

long n;
n=ftell(fp);　// fp 是文件指针

功能:取文件的当前读写位置。

所谓读写位置指的是从文件开始处到当前读写位置的字节数(用长整型量表示)。函数调用正确时返回文件当前读写位置,调用错误时函数返回-1L。

2. fseek 函数

fseek 函数用来改变文件指针的当前位置。其一般形式为:

fseek(fp, offset, from);

参数说明:

(1) fp 为文件指针。

(2) offset 为位移量,类型为 long 型,表示以 from 为起点移动的量相对值(字节数)。

(3) from 为移动的起始位置。

from 的取值是系统规定的,表 12-3 给出了 from 的值、系统定义的宏名及其表示的在文件中的位置。

表 12-3　from 的值、宏名及其表示的位置

from 的值	from 的宏名	表示的在文件中的位置
0	SEEK_SET	文件头
1	SEEK_CUR	读写的当前位置
2	SEEK_END	文件尾

fseek 函数一般用于二进制文件。由于文本文件要发生字符转换,计算位置时往往会发生混乱。

功能:将文件的读写位置以 from 为参照点,移动 offset 个字节。如:

fseek(fp, 50L,SEEK_SET);　　// 将读写指针移动到离文件头 50 个字节处
fseek(fp, 100L,1);　　　　　// 将读写指针移动到离当前位置 100 个字节处
fseek(fp, -20L,2);　　　　　// 将读写指针移动到离末尾处向后退 20 个字节处

3. rewind 函数

rewind 函数用来置文件读写位置于开头。其一般形式为:

rewind(fp);　// fp 是文件指针

功能：将文件的当前位置移动到文件的开始处。

【例 12.8】已知 5 个学生的一门分数，显示学号为单号的同学的成绩。

```c
#include <stdio.h>
#include <stdlib.h>
#define N 30
struct student{
    char name[10];
    int no;
    int score;
} stud[N]={"wang",101,88,"liu",102,90,"zhao",103,78,
           "gao",104,89,"zhang",105,77};
void main(void)
{
    int i;
    FILE *fp;
    if((fp=fopen("std.dat","wb"))==NULL)
    {
        printf ("Cannot open the file\n");
        exit(1);
    }
    rewind(fp);    // 将文件指针定位到首部
    for(i=0;i<N;i++)
    {
        fseek(fp,i*sizeof( struct student),1); // 将文件指针向后移动
        fread(&stud[i],sizeof(struct student ),1,fp);
        if(stud[i].no%2)
            printf("name:%s no:%d score:%d\n",stud[i].name,
                                  stud[i].no, stud[i].score);
    }
    printf("\n");
    fclose(fp);
}
```

程序运行结果如图 12-10 所示。

（a）生成的文件

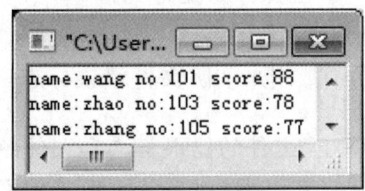

（b）屏幕显示的内容

图 12-10　例 12.8 程序运行结果

程序分析：

此程序的功能是将单号的学生信息显示在屏幕上。

（1）fopen()函数打开文件，并以写的方式将 5 个学生的数据写入 stu.dat 文件中。

（2）rewind()函数将文件指针定位到在首部。

（3）fseek()函数用于将文件指针向后移动。

（4）if 语句用于判断学号为单号，然后用 printf 函数输出学生信息到屏幕。

(5) fclose(fp)分别用于关闭文件。

重点：

(1) 用 rewind()函数可以将文件指针移到文件开头；函数成功返回 0 值，否则返回非 0 值。

(2) 用 ftell()函数可以返回文件指针的当前位置；返回值为长整型数，表示相对于文件头的字节数，但出错时返回-1L。

(3) 用 fseek()函数可以移动文件指针到指定的位置。如果一个二进制文件中存放的是若干个结构体数据（该结构体已定义为 struct st 型），则可以使用 fseek()和 ftell()函数来确定文件的长度 n（字节数）及文件中包含的数据块个数 k。

```
fseek(fp,0L,SEEK_END);
n=ftell(fp);
k=n/sizeof(struct st);
```

只要一个文件中的各个数据项（记录）具有相等的长度，则该文件既可以顺序存取，也可以随机存取。

12.6 文件的错误检测

C 语言提供了错误检测函数，可以检查文件读写时出现的错误。

1. ferror()函数

在调用各种输入/输出函数（如 fputc()、fgetc()、fread()、fwrite()等）时，如果出现错误，则除了函数返回值有所反映外，还可以用 ferror()函数检查。ferror()函数用来检测文件读写错误，其一般形式为：

ferror(fp);

功能： 文件的每次读写调用，产生一个是否错误的值，调用函数 ferror()的目的就是获得最近一次读写是否正确的信息。若返回值是 0，表示文件读写正确，否则，表示文件读写错误。文件打开时，该值会自动置为 0。

2. clearerr()函数

clearerr()函数用来清除文件错误标志。其一般形式为：

clearerr(fp);

功能： 将 fp 文件的错误标志和文件结束标志清除。当文件读写出错时，错误标志（非 0 值）一直保留，可以调用 clearerr(fp)函数将其清 0。

3. exit()函数

当文件出现错误时，为了避免数据丢失，正常返回操作系统，可以调用过程控制函数 exit()关闭文件，终止程序的执行。其一般形式为：

exit([status]);

说明： status 为参数状态值，当 status 取 0 值，表示程序正常运行，若默认将无返回值。

【例 12.9】文件出错函数应用。

```
#include <stdio.h>
void main(void)
{
    FILE *fp;
    fp=fopen("DUMMY.txt","r");
```

```
        fgetc(fp);
        printf("%d\n",ferror(fp));
        fclose(fp);
        fp=fopen("DUMMY.txt","w");
        fgetc(fp);
        printf("%d\n",ferror(fp));
        if(ferror(fp))       // 测试错误
        {
              printf("Error reading from DUMMY.txt\n\n");
              clearerr(fp);   // 清除错误标志
        }
        fclose(fp);
}
```

程序运行结果如图 12-11 所示。

程序分析：

此程序的功能使用文件的错误检测函数，检查读写文件时出现的错误。

（1）fopen()函数首先以只读方式打开文件，接着用 fgetc()读文件，打印 ferror()的值，其值为 0，表示读文件正确。

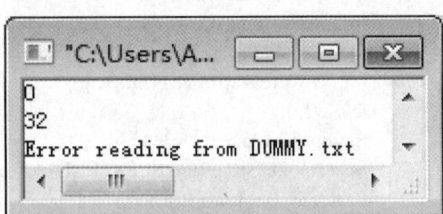

图 12-11　例 12.9 程序运行结果

（2）再次以只写方式打开文件，接着也用 fgetc()读文件，打印 ferror()的值，其值为 32（非 0），表示读文件错误。

12.7　典型例题精解

1．C 语言中，数据文件的存取方式为_____。
　　A．只能顺序存取　　　　　　　　B．只能随机存取
　　C．可以顺序存取和随机存取　　　D．只能从文件的开头进行存取

【解析】一个数据文件通常由若干个记录组成，文件的存取方式就是记录的存取方式。C 语言允许对文件进行顺序存取和随机存取。顺序存取时，记录的长度可以相等，也可以不等，一个记录与另一个记录顺序存放，只有存取了前一个记录，才能存取下一个；随机存取时，各个记录的长度必须相等，可通过 fseek()函数精确对文件指针定位，从而直接存取记录。

【答案】C

2．若要用 fopen 函数打开一个二进制文件，该文件先写后读，则打开文件的模式为_____。
　　A．ab+　　　　　B．wb+　　　　　C．rb+　　　　　D．ab

【解析】在打开文件的模式中，三个字母表示基本的模式，"r" 代表读、"w" 代表写、"a" 代表追加；而 b 表示二进制文件，该项缺省表示文本文件；+表示将模式扩展为可读、可写。

【答案】B

3．fges(str,n,fp)函数的功能是_____。
　　A．从 fp 对应文件中读取长度为 n 的字符串存入 str 指向的内存
　　B．从 fp 对应文件中读取长度不超过 n-1 的字符串存入 str 指向的内存

C. 从 fp 对应文件中读取 n 个字符串存入 str 指向的内存

D. 从 str 读取至多 n 个字符串到文件 fp

【解析】fgets 函数中的三个参数：str 是字符指针或数组名，用于存放读进来的字符串；n 用于指定读入字符个数；fp 是文件指针。该函数的功能是从 fp 对应文件的当前位置，读入 n-1 个字符的字符串，并在最后加'\0'后存放在 str 为首地址的内存中。

【答案】B

4．以下程序运行后的输出结果是_____。

```
#include <stdio.h>
void main(void)
{
    FILE *fp;
    int i,a[4]={1,2,3,4},b;
    fp=fopen("data.dat", "wb");
    for(i=1;i<4;i++)
        fwrite(&a[i],sizeof(int),1,fp);
    fclose(fp);
    fp=fopen("data.dat", "wb");
    fseek(fp,-2L*sizeof(int),SEEK_END);//从文件末尾向前移动 2*sizeof(int)个字节
    fread(&b,sizeof(int),1,fp);
    fclose(fp);
    printf("%d\n",b);
}
```

【解析】程序用二进制方式将 a 数组中的 4 个数写入文件，每个数占 2 字节，共 8 字节。在重新打开该文件时，文件指针将指向文件开头，由 fseek 函数将文件指针从文件末尾向前移动 4 字节，即二进制数据 3 的起始位置，由 fread 函数导入 2 字节的二进制数据并存入 b，显示 b 的值是 3。

【答案】3

本章小结

C 系统把文件当作一个"流"，按字节进行处理，每一个文件需要有一个文件标识，包括文件路经、文件主干名和文件扩展名。

C 文件按存储形式分为二进制文件和文本文件（ASCII 码文件）。数据在内存是以二进制形式存储的，若不加转换便输出，则是二进制文件；而 ASCII 码文件则需要转换后才能输出。屏幕上能正确显示的文件是 ASCII 码文件。

C 文件按处理方式分缓冲文件和非缓冲文件。ANSI C 采用缓冲文件系统，为每一个使用的文件在内存开辟一个文件缓冲区，在计算机输入时，先从文件把数据读入缓冲区，然后从缓冲区将数据分别送到各变量的存储单元。在输出时，先从内存数据区将数据送到文件缓冲区，待放满缓冲区后一次输出，这有利于提高效率。

文件指针是缓冲文件系统中一个很重要的概念。当一个文件被打开时，在内存建立一个文件信息区，存放文件的有关特征和当前状态。

文件在操作时通过库函数完成三个步骤：打开文件、读写文件、关闭文件。文件在读写之前必须打开，通常可以用只读、只写、读写、追加四种操作方式打开，读写结束必须关闭，

同时还要指明文件的类型是二进制文件还是 ASCII 码文件。文件可以字节、字符串、数据块为单位读写，文件也可按指定的格式进行读写；文件内部的位置指针可指示当前的读写位置，移动该指针可以对文件实现随机读写。

习题 12

一、单项选择题

1. 若 fp 是指向某文件的指针，且已读到此文件末尾，则库函数 feof(fp)的返回值是_____。
   A．-1　　　　　　B．0　　　　　　　C．非 0 值　　　　D．NULL
2. 在 C 语言中，文件的存取方式是以_____为单位。
   A．记录　　　　　B．结构　　　　　　C．字符　　　　　　D．字节
3. 若要向文件末尾添加新的数据，则应以_____方式打开文件。
   A．"r"　　　　　　B．"w"　　　　　　C．"a"　　　　　　　D．"rb"
4. 应用缓冲文件系统对文件进行读写操作，打开文件的函数名为_____。
   A．open　　　　　B．fopen　　　　　C．close　　　　　　D．fclose
5. 在 C 语言中，文件若按数据的组织形式分类，可分为_____。
   A．字符文件、数字文件　　　　　　　B．文本文件、二进制文件
   C．顺序文件、随机文件　　　　　　　D．以上均不对
6. fseek 函数的正确调用形式是_____。
   A．fseek(文件类型指针,起始点,位移量);
   B．fseek(fp,起始点,位移量);
   C．fseek(起始点,位移量,fp);
   D．fseek(起始点,位移量,文件类型指针);
7. fwrite 函数的一般调用形式为_____。
   A．fwrite(buffer,count,size,fp);　　　　B．fwrite(fp,siae,count,beffer);
   C．fwrite(fp,count,size,buffer);　　　　D．fwrite(buffer,size,count,fp);
8. rewind 函数的作用是_____。
   A．使位置指针重新返回文件的开头
   B．将位置指针指向文件中所要求的特定位置
   C．使位置指针指向文件的末尾
   D．使位置指针自动移至下一个字符位置
9. fgetc 函数的作用是从指定的文件读入一个字符，该文件的打开方式必须是_____。
   A．只写　　　　　　　　　　　　　　B．追加
   C．读或读写　　　　　　　　　　　　D．B 和 C 都正确
10. 检测指向的文件位置指针在文件头的条件是_____。
    A．fp==0　　　　　　　　　　　　　B．ftell(fp)==0
    C．fseek(fp,0,SEEK_SET)　　　　　　D．feof(fp)
11. 在 C 程序中，可把整型数以二进制形式存放到文件中的函数是_____。

A．fprintf 函数　　　　　　　　　　B．fread 函数
C．fwrite 函数　　　　　　　　　　 D．fputc 函数

12．C 语言中的文件类型只有_____。
  A．索引文件和文本文件两种　　　　B．ASCII 码文件和二进制文件两种
  C．文本文件一种　　　　　　　　　D．二进制文件一种

13．若 fp 为文件指针，且文件已正确打开：
```
fseek(fp,0,SEEK_END);
i=ftell(fp);
printf("i=%d\n",i);
```
以上语句的输出结果为_____。
  A．fp 所指文件的记录长度　　　　　B．fp 所指文件的长度，以字节为单位
  C．fp 所指文件的长度，以比特为单位　D．fp 所指文件的当前位置，以字节为单位

14．有如下程序：
```
#include <stdio.h>
void main(void)
{
    FILE *fp;
    fp=fopen("data.txt","w");
    fprintf(fp,"abc");
    fclose(fp);
}
```
若文本文件 data.txt 原有内容为 hello，则运行程序后，data.txt 中的内容为_____。
  A．goodabc　　　B．abcd　　　C．abc　　　D．abcgood

15．若要打开 C 盘上 user 子目录下名为 abc.txt 的文本文件进行读操作，下面符合此要求的函数调用是_____。
  A．fopen("C:\user\abc.txt","r")　　　　B．fopen("C:\\user\\abc.txt","r+")
  C．fopen("C:\user\abc.txt","rb")　　　 D．fopen("C:\\user\\abc.txt","w")

二、填空题

1．将 x 定义为文件型指针的是_____。

2．在 C 语言中，对文件的存取是以_____为单位的。

3．如果调用 fopen 函数不成功，则函数返回值为_____；如果调用 fclose 函数不成功，则函数返回值为_____。

4．打开文件时，方式"w"决定了对文件进行的操作是_____。

5．若 fp 已正确定义并指向某个文件，当未遇到该文件结束标志时，函数 feof(fp)的值为_____。

6．若要用 fopen 函数打开一个新的二进制文件，该文件要既能读也能写，则文件方式字符串应是_____。

7．在执行 fopen 函数时，ferror 函数的初值是_____。

8．C 语言中的文件的存储方式有_____。

9．函数调用语句 fseek(fp,-20L,2);的含义是_____。

10．从键盘读入若干个字符，输出到名为 abc.dat 的新文件中，请填空。

```
#include <stdio.h>
void main(void)
{
    FILE *fp;
    char ch;
    if((fp=fopen (_____))==NULL) exit(1);
    while((ch=getchar()) !='@') //以@作为结束标志
        fputc(ch,fp);
    fclose(fp);
}
```

三、程序设计题

1．将从终端上读入的 10 个整数以二进制方式写入一个名为"ab.dat"的新文件中。

2．统计文件中的字符个数。

3．编程建立一个新文件，文件名通过命令行参数输入，然后从键盘输入一串以"#"结尾的字符串，将字符串存到文件中。

4．从键盘输入 10 个浮点数，用二进制方式存入文件 cal.dat。

5．将一个名为 old.dat 的文本文件拷贝到 new.dat 文件中。

附录1 常用字符与ASCII代码对照表

ASCII值	字符	控制字符	ASCII值	字符	ASCII值	字符	ASCII值	字符	ASCII值	字符	ASCII值	字符	ASCII值	字符
000	(null)	NUL	032	(space)	064	@	096	`	128	Ç	160	á	192	└	224	α
001	☺	SOH	033	!	065	A	097	a	129	ü	161	í	193	┴	225	β
002	●	STX	034	"	066	B	098	b	130	é	162	ó	194	┬	226	Γ
003	♥	ETX	035	#	067	C	099	c	131	â	163	ú	195	├	227	π
004	♦	EOT	036	$	068	D	100	d	132	ä	164	ñ	196	─	228	Σ
005	♣	END	037	%	069	E	101	e	133	à	165	Ñ	197	┼	229	σ
006	♠	ACK	038	&	070	F	102	f	134	å	166	ª	198	╞	230	μ
007	(beep)	BEL	039	'	071	G	103	g	135	ç	167	º	199	╟	231	τ
008	■	BS	040	(	072	H	104	h	136	ê	168	¿	200	╚	232	Φ
009	(tab)	TH	041	)	073	I	105	i	137	ë	169	⌐	201	╔	233	Θ
010	(line feed)	LF	042	*	074	J	106	j	138	è	170	¬	202	╩	234	Ω
011	(home)	VT	043	+	075	K	107	k	139	ï	171	½	203	╦	235	δ
012	(form feed)	FF	044	,	076	L	108	l	140	î	172	¼	204	╠	236	∞
013	(carriage return)	CR	045	-	077	M	109	m	141	ì	173	¡	205	═	237	Φ
014	♫	SO	046	.	078	N	110	n	142	Ä	174	«	206	╬	238	ε
015	☼	SI	047	/	079	O	111	o	143	Å	175	»	207	╧	239	∩
016	▲	DLE	048	0	080	P	112	p	144	É	176	░	208	╨	240	≡
017	▼	DC1	049	1	081	Q	113	q	145	æ	177	▒	209	╤	241	±
018	↕	DC2	050	2	082	R	114	r	146	Æ	178	▓	210	╥	242	≥
019	‼	DC3	051	3	083	S	115	s	147	ô	179	│	211	╙	243	≤
020	¶	DC4	052	4	084	T	116	t	148	ö	180	┤	212	╘	244	⌠
021	§	NAK	053	5	085	U	117	u	149	ò	181	╡	213	╒	245	⌡
022	▬	SYN	054	6	086	V	118	v	150	û	182	╢	214	╓	246	÷
023	↨	ETB	055	7	087	W	119	w	151	ù	183	╖	215	╫	247	≈
024	↑	CAN	056	8	088	X	120	x	152	ÿ	184	╕	216	╪	248	°
025	↓	EM	057	9	089	Y	121	y	153	Ö	185	╣	217	┘	249	·
026	→	SUB	058	:	090	Z	122	z	154	Ü	186	║	218	┌	250	·
027	←	ESC	059	;	091	[	123	{	155	¢	187	╗	219	█	251	√
028	∟	FS	060	<	092	\	124	|	156	£	188	╝	220	▄	252	ⁿ
029	↔	GS	061	=	093	]	125	}	157	¥	189	╜	221	▌	253	²
030	◄	RS	062	>	094	^	126	~	158	₧	190	╛	222	▐	254	■
031	►	US	063	?	095	_	127	⌂	159	ƒ	191	┐	223	▀	255	(blank 'FF')

附录2 C语言运算符的优先级与结合性

优先级	运算符	功能	适用范围	结合性
15	() [ ] . ->	整体表达式、参数表 下标 存取成员 通过指针存取的成员	表达式 参数表 数组 结构/联合	→
14	! ~ ++ -- - & * (type) sizeof	逻辑非 按位求反 加1 减1 取负 取地址 取内容 强制类型转换 计算占用内存长度	逻辑运算 位运算 自增 自减 算术运算 指针 指针 类型转换 变量/数据类型	←
13	* / %	乘 除 整数取模	算术运位算	→
12	+ -	加 减		
11	<< >>	位左移 位右移	位运算	→
10	< <= > >=	小于 小于或等于 大于 大于或等于	关系运算	→

续表

优先级	运算符	功能	适用范围	结合性
9	== !=	恒等于 不等于	关系运算	→
8	&	按位与	位运算	→
7	^	按位异或		
6	|	按位或		
5	&&	逻辑与	逻辑运算	→
4	||	逻辑或		
3	?:	条件运算	条件	←
2	= op=	运算且赋值 op 可为下列运算符之一：*、/、%、+、-、<<、>>、&、^、|		←
1	,	顺序求值	表达式	→

说明：
1. 表中运算符优先级的序号越大，表示优先级别越高。
2. 结合性表示相同优先级的运算符在运算过程中应当遵循的次序。其中符号"→"表示同优先级算符的运算次序要自左向右进行；符号"←"表示同优先级运算符的次序要自右向左进行。

附录 3 C 库函数

库函数并不是 C 语言的一部分，它是由编译程序根据一般用户的需要编制并供用户使用的一组程序。每一种 C 语言编译系统都提供了一批库函数，不同的编译系统所提供的库函数的数目和函数名以及函数功能是不完全相同的。ANSI C 标准提出了一批建议提供的标准库函数。它包括了目前多数 C 语言编译系统所提供的库函数，但也有一些是某些 C 语言编译系统未曾实现的。考虑到通用性，本书列出 Turbo C 2.0 版提供的部分常用库函数。

由于 Turbo C 库函数的种类和数目很多（例如：还有屏幕和图形函数、时间日期函数、与系统有关的函数等，每一类函数又包括各种功能的函数），限于篇幅，本附录不能全部介绍，只从教学需要的角度列出最基本的。读者在编制 C 程序时可能要用到更多的函数，请查阅有关的 Turbo C 库函数手册。

一、数学函数

数学函数的原型在 math.h 中。

数学函数表

函数名称	函数与形参类型	函数功能	返回值
acos	double acos(x) double x;	计算 $\cos^{-1}$ 的值 $-1 \leq x \leq 1$	计算结果
asin	double asin(x) double x;	计算 $\sin^{-1}(x)$ 的值 $1 \leq x \leq 1$	计算结果
atan	double atan(x) double x;	计算 $\tan^{-1}(x)$ 的值	计算结果
atan2	double atan2(x,y) double x,y;	计算 $\tan^{-1}(x/y)$ 的值	计算结果
cos	double cos(x) double x;	计算 $\cos(x)$ 的值 x 的单位为弧度	计算结果
cosh	double cosh(x) double x;	计算 x 的双曲余弦 $\cosh(x)$ 的值	计算结果
exp	double exp(x) double x;	求 c^x 的值	计算结果
fabs	double fabs(x) double x;	求 x 的绝对值	计算结果

续表

函数名称	函数与形参类型	函数功能	返回值
floor	double floor (x) double x;	求不大于 x 的最大整数	该整数的双精度实数
fmod	double fmod (x,y) double x,y;	求整除 x/y 的余数	返回余数的双精度实数
frexp	double frexp (val,eptr) double val; int*eptr;	把双精度数 val 分解为数字部分（尾数）和以 2 为底的指 n，即 val=x*2n，n 存放在 eptr 指向的变量中	数字部分 x $0.5<=x<1$
log	double log (x) double x;	求 $\log_e x$，即 lnx	计算结果
log10	double log10 (x) double x;	求 $\log_{10} x$	计算结果
modf	double modf (val,iptr) double val; double*iptr;	把双精度数 val 分解为整数部分和小数分，把整数部分存到 iptr 指向的单元	val 的小数部分
pow	double pow(x,y) double x,y;	计算 x^y 的值	计算结果
sin	double sin (x) double x;	计算 sin(x)的值 x 的单位为弧度	计算结果
sinh	double sinh (x) double x;	计算 x 的双曲正弦函数 sinh(x)的值	计算结果
sqrt	double sqrt(x) double x;	计算 $\sqrt{x}$ （x>=0）	计算结果
tan	double tan (x) double x;	计算 tan(x)的值 x 单位为弧度	计算结果
tanh	double tanh (x) double x;	计算 x 的双曲正切函数 tanh(x)的值	计算结果

二、字符函数

字符函数的原型在 ctype.h 中。

字符函数表

函数名称	函数与形参类型	函数功能	返回值
isalnum	int isalnum(ch) int ch;	检查 ch 是否为字母或数字	是字母或数字返回 1；否则返回 0
isalpha	int isalpha(ch) int ch;	检查 ch 是否为字母	是字母，返回 1；否则返回 0
iscntrl	int iscntrl(ch) int ch;	检查 ch 是否为控制字符（其 ASCII 码在 0 和 0x1F 之间）	是控制字符，返回 1；否则返回 0

续表

函数名称	函数与形参类型	函数功能	返回值
isdigit	int isdigit(ch) int ch;	检查 ch 是否为数字（0~9）	是数字，返回 1；否则返回 0
isgraph	int isgraph(ch) int ch;	检查 ch 是否是可打印字符（其 ASCII 码在 0x21 到 0x7e 之间），不包括空格	是可打印字符，返回 1；否则返回 0
islower	int islower(ch) int ch;	检查 ch 是否是小写字母（a~z）	是小写字母，返回 1；否则返回 0
isprint	int isprint(ch) int ch;	检查 ch 是否为可打印字符（不包括空格），其 ASCII 码值在 0x21 到 0x7e 之间	是可打印字符，返回 1；否则返回 0
ispunct	int ispunct(ch) int ch;	检查 ch 是否为标点字符（不包括空格），即除字母、数字和空格以外的所有可打印字符	是，返回 1；否则返回 0
isspace	int isspace(ch) int ch;	检查 ch 是否为空格、跳格符（制表符）或换行符	是，返回 1；否则返回 0
isupper	int isupper(ch) int ch;	检查 ch 是否是大写字母（A~Z）	是大写字母，返回 1；否则返回 0
isxdigit	int isxdigit(ch) int ch;	检查 ch 是否一个十六进制数字（即 0~9，或 A~F 或 a~f）	是，返回 1；否则返回 0
tolower	int tolower(ch) int ch;	将 ch 字符转换为小写字母	返回 ch 对应的小写字母
toupper	int toupper(ch) int ch;	将 ch 字符转换为大写字母	返回 ch 对应的大写字母

三、字符串函数

字符串函数的原型在 string.h 中。

字符串函数表

函数名称	函数与形参类型	函数功能	返回值
memchr	void memchr(buf, ch, count) void *buf; char ch; unsigned int count;	在 buf 的前 count 个字符里搜索字符 ch 首次出现的位置	返回指向 buf 中 ch 第一次出现的位置指针；若没有找到 ch，返回 NULL
memcmp	int memcmp(buf1, buf2, count) void *buf1, *buf2; unsigned int count;	按字典顺序比较由 buf1 和 buf2 指向的数组的前 count 个字符	buf1<buf2，为负数 buf1=buf2，返回 0 buf1>buf2，为正数
memcpy	void memcpy(to, from, count) void *to, *from; unsigned int count;	将 from 指向的数组中的前 count 个字符拷贝到 to 指向的数组中。from 和 to 指向的数组不允许重叠	返回指向 to 的指针

续表

函数名称	函数与形参类型	函数功能	返回值
memmove	void *memmove(to, from, count) void *to, *from; unsigned int count;	将 from 指向的数组中的前 count 个字符拷贝到 to 指向的数组中。from 和 to 指向的数组可以允许重叠	返回指向 to 的指针
memset	void *memset(buf, ch, count) void *buf; char ch; unsigned int count;	将字符 ch 拷贝到 buf 所指向的数组的前 count 个字符中	返回 buf
strcat	char *strcat(str1, str2) char *str1, *str2;	把字符串 str2 接到 str1 后面，取消原来 str1 最后面的串结束符'\0'	返回 str1
strchr	char *strchr(str, ch) char *str; int ch;	找出 str 指向的字符串中第一次出现字符 ch 的位置	返回指向该位置的指针，如找不到，则应返回 NULL
strcmp	int strcmp(str1, str2) char *str1, *str2;	比较字符串 str1 和 str2	str1<str2，为负数 str1＝str2，返回 0 str1>str2，为正数
strcpy	char *strcpy(str1, str2) char *str1, *str2;	把 str2 指向的字符串拷贝到 str1 中	返回 str1
strlen	unsigned int strlen(str) char *str;	统计字符串 str 中字符的个数（不包括终止符'\0'）	返回字符个数
strncat	char *strncat(str1, str2, count) char *str1, *str2; unsigned int count;	把字符串 str2 指向的字符串中最多 count 个字符连到串 str1 后面，并以 NULL 结尾	返回 str1
strncmp	int strncmp(str1, str2, count) char *str1, *str2; unsigned int count;	比较字符串 str1 和 str2 中至多的前 count 个字符	str1<str2，为负数 str1＝str2，返回 0 str1>str2，为正数
strncpy	char *strncpy(buf, ch, count) char *str1, *str2; unsigned int count;	把 str2 指向的字符串中最多前 count 个字符拷贝到串 str1 中去	返回 str1
strnset	char *strnset(buf, ch, count) char *buf; char ch; unsigned int count;	将字符 ch 拷贝到 buf 所指向的数组的前 count 个字符中	返回 buf
strset	char *strset(buf, ch) char *buf; char ch;	将 buf 所指向字符串中的全部字符都变为字符 ch	返回 buf
strstr	char *strstr(str1, str2) char *str1, *str2;	寻找 str2 指向的字符串在 str1 指向的字符串中首次出现的位置	返回 str2 指向的子串首次出现的地址,否则返回 NULL

四、输入/输出函数

输入/输出函数的原型在 stdio.h 中。

输入/输出函数表

函数名称	函数与形参类型	函数功能	返回值
clearerr	void clearerr(fp) FILE *fp;	清除文件指针错误	无
close	int close(fp); int fp;	关闭文件（非 ANSI 标准）	关闭成功，返回 0；不成功，返回-1
creat	int creat(filename, mode) char *filename; int mode;	以 mode 所指定的方式建立文件（非 ANSI 标准）	成功返回正数，否则返回-1
eof	int eof(fd) int fd;	判断文件（非 ANSI 标准）是否结束	遇文件结束，返回 1；否则返回 0
fclose	int fclose(fp) FILE *fp;	关闭 fp 所指的文件，释放文件缓冲区	关闭成功返回 0，否则返回非 0
feof	int feof(fp) FILE *fp;	检查文件是否结束	遇文件结束符返回非 0，否则返回 0
ferror	int ferror(fp) FILE *fp;	测试 fp 所指的文件是否有错误	无错返回 0，否则返回非 0
fflush	int fflush(fp) FILE *fp;	将 fp 所指的文件的全部控制信息和数据存盘	存盘正确返回 0；否则返回非 0
fgetc	int fgetc(fp) FILE *fp;	从 fp 指向的文件中取得下一个字符	返回得到的字符。若出错返回 EOF
fgets	char *fgets(buf, n, fp) char *buf; int n; FILE *fp;	从 fp 指向的文件读取一个长度为（n-1）的字符串，存入起始地址为 buf 的空间	返回地址 buf，若遇文件结束或出错，则返回 EOF
fopen	FILE *fopen(filename, mode) char *filename, *mode;	以 mode 指定的方式打开名为 filename 的文件	成功，返回一个文件指针；否则返回 0
fprintf	int fprintf(fp, fomat, args …) FILE *fp; char *format;	把 args 的值以 format 指定的格式输出到 fp 所指定的文件中	实际输出的字符数
fputc	int fputc(ch ,fp) char ch; FILE *fp;	将定符 ch 输出到 fp 指向的文件中	成功，则返回该字符，否则返回 EOF
fputs	int fputs(str, fp) char str; FILE *fp;	将 str 指向的字符串输出到 fp 所指定的文件	成功返回 0，若出错返回 EOF
fread	int fread(pt, size, n, fp) char *pt; unsigned size; unsigned n; FILB *fp;	从 fp 所指定持文件中读取长度为 size 的 n 个数据项，存到 pt 所指向的内存区	返回所读的数据项个数，如遇文件结束或出错，返回 0

续表

函数名称	函数与形参类型	函数功能	返回值
fscanf	int fscanf(fp, format, args …) FILE *fp; char format;	从 fp 指定的文件中按给定的 format 格式将读入的数据送到 args 所指向的内存变量中（args 是指针）	已输入的数据个数
fseek	int fseek(fp, offset, base) FILE *fp; long offset; int base;	将 fp 所指向的文件的位置指针移到 base 所指出的位置为基准、以 offset 为位移量的位置	返回当前位置，否则，返回-1
ftell	long ftell(fp) FILE *fp;	返回 fp 所指向的文件中的读写位置	返回文件中的读写位置，否则返回 0
fwrite	int fwrite(ptr, size, n, fp) char *ptr; FILE *fp; unsigned size, n;	把 ptr 所指向的 n*size 个字节输出到 fp 所指向的文件中	写到 fp 文件中的数据项的个数
getc	int getc(fp) FILE *fp;	从 fp 指向的文件中读入下一个字符	返回读入的字符；若文件结束或出错返回 EOF
getchar	int getchar()	从标准输入设备读取下一个字符	返回字符，若文件结束或出错返回-1
gets	char *gets(str) char *str;	从标准输入设备读取字符串存入 str 指向的数组	成功返回指针 str，否则返回 NULL
open	int open(filename, mode) char *filename; int mode;	以 mode 指定的方式打开已存在的名为 filename 的文件（非 ANSI 标准）	返回文件号（正数）；如文件打开失败，返回-1
printf	int printf(format, args…) char *format;	在 format 指定的字符串的控制下，将输出列表 args 的值输出到标准输出设备	输出字符的个数，若出错，则返回负数
putc	int putc(ch, fp) int ch; FILE *fp;	把一个字符 ch 输出到 fp 所指的文件中	输出字符 ch，若出错，返回 EOF
putchar	int putchar(ch) char *ch;	把字符 ch 输出到标准输出设备	输出字符 ch，若出错，则返回 EOF
puts	int puts(str) char *str;	把 str 指向的字符串输出到标准输出设备，将'\0'转换为回车换行符	返回换行符，若失败，返回 EOF
putw	int putw(i fp) int i; FILE *fp;	将一个整数 i（即一个字）写到 fp 所指的文件（非 ANSI 标准）中	返回输出的整数；若出错，返回 EOF
read	int read(fd, buf, count) int fd; char *buf; unsigned int count;	从文件号 fd 所指示的文件（非 ANSI 标准）中读 count 个字节到由 buf 指示的缓冲区中	返回真正读入的字节个数，如遇文件结束返回 0，出错返回-1
remove	int remove(fname) char *fname;	删除以 fname 为文件名的文件	成功返回 0；出错返回-1

续表

函数名称	函数与形参类型	函数功能	返回值
rename	int rename(oname, nname) char *oname, *nname;	把 oname 所指的文件名改为由 nname 所指的文件名	成功返回 0；出错返回-1
rewind	void rewind(fp) FILE *fp;	将 fp 指定的文件指针置于文件头，并消除文件结束标志和错误标志	无
scanf	int scanf(format, args …) char *format;	从标准输入设备按 format 指示的格式字符串规定的格式，输入数据给 args 所指示的单元，args 为指针	读入并赋给 args 数据个数。遇文件结束返回 EOF；若出错返回 0
write	int write(fd, buf, count) int fd; char *bur; unsigned count;	从 buf 指示的缓冲区输出 count 个字符到 fd 所指的文件（非 ANSI 标准）中	返回实际输出的字节数，如出错返回-1

五、动态存储分配函数

动态存储分配函数的原型在 stdlib.h 中。

动态存储分配函数表

函数名称	函数与形参类型	函数功能	返回值
calloc	void *calloc(n, size) unsigned n; unsigned size;	分配 n 个数据项的内存连续空间，每个数据项的大小为 size	分配内存单元的起始地址。如不成功，返回 0
free	viod free(p) void *p;	释放 p 所指的内存区	无
malloc	void *malloc(size) unsigned size;	分配 size 字节的内存区	返回所分配的内存区地址，如内存不够，返回 0
realloc	void *realloc(p, size) void *p; unsigned size;	将 p 所指的已分配的内存区的大小改为 size，size 可以比原来分配的空间大或小	返回指向该内存区的指针。若重新分配失败，返回 NULL

六、其他函数

其他函数是 C 语言的标准库函数，由于不便归入某一类，所以单独列出。函数的原型在 stdlib.h 中。

其他函数

函数名称	函数与形参类型	函数功能	返回值
abs	int abs(num) int num;	计算整数 num 的绝对值	返回计算结果
atof	double atof(str) char *str;	将 str 指向的字符串转换为一个 double 型的值	返回双精度计算结果

续表

函数名称	函数与形参类型	函数功能	返回值
atoi	int atoi(str) char *str;	将 str 指向的字符串转为一个 int 型的整数	返回转换结果
atol	long atol(str) char *str;	将 str 所指向的字符串转换为一个 long 型的整数	返回转换结果
exit	void exit(status) int status;	终止程序运行。将 status 的值返回调用的过程	无
itoa	char *itoa(n, str, radix) int n, radix; char *str;	将整数 n 的值按照 radix 进制转换为等价的字符串，并将结果存入 str 指向的字符串中	返回一个指向 str 的指针
labs	long labs(num) long num;	计算长整数 num 的绝对值	返回计算结果
ltoa	char *ltoa(n, str, radix) long int n; int radix; char *str;	将长整数 n 的值按照 radix 进制转换为等价的字符串，并将结果存入 str 指向的字符串中	返回一个指向 str 的指针
rand	int rand()	产生 0 到 RAND_MAX 之间的伪随机数。RAND_MAX 在头文件中定义	返回一个伪随机（整）数
random	int random(num) int num;	产生 0 到 num 之间的随机数	返回一个随机（整）数
randomize	void randomize()	初始化随机函数 使用时要求包含头文件 time.h	无
strtod	double strtod(start, end) char *start; char **end;	将 start 指向的数字字符串转换成 double 型，直到出现不能转换为浮点数的字符为止，剩余的字符串赋给指针 end。 * HUGE_VAL 是 Turbo C 在头文件 marh.h 中定义的数字函数溢出标志值	返回转换结果。若未转换则返回 0。若转换出错，返回 HUGE_VAL 表示上溢，或返回 HUGE_VAL 表示下溢
strtol	long int strtol(start, end, radix) char *start; char **end; int radix;	将 start 指向的数字字符串转换成 long 型，直到出现不能转换为长整型数的字符为止，剩余的字符串赋给指针 end。转换时，数字的进制由 radix 确定。 * LONG_MAX 是 Turbo C 在头文件 limits.h 中定义的 long 型可表示的最大值	返回转换结果。若未转换则返回 0。若转换出错，返回 LONG_VAL 表示上溢，或返回 LONG_VAL 表示下溢
system	int system(str) char *str;	将 str 所指向的字符串作为命令传递给 DOS 的命令处理器	返回所执行命令的退出状态

附录4　常见错误信息表

常见的出错、警告提示信息（包括编译、连接和运行时的错误提示信息）有：

Ambiguous operators need parentheses	不明确的运算，需要用括号括起
Ambiguous symbol "×××"	不明确的符号×××
Argument list syntax error	参数表语法错误
Array bounds missing	丢失数组界限符
Array size too large	数组长度太大
Bad character in parameters	参数中有不适当的字符
Bad file name format in include directive	包含命令中文件名格式不正确
Bad ifdef directive syntax	编译预处理 ifdef 有语法错
Bad ifndef directive syntax	编译预处理 ifndef 有语法错
Bad undef directive syntax	编译预处理 undef 有语法错
Bit field too large	位段太长
Call of non-function	调用未定义的函数
Call to function with no prototype	调用函数时没有函数的声明
Cannot modify a const object	不允许修改常量对象
Case outside of switch	case 出在 switch 语句之外
Case statement missing	漏掉了 case 语句
Case syntax error	case 语法错误
Code has no effect	代码不可达（不可能执行到）
Compound statement missing }	复合语句漏掉"}"
Conflicting type modifiers	类型说明符不一致
Constant expression required	需要常量表达式
Constant out of range in comparison	在比较中常量超出范围
Conversion may lose significant digits	转换时会丢失有意义的数字
Conversion of near pointer not allowed	不允许转换近指针
Could not find file "×××"	找不到×××文件
Declaration missing ;	说明缺少";"
Declaration syntax error	说明中出现语法错误
Default outside of switch	default 出现在 switch 语句之外
Define directive needs an identifier	定义编译预处理需要标识符

Division by zero	用零作除数
Do statement must have while	do-while 语句中缺少 while 部分
Enum syntax error	枚举类型语法错误
Enumeration constant syntax error	枚举常数语法错误
Error directive: ×××	错误的编译预处理命令×××
Error writing output file	写输出文件错误
Expression syntax error	表达式语法错误
Extra parameter in call	调用时出现多余参数
File name too long	文件名太长
Function call missing)	函数调用缺少右括号
Function definition out of place	函数定义位置错误
Function should return a value	函数必须返回一个值
Goto statement missing label	goto 语句没有标号
Hexadecimal or octal constant too large	十六进制或八进制常数太大
Illegal characte r 'x'	非法字符×
Illegal initialization	非法的初始化
Illegal octal digit	非法的八进制数字
Illegal pointer subtraction	非法的指针相减
Illegal structure operation	非法的结构操作
Illegal use of floating point	非法的浮点运算
Illegal use of pointer	指针使用非法
Improper use of a typedef symbol	类型定义符使用不恰当
In-line assembly not allowed	不允许使用嵌入汇编
Incompatible storage class	存贮类别不相容
Incompatible type conversion	不相容的类型转换
Incorrect number format	错误的数据格式
Incorrect use of default	default 使用不正确
Invalid indirection	无效的间接运算
Invalid pointer addition	指针相加无效
Irreducible expression tree	无法执行的表达式运算
Lvalue required	必须用变量左值
Macro argument syntax error	宏参数语法错误
Macro expansion too long	宏展开以后太长
Mismatched number of parameters in definition	定义中参数个数不匹配
Misplaced break	此处不应出现 break 语句
Misplaced continue	此处不应出现 continue 语句
Misplaced decimal point	此处不应出现小数点
Misplaced elif directive	此处不应出现编译预处理 elif
Misplaced else	此处不应出现 else

Must bc addressable	必须是可以编址的
Must take address of memory location	必须得到定位的内存地址
No declaration for function "×××"	没有函数×××的声明
No stack	缺少堆栈
No type information	没有类型信息
Non-portable pointer assignment	不可移动的指针（地址常数）赋值
Non-portable pointer comparision	不可移动的指针（地址常数）比较
Non-portable pointer conversion	不可移动的指针（地址常数）转换
Not a valid expression format type	不合法的表达式格式
Not an allowed type	不允许使用的类型
Numeric constant too large	数值常数太大
Out of mcmory	内存不够用
parameter"×××" is never used	参数×××没有用到
Pointer required on left side of ->	->符号的左边必须是指针
Possible use of "×××" before definition	在定义之前就使用了×××（警告）
Possibly incorrect assignment	赋值可能不正确
Redeclaration of "×××"	重复定义了×××
Redefinition of "×××" is not identical	×××的两次定义不一致
Register allocation failure	寄存器定址失败
Repeat count needs an lvalue	重复计数需要逻辑值
Size of structure or array not known	结构体或数组的大小不确定
Statement missing ;	语句后缺少";"
Structure or union syntax error	结构体或共用体语法错误
Structure size too large	结构体太大
Subscripting missing]	下标缺少右方括号
Superfluous & with function or array	函数或数组中有多余的"&"
Suspicious pointer conversion	可能的指针转换
Symbol limit exceeded	符号超限
Too few parameters in call	函数调用时的实参少于函数的参数
Too many default cases	default 太多（switch 语句中只有一个）
Too many error or warning messages	错误或警告信息太多
Too many types in declaration	声明中类型太多
Too much auto memory in function	函数中用到的局部存储太多
Too much global data defined in file	文件中全局数据太多
Two consecutive dots	两个连续的句点
Type mismatch in parameter "×××"	参数×××类型不匹配
Type mismatch in redeclaration of "×××"	×××重定义时的类型不匹配
Unable to create output file "×××"	无法建立输出文件×××
Unable to open include file "×××"	无法打开被包含的文件×××

Unable to open input file "×××"	无法打开输入文件×××
Undefined label "×××"	没有定义标号×××
Undefined structure"×××"	没有定义结构体×××
Undefined symbol "×××"	没有定义符号×××
Unexpected end of tile in comment started on line "×××"	从×××行开始的注解尚未结束，文件不能结束
Unexpected end of file in conditional started on line "×××"	从×××行开始的条件语句尚未结束，文件不能结束
Unknown assemble instruction	未知的汇编指令
Unknown operation	未知操作
Unknown preprocesser directive "×××"	不认识的预处理命令×××
Unreachable code	无路可达的代码
Unterminated string on character constant	字符串缺少引号
User break	用户强行中断了程序
Void functions may not returned a value	void 类型的函数不应有返回值
Wrong number of arguments	调用函数时参数数目错
"×××" not an argument	×××不是参数
"×××" not part of structure	×××不是结构体的一部分
"×××" statement missing (	×××语句缺少左括号
"×××" statement missing)	×××语句缺少右括号
"×××" statement missing ;	×××语句缺少分号
"×××" declared but never used	说明了×××，但没有使用
"×××" is assigned a value which is never used	给×××赋了值，但未用过
Zero length structure	结构体的长度为零